计算机技术创新与应用

秦奕奕　李丹　李振刚 ◎ 主编

江西科学技术出版社

图书在版编目（CIP）数据

计算机技术创新与应用 / 秦娈娈，李丹，李振刚主编. -- 南昌：江西科学技术出版社，2024.7. -- ISBN 978-7-5390-9072-6

Ⅰ．TP3

中国国家版本馆 CIP 数据核字第 2024CE8740 号

国际互联网（Internet）地址：
http://www.jxkjcbs.com
选题批复号：ZK2024057

计算机技术创新与应用　　秦娈娈　李丹　李振刚　主编
JISUANJI JISHU CHUANGXIN YU YINGYONG

出版 发行	江西科学技术出版社
社址	南昌市蓼洲街 2 号附 1 号
	邮编：330009　电话：（0791）86624275　86610326（传真）
印刷	济南文达印务有限公司
经销	各地新华书店
开本	710mm×1000mm　1/16
字数	350 千字
印张	21.25
版次	2025 年 1 月第 1 版
印次	2025 年 1 月第 1 次印刷
书号	ISBN 978-7-5390-9072-6
定价	60.00 元

赣版权登字 -03-2024-138
版权所有，侵权必究
（如发现图书质量问题，可联系调换。）

《计算机技术创新与应用》编委页

主　编：

秦娈娈　山东省济南市妇幼保健院

李　丹　陕西学前师范学院

李振刚　河北省广播电视传输保障中心

副主编：

张克新　济南市中心医院

沈吉锋　陆军装甲兵学院蚌埠校区

周宗铂　陆军装甲兵学院蚌埠校区

陈纪美　广西桂东机电工程学校

编　委：

王　昶　陆军装甲兵学院蚌埠校区

于进杰　陆军装甲兵学院蚌埠校区

朱思瑾　陆军装甲兵学院蚌埠校区

朱　琼　陆军装甲兵学院蚌埠校区

韩　雪　陆军装甲兵学院蚌埠校区

杨　华　陆军装甲兵学院蚌埠校区

陈　锴　陆军装甲兵学院蚌埠校区

前　言

在社会信息化进程持续推进的时代背景下，大数据和人工智能等信息技术的迅速发展正深刻地改变着我们的生活和学习方式。计算机科学与技术已经不再是一种陌生的概念，而是渗透到社会的各个领域，并且对社会产生了深远的影响。

首先，计算机技术的应用正在改变着传统的医疗模式。从疾病的诊断、治疗到医疗管理，计算机技术为医护人员提供了更为精确、高效的工具和手段。通过人工智能和大数据分析，医疗影像诊断、基因组学研究等领域取得了突破性的进展，为疾病的早期预防和精准治疗提供了更多可能性。同时，互联网和移动应用的普及，也使得患者能够更便捷地获取医疗信息、预约挂号、在线咨询医生，促进了医患沟通和医疗资源的优化配置。其次，计算机技术的创新则为内容创作、传播和消费带来了翻天覆地的变革。传统的广播电视媒体逐渐向数字化转型，通过互联网和流媒体技术，用户可以随时随地享受到丰富多样的节目内容，不再受限于传统的节目表和地域。

《计算机技术应用与创新》一书立足于计算机基础知识，以此为出发点，系统性地探讨了计算机信息通信和技术应用在医疗和广播电视等领域的实践应用。本书适合于计算机专业、非计算机专业以及其他从事计算机网络的相关人员学习使用。

鉴于互联网信息更新速度之快，本书中所提及的数据和信息难免存在一定的时效性和变化性，恳请广大同仁、读者批评指正。

目 录

上篇 基础理论篇 1

第一章 计算机概述 2
    第一节 计算机的分类 2
    第二节 国际计算机的发展 4
    第三节 国内计算机的发展 10
    第四节 计算机的主要应用领域 17
    第五节 计算机技术对社会发展的影响 20

第二章 计算机网络概述 23
    第一节 计算机网络的形成与发展 23
    第二节 计算机网络的定义与功能 29
    第三节 计算机网络的分类 31
    第四节 计算机网络的应用 35

第三章 网络数据通信 39
    第一节 数据通信的基本概念 39
    第二节 传输介质及其主要特性 45
    第三节 数据编码技术 52
    第四节 数据传输技术 57
    第五节 数据交换技术 63
    第六节 无线通信技术 70
    第七节 差错控制技术 76

第四章 网络互联技术 80
    第一节 网络互联技术概述 80
    第二节 网络互联设备 83

第五章 网络安全 97
    第一节 网络安全的基本概念 97

第二节　网络安全的层次划分 98
　　第三节　网络安全面临的主要威胁 101
　　第四节　网络安全的主要技术 103

下篇　应用实践篇 **118**

第六章　医学信息学概述 **119**
　　第一节　医学信息学概念 119
　　第二节　医学信息管理 126
　　第三节　医学信息标准化 133

第七章　医院信息系统基本操作 **143**
　　第一节　医院信息系统概述 143
　　第二节　医院管理信息系统概述 146

第八章　医疗服务信息化的技术保障 **155**
　　第一节　信息技术与数据库系统 155
　　第二节　数字媒体技术与数据存储技术 162
　　第三节　二维条形码与RFID技术 167
　　第四节　云计算与物联网技术 172

第九章　"互联网＋"模式下的医疗服务体系建设 **176**
　　第一节　"互联网＋"医疗的内涵 176
　　第二节　"互联网＋"与医疗融合的必要性 179
　　第三节　"互联网＋"医疗服务体系的构建 181
　　第四节　"互联网＋"医疗其他服务类支持 190

第十章　面向互联网医院的信息体系安全建设与运维管理实践 **195**
　　第一节　医院信息系统安全体系的内涵 195
　　第二节　医院信息安全管理与技术体系建设 202
　　第三节　医院信息系统运维标准与规划 215

第十一章　有线广播网络基础 **228**
　　第一节　相对电量 228
　　第二节　系统噪声 233
　　第三节　系统非线性失真 239

第四节　系统线性失真 ··· 248
　　第五节　信道编码及调制技术 ··· 251
　　第六节　数字有线电视的指标 ··· 269
第十二章　广电有线传输与接入网 ··· 274
　　第一节　广电有线网络拓扑 ·· 274
　　第二节　光传输网络 ·· 277
　　第三节　接入分配网络 ·· 307
第十三章　调频发射机原理和维护 ··· 326
　　第一节　调频广播的基础知识 ··· 326
　　第二节　全固态调频发射机原理 ····································· 328
　　第三节　全固态发射机常规维护办法 ······························· 332
第十四章　地面数字电视技术 ··· 334
　　第一节　地面数字电视概述 ·· 334
　　第二节　地面数字电视设备技术参数 ······························· 335
　　第三节　1kW 数字电视发射机原理简介 ··························· 338
参考文献 ·· 340

上篇　基础理论篇

第一章　计算机概述

计算机，作为一种具备高速运算能力的电子设备，其重要性在现代社会中日益凸显。它不仅能够执行数值和逻辑计算，更能按照预设程序，高效处理庞大数量的数据。鉴于其在辅助人类脑力劳动方面的卓越表现，计算机亦被誉为"电脑"。目前，计算机不仅已成为推动人类社会现代化的关键工具，其科技水平和应用广度也成为衡量国家国防、科技、经济综合实力的重要标志。

计算机技术的迅猛发展，对信息产业产生了深远的带动作用。信息，作为人类社会活动与自然现象所传递的信号与消息的总和，是构成人类社会知识体系的基础。而信息技术，则是人类对信息进行开发利用的重要手段和方法，涵盖了信息的生成、收集、表示、存储、传输、处理及应用等多个环节。当前，信息技术已广泛涉及通信技术、计算机技术、多媒体技术、信息处理技术等多个领域，同时还延伸至自控技术、新材料技术、传感技术等前沿科技。

第一节　计算机的分类

计算机技术发展迅速，类型不断分化，各种不同类型的计算机不断涌现。根据计算机结构原理的不同对其进行分类，可分为模拟计算机、数字计算机和混合式计算机；根据计算机的用途对其进行分类，可分为专用计算机和通用计算机；根据计算机的性能指标和作用来对其进行分类，可分为巨型机、大型计算机、小型机及微型机。随着计算机技术的飞速发展，计算机性能也在不断地改进。过去一台大型机的各项性能指标可能还不及今天的一台微型计算机，因此计算机类别的划分很难有一个非常精确的标准。根据计算机的性能指标，同时结合计算机应用领域的不同，我们将计算机分为五大类：高性能计算机、微型计算机、工作站、服务器、嵌入式计算机。

一、高性能计算机

高性能计算机也就是超级计算机。我国生产的曙光 4000A、联想深腾 6800 都位列全球高性能计算机 Top 500 排行榜中。其中落户于上海超级计算中心的曙光 4000A 凭着 11 万亿次每秒的峰值速度位列全球前十。至此，中国已经成为继美国、日本之后第 3 个拥有进入世界前十位的高性能计算机的国家。

二、微型计算机

大规模、超大规模集成电路的发展为微型计算机的出现奠定了基础。中央处理器（central processing unit，CPU）就是运用接触电路技术将计算机运算器和控制器集成在一块大规模的集成电路芯片上。中央处理器就好比微型计算机的心脏，是微型计算机的核心部件。由于微型计算机价格便宜、软件丰富，使用简捷、性能优越，因此已经广泛应用于办公和家庭生活中。台式计算机和笔记本计算机都是我们常用的微型计算机。

三、工作站

工作站是一种高档的通用微型计算机，通常配有高分辨率的大屏幕显示器和大容量的内部存储器和外部存储器，具备强大的图形、图像处理功能和高速的数据运算能力。工作站主要用于工程设计、金融管理、动画制作等专业领域的设计开发。

四、服务器

服务器是在网络环境下为多个用户提供共享资源和服务的一类计算机产品。服务器具有存储容量大、网络通信功能强、安全可靠等优点。在服务器上一般运行专门的网络操作系统,为网络用户提供文件传输、数据库通信等服务。

五、嵌入式计算机

嵌入式计算机是一种专门用于智能化控制对象的计算机系统,其被嵌入到各类对象中,以实现对这些对象的精确控制。该系统以应用为导向,以计算机技术为基础,具备软硬件高度可定制化的特点,特别适用于对功能、可靠性、成本、体积和功耗等方面有严格要求的专用应用场景。嵌入式计算机系统主要由嵌入式微处理器、外围硬件设备、嵌入式操作系统和用户应用程序等四大部分构成,其整体设计旨在实现对其他设备的精确控制、全面监视和高效管理。如今,嵌入式计算机已广泛应用于我们的日常生活中,包括手机、空调、电视机顶盒、数码相机、汽车等各种设备,为我们的生活提供了极大的便利。

第二节　国际计算机的发展

在人类社会的发展进程中,计算工具起着举足轻重的作用。从贝壳、结绳、算筹、算盘到后来的计算尺、计算器、机械计算机等,计算工具在不断改善我们的生活,是人脑的延伸。1946 年 2 月,世界上第一台电子计算机 ENIAC（electronic numerical integrator and computer）问世于美国宾夕法尼亚大学。它的诞生,是人类科学发展史上的里程碑。经过半个多世纪的发展,计算机在提高性能、减小体积、降低成本等方面取得了极大进步。在信息爆炸的今天，计算机在人类生活中起着不可估量的作用。

根据计算机所使用的物理元器件的不同，计算机的发展大致分为 4 个阶段，见表 1-1。

表 1-1 计算机发展的 4 个重要阶段

代别	第 1 代	第 2 代	第 3 代	第 4 代
年代	20 世纪 40～50 年代末期	20 世纪 50 年代末期～20 世纪 60 年代初期	20 世纪 60 年代中期～20 世纪 70 年代初期	20 世纪 70 年代至今
主机器件	电子管	晶体管	中小规模集成电路	大规模、超大规模集成电路
外存	纸带、穿孔卡片	磁带	磁盘、磁带	光盘等大容量存储器
内存	汞延迟线	磁芯存储器	半导体存储器	半导体存储器
处理方法	汇编语言，机器语言	作业批量处理编译语言	多道程序，实时处理	实时、分时处理网络操作系统
运算速度	每秒五千至四万次	每秒几十万至几百万次	每秒一百万至几百万次	每秒几百万至几千亿次
代表机型	ENIAC EDVAC	IBM7090 CDC6600	IBM360 NOVA1200 PDP11	IBM360 215MPC X86 系列

一、第 1 代电子管计算机（1944—1958 年）

1944 年 2 月，马克 1 号计算机问世。它长约 15 m，高约 2.4 m，自重达到 31.5 t，它可以每分钟进行 200 次以上的运算，可以做 23 位数加 23 位数的加法，一次仅需要 0.3 s，进行同样位数的乘法只需要 6 秒多的时间。马克 1 号被称为最后一台"史前"计算机，即最后一台通过机械/电动方式运作的计算机。

1943年，第二次世界大战正酣，美国为了测试新型火炮的效能，亟须精确计算火炮的弹道数据。这是一项极其繁重的任务，每张弹道表需计算近四千条弹道，每条弹道又涉及七百余次乘法运算以及大量的加减法，其计算量之大可想而知。在实际操作中，发射一枚炮弹需一百多名操作员使用手摇计算机连续计算，且错误频发，严重影响了火炮试验的精度和效率。

此时，宾夕法尼亚大学莫尔电机工程学院的莫希利（John Mauchly）教授提出了一个革命性的设想——研制首台电子计算机，以替代传统的手摇计算方式，提高计算精度和效率。美国军方高度重视这一设想，迅速拨款成立专项研制小组，全力支持电子计算机的研制工作。

经过研制小组的不懈努力，终于在1946年2月14日，世界上第二台电子计算机，同时也是首台通用电子计算机"埃历阿克"（ENIAC，Electronic Numerical Integrator And Computer）在宾夕法尼亚大学诞生。

ENIAC长30.48 m，宽6 m，高2.4 m，占地面积约170 m^2，拥有30个操作台，重达30英吨（1英吨=1.016 t），耗电量150 kW，造价48万美元。它包含了17468根真空管（电子管），7200根晶体二极管，1500个中转，70000个电阻器，10000个电容器，1500个继电器，6000多个开关。它每秒能进行5000次加法运算（据测算，人最快的运算速度每秒仅5次加法运算），或400次乘法运算。

1945年6月，冯·诺依曼等人发表了一篇长达101页的报告，即计算机史上著名的"101页报告"。这份报告奠定了现代电脑体系结构坚实的根基，直到今天，它仍然被认为是现代电脑科学发展里程碑式的文献。报告明确规定了计算机的五大部件（输入系统、输出系统、存储器、运算器、控制器），并用二进制替代十进制运算，大大方便了机器的电路设计。

1947年，晶体管问世。晶体管运算的速度非常快，不容易损坏，并且更加耐用，而且这种材料是固态的，其体积也远远小于继电器或者真空管。

二、第 2 代晶体管计算机（1958—1964 年）

晶体管代替了真空管。这既减小了计算机的体积，也节省了开支，从而使中小型企业也能够负担得起。FORTRAN 和 COBOL 两种高级计算机程序设计语言的发明使得编程变得更加容易。这两种语言将编程任务和计算机运算任务分离出来，新的职业（程序员、分析员和计算机系统专家）和整个软件产业由此诞生。晶体管计算机采用了监控程序，这是操作系统的雏形。

晶体管计算机的主要特点：

（1）体积小，可靠性增强，寿命延长。

（2）运算速度快。

（3）提高了操纵系统的适应性。

（4）容量提高。

（5）应用领域扩大。

三、第 3 代集成电路计算机（1964—1971 年）

以中小规模集成电路来构成计算机的主要功能部件。主存储器采用半导体存储器。运算速度可达每秒几十万次至几百万次基本运算。在软件方面，操作系统日趋完善。

集成电路技术能在极其微小的单晶硅片上集结数十个，乃至上百个电子元件，实现了高度的集成化。在计算机科学领域，我们开始广泛应用中小规模的集成电路元件。这一革新使得新一代计算机在体积上显著缩小，能耗大幅降低，功能却更加强大，使用寿命得到延长，而且其应用领域也得到了极大的拓展。总体而言，新一代计算机在性能上相较于上一代有了质的飞跃和提升。

集成电路计算机的主要特点：

（1）体积更小，寿命更长。

（2）运行计算速度更快。

（3）外围设备出现多样化。

（4）操作系统、应用程序、高级语言进一步发展。

（5）应用范围扩大到企业管理和辅助设计等领域。

1964年4月7日，在IBM成立50周年之际，由年仅40岁的吉恩·阿姆达尔（G.Amdahl）担任主设计师，历时4年研发的IBM360计算机问世，标志着第3代计算机的全面登场，这也是IBM历史上最为成功的机型。

1965年DEC公司推出了PDP-8型计算机，标志着小型机时代的到来。

1968年Intel公司成立，从此为计算机的发展和普及作出了不可磨灭的贡献。

与此同时，美国加利福尼亚大学的恩格巴特（Douglas Englebart）博士发明了世界上第一只鼠标。

四、第4代大规模集成电路计算机（1971年至今）

这时期计算机的体积、重量、功耗进一步减少，运算速度、存储容量、可靠性都有很大的提高。

大规模集成电路计算机的主要特点：

（1）采用了大规模和超大规模集成电路逻辑元件，体积与第3代相比进一步缩小，可靠性更高，寿命更长。

（2）运算速度加快，每秒可达几千万次到几十亿次。

（3）系统软件和应用软件得到了巨大的发展，软件配置丰富，程序设计部分自动化。

（4）计算机网络技术、多媒体技术、分布式处理技术有了很大的发展，微型计算机大量进入家庭，产品更新速度加快。

（5）计算机在办公自动化、数据库管理、图像处理、语言识别和专家系统等各个领域得到应用，电子商务已开始进入家庭，出现个人电脑（PC）。

计算机的发展进入到了一个新的历史时期。

1971年，知名新闻机构《电子新闻》的资深记者唐·赫夫勒，基于对半导体材料中关键元素"硅"的深刻认识，将当时的帕洛阿托地区赋予了"硅谷"这一富有象征意义的名称。同年 1 月，Intel 公司的杰出科学家特德·霍夫取得了革命性的突破，成功研发了首款可实际运作的微处理器 4004。这款处理器在面积仅为 12 平方毫米的芯片上集成了高达 2250 个晶体管，其运算能力远超同时期的 ENICA。随后，Intel 于当年 11 月 15 日正式向全球发布了这款具有划时代意义的微处理器，标志着计算机科技进入了一个崭新的时代。

1972 年，曾经开发了 UNIX 操作系统的 Dennis Ritchie 领导开发出 C 语言。1974 年 4 月 1 日，Intel 推出了自己的第一款 8 位微处理芯片 8080。

1975 年 7 月，比尔·盖茨（B.Gates）在成功为"牛郎星"电脑配上了 BASIC 语言之后，从哈佛大学退学，与好友保罗·艾伦（Paul Allen）一同创办了微软公司，并为公司制定了奋斗目标："每一个家庭每一张桌上都有一部微型电脑运行着微软的程序！"

1976 年 4 月 1 日，斯蒂夫·沃兹尼亚克（Stephen Wozinak）和斯蒂夫·乔布斯（Stephen Jobs）共同创立了苹果公司，并推出了自己的第一款计算机 Apple-I。

1977 年 6 月，拉里·埃里森（Larry Ellison）与自己的好友 Bob Miner 和 Edward Oates 一起创立了甲骨文公司（Oracle Corporation）。

1981 年 8 月 12 日，PC 机之父唐·埃斯特奇（D.Estridge）领导的开发团队完成了 IBM 个人电脑的研发。IBM 宣布了 IBM PC 的诞生，由此掀开了改变世界历史的一页。

1985 年 11 月，在经历了多次延期之后，微软公司终于正式推出了 Windows 操作系统。1990 年，并行巨型机问世。

1994 年，机群结构问世。

第三节　国内计算机的发展

中国计算机行业的发展历程历经六十余载的风雨洗礼。回溯至 1956 年，周恩来总理亲自主持并制定了我国《十二年科学技术发展规划》，将"计算机、电子学、半导体、自动化"列为规划中的四大紧急措施，同时制定了详尽的计算机科研、生产及教育发展规划，为我国计算机事业的蓬勃发展奠定了坚实基础。

同年 3 月，由闵乃大教授、胡世华教授、徐献瑜教授、张效祥教授、吴几康副研究员等组成的代表团，代表北京大学参加了在莫斯科召开的"计算技术发展道路"国际会议。此次参会不仅为学习苏联的先进技术，更为我国计算机技术的研发指明了方向。

在随后的"十二年规划"中，我国明确提出了研制计算机的目标，并批准中国科学院成立计算技术、半导体、电子学及自动化四个研究所，标志着我国计算机领域的研究进入了专业化、系统化的新阶段。

一、第 1 代电子管计算机的研制（1958—1964 年）

我国从 1957 年开始研制通用数字电子计算机。1958 年 8 月 1 日，该机可以表演短程序运行，标志着我国第一台电子计算机的诞生。为纪念这个日子，该机定名为"八一型数字电子计算机"。该机在 738 厂开始小量生产，后改名为 103 型计算机，该机共生产了 38 台。

1958 年 5 月，我国开始了第一台大型通用电子计算机 104 机的研制，以苏联当时正在研制的 BOCM-Ⅱ计算机为蓝本，在苏联专家的指导帮助下，中科院计算所、四机部、七机部和部队的科研人员与 738 厂密切配合，于 1959 年国庆节前完成了研制任务。

在研制 104 机同时，夏培肃院士领导的科研小组首次自行设计，并于 1960

年 4 月成功研制出小型通用电子计算机 107 机。

1964 年我国第一台自行设计的大型通用数字电子管计算机 119 机研制成功，平均浮点运算速度每秒 5 万次，参加 119 机研制的科研人员约有 250 人，有十几个单位参与协作。

二、第 2 代晶体管计算机的研制（1965—1972 年）

在并行推进第一代电子管计算机研发的同时，我国亦不失时机地开启了晶体管计算机的探索之路。经过科研团队的艰苦努力，我国在 1965 年成功研制出首台大型晶体管计算机——109 乙机。这一成果的诞生，可追溯到 1958 年，计算所便已开始着手该机的研制工作。面对国外技术禁运的严峻挑战，为了制造出晶体管计算机，我们必须自力更生，建立起自己的半导体厂（即 109 厂）。通过两年的不懈努力，109 厂成功提供了机器所需的全部晶体管（109 乙机共使用了 2 万多支晶体管，3 万多支二极管）。

基于 109 乙机的成功经验，我国在两年后推出了更加先进的 109 丙机。该机器稳定运行了 15 年之久，有效算题时间超过 10 万小时，为我国"两弹"试验作出了重大贡献，被广大用户赞誉为"功勋机"。这一系列成果的取得，不仅彰显了我国科研人员的智慧和勇气，也标志着我国在计算机科技领域取得了重要突破，为我国科技事业的蓬勃发展奠定了坚实基础。

我国工业部门在第 2 代晶体管计算机的研制与生产中发挥了重要作用。华北计算所先后研制成功 108 机、108 乙机（DJS-6）、121 机（DJS-21）和 320 机（DJS-6），并在 738 厂等 5 家工厂生产。中国人民解放军军事工程学院（国防科大前身）于 1965 年 2 月成功推出了 441B 晶体管计算机并小批量生产了 40 多台。

三、第 3 代中小规模集成电路计算机的研制（1973 年—20 世纪 80 年代初期）

IBM 公司于 1964 年推出 360 系列大型机是美国进入第 3 代计算机时代的

标志，我国到 20 世纪 70 年代初期才陆续推出大、中、小型集成电路的计算机。1973 年，北京大学与北京有线电厂等单位合作成功研制出运算速度每秒 100 万次的大型通用计算机。进入 80 年代，我国高速计算机，特别是向量计算机有了新的发展。1983 年，中国科学院计算所完成我国第一台大型向量机 757 机的研制，计算速度达到每秒 1000 万次。

这一纪录同年就被国防科大研制的银河-I 亿次巨型计算机打破。银河-I 巨型机是我国高速计算机研制史上的一个重要里程碑。

四、第 4 代超大规模集成电路计算机的研制（20 世纪 80 年代中期至今）

我国第 4 代计算机的研制也是从微机开始的。1980 年初我国不少单位开始采用 Z80、X86 和 M6800 芯片研制微机。

1992 年，国防科大成功研制银河-II 通用并行巨型机，峰值速度达每秒 4 亿次浮点运算（相当于每秒 10 亿次基本运算操作），总体上达到 80 年代中后期的国际先进水平。1997 年，国防科大成功研制银河-III 百亿次并行巨型计算机系统，采用可扩展分布共享存储并行处理体系结构，由 130 多个处理节点组成，峰值性能为每秒 130 亿次浮点运算，系统综合技术达到 90 年代中期的国际先进水平。国家智能机中心与曙光公司于 1997 年至 1999 年先后在市场上推出了具有机群结构的曙光 1000A、曙光 2000-I、曙光 2000-II 超级服务器，峰值计算速度已突破每秒 1000 亿次浮点运算，机器规模已超过 160 台处理机。后来，我国又于 2000 年推出了每秒浮点运算速度在 3000 亿次的曙光 3000 超级服务器，于 2003 年上半年推出了每秒浮点运算速度在 1 万亿次的曙光 4000L 超级服务器。

2018 年，根据世界超算组织对全球范围内运算速度最快的 10 台超级计算机的统计结果（数据截至 2018 年 11 月），中国有两台超级计算机荣登榜单。其中，排名第三的是我国的"神威·太湖之光"，其 HPL 性能表现达到了惊人的 93.0 千万亿次浮点运算。另一台则是位列第四的"天河-2A"，它采用了

Intel Xeon E5-2692v2 和 Matrix-2000 处理器，核心数量近 500 万，其最高性能达到了 61.44 千万亿次浮点运算。

值得一提的是，在过去的几年中，我国的"天河 2 号"超级计算机曾连续六年蝉联全球超算排行榜榜首，四年占据全球超算排行榜的最高席位，展现了我国在计算机领域的卓越实力。而"太湖之光"的运算速度更是达到了"天河 2 号"的两倍，其研发成功将极大提升我国应对气候和自然灾害的减灾防灾能力，为预测地震等自然灾害提供更为精准的数据支持，减少不必要的损失。同时，这一成果也将在我国的航空航天、医疗药物等多个领域发挥不可替代的作用，为国家的科技进步和经济发展作出重要贡献。

五、自主研发之路

从 20 世纪 80 年代中期开始，我国的计算机和半导体电子器件工业的发展模式过分强调技术引进，企业急功近利。在此期间，全社会对研发经费投入的 R&.G/GDP 值不到 0.70%。

进入 20 世纪 90 年代，我国仍然延续了研发经费的低投入，除了 1993 年之前的几年受国际封锁的影响 R&.D/GDP 略微超过 0.70%以外，20 世纪 90 年代中期再次回到 80 年代的水平，其中 1995 年和 1996 年连续两年下跌到 0.60%

1989 年，中美关系的"蜜月期"结束，美国政府严格限制对中国出口高性能计算机，除了要中国支付高额的采购费用外，还要把服务器放在一个透明的玻璃房子中，由美方监控，以防止中国用于其他目的。这时，我国开始走上了自主研发高性能计算机的道路。

1993 年，曙光 1 号的诞生具有里程碑意义。但遗憾的是，受国内微电子业近十年技术滞后所限，这些高性能计算机在国产化道路上并未取得完全突破，技术上仍受到外部制约。举例来说，曙光 1 号计算机采用的是美国 Motorola 公司在 1989 年底发布的 M88100 商业微处理器，而其操作系统则移植了美国 IBM 公司的 AT&.T UNIX。此后，国产计算机在芯片选择上亦大多依赖进口。这一现象表明，我国在计算机核心技术和关键部件方面仍需加大自主研发和创新力度，以实现更高水平的国产化。

1999 年，以美国为首的北约侵略军悍然轰炸了中国驻南斯拉夫大使馆。美帝国主义的暴行，激发了中国人民的爱国热情。人们逐渐认识到，国家安全是花钱买不来的，意识到了自主科技研发的重要性。

2002 年 8 月 10 日，我国成功制造出首枚高性能通用 CPU——龙芯 1 号。龙芯的诞生，打破了国外长期技术垄断的局面，结束了中国近 20 年无"芯"的历史。

2006 年完成第一颗申威-1 研发。

2016 年用申威处理器设计建造的神威太湖之光荣登全球超算榜首。申威打破了我国超算"缺芯"的窘迫，更是第一次出手就惊艳全球。把中国直接从"没有超算 CPU"推到"有全球最好的超算 CPU"的地位。

六、国内与国际计算机发展的对比

纵观 60 多年来我国高性能通用计算机的研制历程，从 103 机到曙光机，走过了一段不平凡的历程。国外的代表性计算机为 ENIAC、IBM 7090、IBM 360、CRAY-1、IntelParagon、IBM SP-2，国内的代表性计算机为 103 机、109 机、150 机、银河-I 曙光 1000、曙光 2000。国内与国际计算机发展对比见表 1-2。

表 1-2 国内与国际计算机发展对比表

阶段	国际	国内
1	1944 年 2 月，马克 1 号电子计算机问世 1946 年，世界上第一台通用计算机 ENIAC 诞生	1945 年，日军投降，开始解放战争
2	1958 年，美国诞生了第 2 代晶体管计算机	1956 年，周总理亲自主持制定规划 1957 年，筹建了中国第一个计算技术研究所 1958 年 8 月 1 日，我国第一台电子计算机诞生
3	1964 年，第 3 代集成电路计算机 IBM360 问世	1964 年，我国第一台自行设计的大型通用数字电子管计算机 119 机研制成功

| | 1965年，DEC公司推出了PDP-8型计算机，标志着小型机时代的到来 | 1965年，成功研制第2代大型晶体管计算机109乙机 |

续表

阶段	国际	国内
4	1971年，第4代大规模集成电路计算机研制成功 1976年，向量计算机问世 1976年，苹果公司推出了自己的第一款计算机Apple-I	20世纪70年代，第3代计算机的研制基本处于停滞阶段 1973年，第3代基于中小规模集成电路的计算机研制成功
5	1981年，微软推出MS-DOS 1.0版 1985年，微软公司正式推出了Windows操作系统	1983年，中国科学院计算所完成我国第一台大型向量机757机的研制
6	1990年，并行巨型机问世 1994年，机群结构问世	1992年，国防科大成功研制银河-Ⅱ通用并行巨型机，总体上达到20世纪80年代中后期国际先进水平 1997年，国防科大成功研制银河-Ⅲ百亿次并行巨型计算机系统，系统综合技术达到20世纪90年代中期国际先进水平 1997年至1999年，先后推出具有机群结构的曙光1000A、曙光2000-I、曙光2000-Ⅱ超级服务器

综合比较2000年前	机型	第1代	第2代	第3代	向量机	大规模并行机	机群
	美国	1946年	1958年	1964年	1976年	1990年	1994年
	中国	1958年	1965年	1973年	1983年	1995年	1997年
	推出时间相关年数	12	6	9	7	5	4

综合比较		2018年，世界超算组织对全世界最快的10台超级计算机进行统计。中国两台机

| 2000年后 | | 上榜，分别是排名第 3 的中国的神威·太湖之光和排名第 4 的天河-2A |

第四节　计算机的主要应用领域

计算机的应用已经渗透到社会的各行各业，正在改变着人类传统的工作、学习和生活方式，推动着人类社会的发展。计算机的主要应用领域有科学计算、数据处理、计算机辅助系统、过程控制、人工智能、网络应用等。

一、科学计算

科学计算，亦称数值计算，指的是运用计算机技术来处理工程技术与科学研究中遇到的数学难题。作为计算机技术的初期应用领域，科学计算在现代科学技术中扮演着至关重要的角色。当前，科学计算所面临的问题不仅数量众多，而且复杂度日益提高，这就要求计算机必须具备强大的高速计算与连续运算能力，以及海量的存储空间，才能有效应对那些超出人工计算能力范畴的复杂科学计算任务。

二、数据处理

数据处理也就是信息处理，是指对各种数据进行收集、存储、整理、分类、统计、比较、检索、增删，判别等一系列活动的统称。数据处理的主要工作不是运算，即使涉及运算，计算方法一般都比较简单。

数据处理从简单到复杂已经历了 3 个发展阶段，具体如下。

1. 电子数据处理（electronic data processing，EDP）阶段

以文件系统为工具，实现一个部门内的单项管理，以提高工作效率。

2. 管理信息系统（management information system，MIS）阶段

以数据库技术为工具，实现部门事务的全面管理，以提高工作效率。

3. 决策支持系统（decision support system，DSS）阶段

以数据库、模型库和方法库为基础，协助决策者提高决策水平，提高运

营策略的正确性与有效性。

目前，数据处理已广泛地应用于办公自动化、企业计算机辅助管理与决策，情报检索，电影电视动画设计、图书管理等各行各业。

三、计算机辅助系统

计算机辅助技术包括计算机辅助设计、计算机辅助制造和计算机辅助教育等内容。

（1）计算机辅助设计（computer aided design，CAD）是利用计算机系统辅助设计人员进行工程或产品设计，从而实现最佳设计效果的一种技术。目前此技术已广泛应用于飞机、汽车，机械、电子、建筑和轻工业等领域。例如，在电子计算机的设计过程中，利用 CAD 技术进行体系结构模拟、逻辑模拟、插件划分、自动布线等，从而大大提高设计工作的自动化程度。采用 CAD 技术，不但可以提高设计速度，而且可以大幅度提高设计质量。

（2）计算机辅助制造（computer aided manufacturing，CAM）是指利用计算机系统进行生产设备的管理、控制和操作的过程。例如，在产品的制造过程中，利用计算机控制机器的运行、处理生产过程中所需的数据、控制和处理材料的流动以及对产品进行检测等。使用 CAM 技术可以大幅度提高产品质量，降低成本，缩短生产周期。

（3）计算机集成制造系统（Computer Integrated Manufacturing System，CIMS）是以信息技术和制造技术深度融合为核心，全面集成 CAD 与 CAM 技术，旨在实现产品设计与生产过程的高度自动化。该系统依托先进的计算机技术，将原本孤立在产品设计与制造过程中的各个自动化子系统有机整合，构建成一个高效协同、智能化运作的整体体系，从而显著提升整体生产效益。CIMS 的推广与应用，将有力推动制造业向无人化、智能化方向迈进，为实现我国制造业的转型升级提供有力支撑。

（4）计算机辅助教育（computer based education，CBE）目前已经广泛应用于教育领域。近 20 年来计算机辅助教育逐渐兴起，已经成为教育现代化的标志之一。计算机辅助教育包括计算机辅助教学 CAI（computer aided instruction）和计算机管理教学 CMI（computer managed instruction）。CAI 的主要特色是交互教育、个别指导和因材施教。CMI 包括使用计算机实现多种教学事务管理，如课程安排、教学计划的制订等工作。CBE 利用计算机系统使用课件来进行教学，计算机向学习人员提供教学内容，通过学习者和计算机之间相互交互来完成多种教学任务。

四、过程控制

过程控制又称为实时控制，是利用计算机及时采集检测数据，按最优值迅速地对控制对象进行自动调节或自动控制。通过计算机进行过程控制，不仅可以大大提高控制的自动化水平，还可以提高控制的及时性和准确性，从而提高产品质量。计算机过程控制已在冶金，机械、石油、纺织、化工、水电、航天等行业得到了广泛的应用。例如，在汽车工业方面，利用计算机控制机床，全方面控制整个装配流水线，不仅可以实现精度要求高、形状复杂的零件加工的自动化，还可以让整个车间或工厂实现全面自动化。

五、人工智能

人工智能（artificial intelligence，AI）是指计算机通过模拟人类的智能活动，包括感知、判断、理解、学习、问题求解以及图像识别等各项功能的过程。近年来，在计算机技术领域中，人工智能的重要性日益凸显，已逐渐发展成为一门不可或缺的学科。AI 不仅能够模拟人类的视觉、触觉、听觉和嗅觉等感官功能，还能够模拟人类的推理和思维能力，以及自然语言的理解与自动翻译、文字和图像的识别等能力。此外，计算机博弈等领域也是人工智能应用研究的重要组成部分。目前，人工智能的研究已取得显著成果，许多应用已经开始进入实用阶段。例如，通过计算机人工智能模拟医学专家进行疾病诊疗的专家系统，以及在制造业中应用的具有一定思维能力的智能机器人等，都是人工智能技术在现实生活中的具体应用。

六、网络应用

计算机技术与现代通信技术的结合构成了计算机网络。计算机网络的建立,不仅解决了一个单位、一个地区、一个国家内计算机与计算机之间的通信及各种软、硬件资源共享的问题,也极大地促进了国际的视频、声音、文字、图像等各类数据的传输与处理。

第五节　计算机技术对社会发展的影响

随着计算机技术的飞速发展,它在人们的社会生活中的地位越来越重要,已经被应用到社会生产和生活的各个领域中,并显示出了强大的生命力。我们将从以下几个方面来探讨计算机技术是如何影响社会发展的。

一、推动社会生产力的发展

自工业革命以来,人类社会主要发生了 3 次技术革命,其中,第 3 次技术革命中最有划时代意义的是电子计算机的迅速发展和广泛应用,它是现代信息技术的核心。第 3 次技术革命与前两次最明显的不同之处就是它更好地解决了技术问题,即科学由潜在生产力向现实生产力转化的中间环节问题。通过计算机的发展和应用,信息技术的可靠性、及时性和有效性会变得更强,人们掌握的信息量将增大,信息的传输渠道也将增多。信息技术的发展将会影响到与之相关产业的产生与发展,例如,现代物流、电子商务、现代生物技术等,同时,信息技术在这些产业的开发和应用过程中也会得到巨大的发展。信息技术作为科学技术的前沿,它的广泛应用,使科学技术作为人类社会第一生产力的地位得到提升,加快了社会生产力的发展和人们生活水平的提高。

二、对经济的影响

计算机技术在社会领域的广泛应用，对我国社会经济产生了深远的影响。一方面，计算机技术正在引领产业结构的深刻变革。以电子计算机为基石的信息产业，凭借其独特优势，迅速从第三产业中崭露头角，形成了独具特色的第四产业。德国相关部门统计数据显示，从1997年至2000年，全球信息与通信技术的市场经济总量实现了显著增长，达到了20120亿欧元，增幅高达50%。若按照年均15%的增长速度预测，信息产业在不久的将来，将逐渐超越第一、第二产业，在我国经济发展中占据更加重要的地位。

另一方面，计算机技术的快速发展，为社会经济的大幅提升注入了强大动力。信息产业作为高就业型产业，对于扩大就业、促进产出增长具有积极作用。截至2022年，我国信息产业规模已达到50.2万亿元，稳居世界第二的位置，同比名义增长10.3%，占国内生产总值的比重提升至41.5%。中商情报网数据显示，2022年，我国电子信息行业的从业人数增长至2164.1万人，同比增长0.88%。这充分证明了计算机技术在推动社会经济发展中的重要作用。

三、对生产方式和工作方式的影响

工业社会里，机器生产取代了以往的农业、手工业生产，生产力水平大幅度提高，大大减轻了工人的劳动强度，工人沦为了"机器的附庸"，但仍然是工厂劳动的主力。随着计算机技术的发展，工人的简单重复劳动以及繁重的体力劳动逐渐被计算机以及与计算机辅助技术和控制技术相关的机器所取代，工人阶级的素质和知识化水平发生重要变化，越来越多的工人开始从事脑力劳动。

计算机技术在生产领域的广泛应用，使人们的生产方式和工作方式发生了巨大的变化。例如，在工程或产品的设计过程中，计算机辅助设计代替了传统的工人手工绘图方式，使设计人员从繁重、复杂的计算过程中解脱出来，集中力量发挥人的创造性思维，提高了设计效率和产品设计的质量，缩短了设计周期；在产品的制造过程中，利用计算机控制机器的运行，自动完成产品的加工、装配、检测和包装等过程，改变了传统加工手段的烦琐，工人在操作时只需监视设备的运行状态，如此一来，降低了工人的劳动强度，提高了加工速度和生产自动化水平，缩短了加工准备时间，降低了生产成本，提高了产品质量。

此外，那些需要大量繁重而重复的劳动且精度要求高，或需要长时间连续在放射性、有毒等危险环境下进行的工作，在没有计算机之前，都是由工人完成的，而有了计算机之后，这些工作正在逐步由计算机代替。不难看出，随着计算机进入生产过程，它将工人从原先大量繁重的体力劳动中解放出来，让他们从事更为灵活的与计算机相关的生产活动，可以说，这是人类生产史上的一个飞跃。

四、对生活的影响

计算机技术已经融入人类的日常生活中。我们可以利用计算机进行信息处理，比如，处理文字、声音，图像等。教师可以利用计算机进行辅助教学，使学生从图文并茂的课件中轻松学到所需知识；医生可以利用具有高诊断水平的智能机器人为病人进行诊断等。

随着计算机技术和现代通信技术的结合，一方面，我们可以通过计算机进行方便的交流、沟通，缩短了人与人之间在空间上，时间上的距离，形成地球村；另一方面，我们还可以通过计算机得到任何需要的服务，如网上办公、收发电子邮件、网上看电影、网上购物、网上授课、网上看病等。计算机使我们的生活变得更加丰富多彩。

第二章　计算机网络概述

第一节　计算机网络的形成与发展

计算机网络的发展是当今世界高新技术发展的核心之一，而它的发展历程也曲曲折折，绵延至今。下面，让我们走进计算机网络发展的历程长河，了解其发展历程。

一、从 ARPA 网络到 Internet

计算机网络的发展可追溯到 20 世纪 60 年代。1962 年，美国国防部在军事上提出了设计一种分散的指挥系统的构想。1969 年，为了验证该构想，美国国防部高级研究计划局（Defense Advanced Research Projects Agency，DARPA）资助建立了一个名为 ARPA 网（阿帕网）的实验网络。最初，它只在 4 个大学设立节点，一年以后扩大到 15 个节点。随后，众多的大型计算机以平均每 20 天一台的速度编织入网。1973 年，ARPA 网跨越大西洋，通过卫星技术实现了美国与英国、挪威的网络连接，开始了世界范围的互联互通。到了 20 世纪 80 年代，ARPA 网逐渐从美国军方脱离出来，并改名为 Internet。

尽管如此，在 20 世纪 80 年代中后期，计算机网络只能覆盖行业内人士或企业内参与信息管理系统开发的人员，离普通人的生活还是很遥远。20 世纪 90 年代后，计算机网络和人们的生活紧密地联系在一起。今天，计算机网络已彻底改变了人们的生活和工作方式。

近年来，全球互联网从 ARPA 网逐步发展成为覆盖全球的 Internet，这一巨大变革既得益于技术进步的推动,也离不开市场需求的拉动。在技术层面,个人电脑、交换机、路由器等数据传输设备的普及以及 Web 技术的诞生和发展,为互联网的兴起和壮大提供了坚实的技术支撑。特别是在 20 世纪 90 年代,个人电脑广泛进入家庭,多样化的交换机和路由器陆续进入市场,这一时期个人电脑和数据传输设备的发展尤为突出,对互联网的普及和扩展起到了关键作用。从市场层面来看,互联网提供了丰富的信息资源,尤其是其交互性特点,极大地激发了人们上网的热情,网络已经深刻改变了人们的生活方式和工作模式,成为现代社会不可或缺的基础设施。

二、从低速互联网到高速互联网

如果一个国家的汽车普及了,那么道路就成了制约因素。全球计算机网络从最早的 4 个节点到近年网民数量突破了 30 亿,规模扩大了,网上传输的信息量增加了,人们对网络传输速率就提出了更高的要求,网络带宽就成了制约因素。

这里所说的带宽是指数据的传输速率,传输速率是指网络中每秒发送或接收的二进制位数,单位为比特每秒,缩写为 b/s 或 bps,有时也称为比特率。当传输速率较大时,其单位也可以换算为 kb/s、Mb/s、Gb/s 或 Tb/s,即

1 kb/s=10³ b/s,1 Mb/s=10⁶ b/s,1 Gb/s=10⁹ b/s,1 Tb/s=10¹² b/s

我国道路等级示意图如图 2-1 所示,一般可分为国道、省道、县道和乡村公路级别。虽然每个级别的道路都得到了发展,但由于其功能上的差别,不同级别公路的通行能力需求和覆盖范围是不同的。网络的发展同道路有非常相似的地方,可以分成如图 2-2 所示的不同级别,即用于校园内部和企业内部运行的校园网或企业网;直接将个人电脑接入城市网的接入网;实现网络互联的主干网。这 3 个级别的网络功能不同,其对网络速率的要求也不同。

图 2-1　我国道路等级示意图

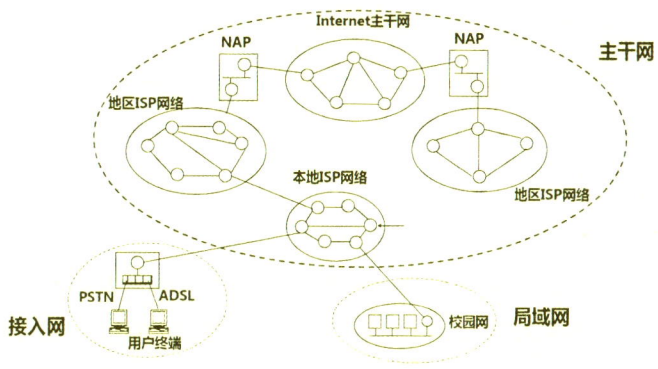

图 2-2　Internet 结构图

通常，校园网和企业网等局域网采用的技术是以太网，以太网的网速从 10 Mb/s 发展到 100 Mb/s，目前已经出现了 40 Cb/s 的以太网。对于接入网来说，20 世纪 90 年代初，主要是公用电话交换网（Public Switched Telephone Network，PSTN）它的上行速率为 33.6 kb/s，下行速率为 56 kb/s。到了 20 世纪 90 年代末，非对称数字用户线路（Asymmetric Digital Sub-scriber Line，ADSL）技术逐渐取代了 PSTN 技术，这种技术上行速率是 32 kb/s 或 64 kb/s，下行速率为 1 Mb/s 或 2 Mb/s。与 ADSL 同时出现的另一种接入技术就是以太网，以太网的接入网速率，当时是 10 Mb/s，目前逐渐发展到了 100 Mb/s。主干网的网络速率以网络类型为标志，主要分为三个阶段，第一阶段是数字数据网，它的传输速率经历了几次提升，从 2.048 Mb/s 到 139.264 Mb/s；第二阶段是异步传输模式，它的传输速率从 155 Mb/s 发展到 622 Mb/s；第三阶段是同步数字体系，它的传输速率是 2.5 Gb/s 和 10 Gb/s。无论是局域网、接入网，还是主干网，网络的发展速度都非常快。

三、从单一数据网络到统一网络

随着网络技术的不断发展和普及，上网规模持续扩大，网络速度也得到了显著提升。人们对网络传输和共享的数据类型要求也日益增长，呈现出多样化和复杂化的特点。早期计算机网络主要以简单数据传输为主，但如今，在网络技术的支持下，我们可以轻松实现声音、视频、动画等多种传输媒体的展示。

当前，常见的网络类型主要包括三种：一是数字交换电话网，主要用于传输语音信号；二是数据网络，专门用于数据传输；三是有线电视网，主要承担视频信号的传输任务。而所谓的统一网络，则是指能够同时实现语音、视频和数据传输的网络，为人们的生产生活带来了极大的便利。

早期的简单数据传输对网络的实时性和同步性要求并不高，但随着统一网络的实现，语音和视频信号的特殊性使得网络在实时性和同步性方面得到了显著提升。这意味着网络应用已经深入人们的生活，为人们提供了更加便捷、高效的服务。

四、从 Internet 到移动 Internet

网络应用的便利性使得人们对网络的依赖程度越来越高，要求网络克服时间和空间的障碍，使得 Internet 向移动 Internet 发展，满足人们随时随地使用网络的需求。

所谓移动 Internet 就是把移动终端与 Internet 有机结合起来的网络。在移动终端中，尽管平板电脑和笔记本相对于台式机而言具有较强的便捷性，但要随时随地访问互联网络，智能手机还是最主要的移动终端。嵌入式系统的发展使智能手机的处理能力越来越强，触摸屏技术使得智能手机的使用越来越方便，而无线通信网络随时随地接入 Internet 的特性，使得智能手机可以移动、定位和随时随地访问 Internet，如基于位置服务、扁平式双向通信以及移动支付等。

嵌入式技术与移动通信技术的发展催生了智能手机，智能手机和互联网的结合产生了移动互联网，移动互联网极大地扩展了互联网的应用领域，并可能导致互联网应用发生革命性的变化。

五、从 Internet 到物联网

对于网络使用的需求，人们的追求并未止步。在充分享受了终端设备间的通信便利后，人们开始探索更广泛的通信领域，包括人与物、物与物以及人与人之间的通信，物联网（The Internet of Things，IoT）的应运而生。物联网通过运用各类信息传感器、射频识别技术、全球定位系统、红外感应器、激光扫描器等装置与技术，实时采集并处理监控、连接、互动的物体或过程中的各类信息，如声、光、热、电、力学、化学、生物、位置等。通过广泛的网络接入，物联网实现了物与物、物与人的无缝连接，进而实现了对物品和过程的智能化感知、识别和管理。

物联网的一大特点在于其无需通过传统终端，即可直接基于互联网实现物与物、物与人、人与人之间的交互过程，并在此基础上提供各种创新服务。在物联网中，物品不再仅仅是传统的物品，而是与网络终端深度融合的新型实体，嵌入式技术的发展使得各种物品能够嵌入智能系统。同样，物联网中的人也不再是单纯的人，而是与智能设备紧密结合的存在。人们可以通过穿戴各种智能设备，如智能衣服、手表、眼镜等，与物联网进行更紧密的连接和互动。物联网具有三个主要作用：

（1）实现计算、通信等终端所具备的功能；

（2）实现信息采集；

（3）用于提供人体自身不具备的扩展功能。

目前，物联网在国内主要应用到智能农业、智能工业、智能物流和智能医疗等领域，如图 2-3 所示。

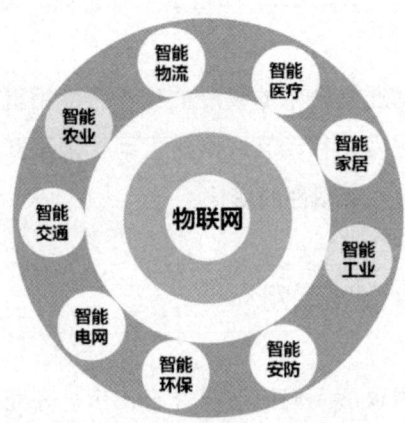

图 2-3　物联网的应用领域

六、从 Internet 到安全 Internet

随着物联网技术的飞速发展，计算机网络的应用已经遍布全球各地，深入渗透到各类物品之中。Internet 的初衷是实现终端间的通信与资源共享，但伴随着统一网和物联网的兴起，Internet 中的信息已经演变为至关重要的战略资源。因此，信息安全不仅关乎单个企业的生存发展，更直接关系到国家的安全与稳定。

随着计算机网络的发展，各种黑客攻击、网络欺诈等活动日益频繁，他们的攻击技术也在不断发展，这使得信息安全形势日益严峻。网络信息安全是指对网络中信息的可用性、完整性和保密性等的保障。网络安全技术伴随着网络威胁产生，随着网络威胁的发展而发展，是一个永恒的主题。同时，网络安全也是一个社会工程。不光涉及网络安全技术，还涉及法治建设、道德建设和安全意识。

第二节　计算机网络的定义与功能

1997年，在美国拉斯维加斯的全球计算机技术博览会上，微软公司联合创始人比尔·盖茨发表了著名的演说，他在演说中强调"网络才是计算机"。那么，什么是"网络"呢？

一、计算机网络的定义

至今，关于计算机网络并没有一个统一的精确定义，但网络应该具有以下特征。

（1）资源共享。资源共享是指通过通信线路连接起来的计算机终端之间互相传输资源。这些资源包括软件、硬件和数据。

（2）自治系统。自治系统是指能够独立运作并对外提供服务的系统。在计算机网络中，每个接入的设备都应当成为自治系统，例如能够独立运行的计算机服务器、能够独立提供服务的外部设备等。然而，通过串行口或并行口连接的多个外设所组成的系统，并不属于自治系统范畴，尤其是在主机控制下提供服务的系统。

自治系统的集合构成了互联网不断扩展的基础架构。在互联网中，并不存在一个全面负责管理和监控终端及服务器的中心节点。每个终端和服务器都扮演着自治系统的角色，在网络中各自履行其职责，实现自我管理。每个终端和服务器都是服务提供者，互联网服务正是由这些终端和服务器所提供的服务汇集而成。因此，互联网得以容纳无数的终端和服务器，并汇集这些终端和服务器所提供的服务，形成了互联网无所不能的服务体系。

（3）遵守统一的通信标准。相互连接起来的计算机，其目的是实现资源共享。如果要资源共享就必然要相互之间交换数据，而交换数据就必须遵守统一的通信标准。数据发送和接收的时间以及在网络间传输的方式和格式，都要遵守统一的标准。

由此，计算机网络可以定义为以实现资源共享为目的，一些相互连接的、独立自治的计算机的集合。

二、计算机网络的功能

互连起来的计算机终端的目的是实现资源共享，这也是计算机网络的基本功能。围绕资源共享这一核心功能，其主要功能可分为如下 4 点。

（一）数据通信

计算机网络建设的主要目的之一就是使分布在不同物理位置的计算机用户能相互通信，其他功能都是在数据通信功能的基础上实现的，如发送电子邮件、远程登录、联机会议等，因此数据通信是计算机网络的基本功能，为网络用户共享资源提供了强有力的通信手段。

（二）资源共享

资源共享，涵盖硬件、软件及信息等多个方面，是计算机网络的核心功能之一。通过网络连接，用户可以充分利用各类硬件设备资源，如打印机、光驱、大容量磁盘和高精度图形设备等，实现设备的共享使用，从而提高设备利用率，降低使用成本。

此外，计算机网络还允许用户在服务器上安装系统软件或应用软件，并调整其共享属性，使网络终端能够共享这些软件资源。这种共享模式不仅提高了软件资源的利用率，还降低了用户在软件购买和维护方面的成本。

互联网作为信息的海洋，蕴含着丰富且不断更新的信息与数据资源。网络终端用户可以通过互联网共享各类信息资源，如电子出版物、网上图书、网上超市里的各类商品信息等。这种信息共享模式为用户提供了便捷、高效的信息获取途径，推动了知识的传播和应用。

（三）负载均衡

当网络终端的任务负载太重时，可通过网络将任务进行策略分散，由任务较少的终端分担负载。这样在进行大型任务处理时，可有效提高终端可用性，起到均衡负载的作用。

（四）冗余备份

在计算机网络中，特别是当前大数据应用中，每个网络终端都可以通过网络冗余备份的方式，提高分布式系统的可靠性。一旦网络中某台终端发生故障，另外一台终端就可代替其完成所承担的任务。

第三节 计算机网络的分类

计算机网络分类的依据是可以区分不同网络的本质特征，目前，用于区分不同网络的本质特征有网络的交换方式和网络的作用范围两种分类方法。

一、根据网络交换方式分类

交换的本质就是两种机制的建立，第一个是建立数据的传输路径机制，第二个是控制数据可靠传输的机制。网络交换方式可分为两类，一类是电路交换，另外一类是分组交换。分组交换又可分为虚电路分组交换和数据报分组交换。

（一）电路交换网络

在电路交换网络中，按需建立点对点信道，并且这个信道独占经过的物理带宽，所以在建立信道以后，数据可以直接沿这一信道进行传输，不需要建立控制数据实现传输的机制。典型的电路交换网络有公共交换电话网（PSTN）和同步数字体系（Synchronous Digital Hier-archy，SDH）等。

（二）虚电路交换网络

在建立数据传输路径机制过程中，虚电路交换网络每一对交换终端之间需分配虚电路标识符，建立终端之间的传输路径。在控制数据可靠传输机制方面，虚电路交换把数据封装成虚电路分组形式，通过存储转发机制来实现数据的传输过程。它的分组形式是数据加上虚电路标识符。多条虚电路可以共享物理链路的带宽。典型的虚电路交换网络有帧中继、异步传输模式（Asynchronous Transfer Mode，ATM）等。

（三）数据报交换网络

在数据报交换网络中，为确保数据传输的精准与高效，每个终端都被赋予了一个独特的标识符，即终端地址。这个地址的存在，使得我们可以准确无误地建立起通往每个终端的传输路径。当数据传输开始时，计算机会将数据精心封装成数据报分组的形式。这些分组通过数据转发的方式，在网络中穿梭，实现数据的传输。这些分组的格式严谨而规范，包含了数据内容、源地址和目的地址等重要信息。

值得一提的是，数据报交换网络与虚电路交换网络有着本质的不同。在数据报交换网络中，每个分组都可以根据自己的需要，独立选择传输路径，这使得数据传输更加灵活和高效。而相比之下，虚电路交换网络则无法做到这一点。此外，在数据报交换网络中，多条传输路径会共享物理链路的带宽。这种共享机制，使得网络资源得到了更加合理的利用。现实中，以太网等就是典型的数据报交换网络的实例，它们为我们的数据传输提供了稳定而可靠的支持。

二、根据网络作用范围分类

（一）个人区域网

个人区域网（Personal Area Network，PAN）的通信距离一般在 10 m 以内，

而且通常采用无线通信方式，目前常见的个人区域网有蓝牙（Bluetooth）、紫蜂（ZigBee）等，蓝牙主要用于无线设备（如无线鼠标、无线耳麦）与计算机或手机之间的近距离通信。紫蜂主要用于无线传感器之间，或者智能物之间的近距离通信。

（二）局域网

局域网（Local Area Network，LAN）的作用范围为 2～10 km，而且整个网络分布在某个单位的管辖范围内，因此，可以实行自主布线。最常见的局域网技术是以太网，其在实际应用中常常通过连接多个以太网来构建校园网。由于可以自主布线，用以太网来构建校园网时，光缆和双绞线均可自主铺设，不需要经过市政部门的许可。

（三）城域网

城域网（Metropolitan Area Network，MAN）的作用范围是一个城市所覆盖的地理范围，由于节点之间的物理链路跨越市区，而除了类似电信这样的部门外，一般单位不可能具有跨市区铺设光缆或电缆的能力。因此，城域网往往是类似电信这样的部门组建的公共传输网络，如 SDH。如果将以太网用作城域网，则一般需要向电信购买或租用用于互连以太网交换机的光纤。

（四）广域网

广域网（Wide Area Network，WAN）的作用范围可以是一个省，一个国家，甚至全球。广域网往往是类似电信这样的部门组建的公共传输网络，目前常见的广域网有 PSTN、SDH 和 ATM 等。

值得强调的是，Internet 是由多级网络所组成的，这些网络中有局域网，城域网和广域网，通常用局域网构建校园网和企业网，用城域网构建本地因特网服务提供商（Internet Service Provider，ISP）网络，用广域网构建主干 ISP 网络。各个单位构建的企业网接入 In-ternet 的过程：各个单位先用局域网连接单位内的终端，然后用宽带接入技术（ADSL 或以太网）接入本地 ISP 网络，由本地 ISP 网络将分布在城市各个位置的宽带接入点连接在一起，即用主干

ISP 网络连接多个本地 ISP 网络。

第四节 计算机网络的应用

当一种新技术出现后,及时了解并将这种新技术应用到其他专业领域就可能使这一领域发生革命性的变化,并催生新的产业。当人们将互联网应用到传统产业,就催生出电子商务、互联网金融、移动支付、基于位置服务等新的产业和新的服务。

一、企业信息网络

企业信息网络是指专门用于企业内部信息管理的计算机网络,它一般为一个企业所专用,覆盖企业生产经营管理的各个部门,在整个企业范围内硬件、软件和信息资源共享。

在企业信息网络中,业务职能的信息管理职责由微型计算机这一网络工作站承担,负责日常业务数据的采集与处理工作。而网络的控制、数据管理与共享任务,则由网络服务器或具备强大功能的中心主机承担。对于分布在不同区域的分公司、办事处及库房等异地业务部门,可根据其业务规模及信息处理特点,通过远程仿真终端、网络远程工作站或局域网等方式实现互联互通,确保企业信息网络的高效运作与数据安全。

目前,企业信息网络已成为现代化企业的重要特征和实现有效管理的基础,通过企业信息网络,企业可以摆脱地理位置所带来的不便,对广泛分布于各地的业务进行及时、统一的管理与控制,并实现全企业范围内的信息共享,从而大大提高企业在全球化市场中的竞争实力。

二、联机事务处理

联机事务处理是指利用计算机网络,将分布于不同地理位置的业务处理计算机设备或网络与业务管理中心网络连接,以便于在任何一个网络节点上都可以进行统一、实时的业务处理活动或客户服务。

联机事务处理技术在金融、证券、期货及信息服务等领域得到了广泛而深入地应用。以金融系统为例，其银行业务的网上资金清算与划拨、互联网金融业务等都离不开这一技术的支持。在期货、证券交易领域，联机事务处理技术使得遍布全国的会员公司能够实时进行报价、交易、交割、结算以及信息查询等操作。此外，民航订售票系统也是联机事务处理的典型应用之一，为全国的民航机票预订与售票服务提供了强有力的技术支撑。

三、POS 系统

POS（Point of sale）系统是基于计算机网络的商业企业管理信息系统，它将柜台上用于收款结算的商业收款机与计算机系统连成网络，为商品交易提供实时的综合信息管理和服务。

商业收款机本身是一种专用计算机，具有商品信息存储、商品交易处理和销售单据打印等功能，既可以单独在商业销售点上使用，也可以作为网络工作站在网络上运行。POS 系统将商场的所有收款机与商场的信息系统主机连接，实现对商场的进、销、存业务进行全面管理，并可以与银行的业务网通信，支持客户用信用卡直接结算。POS 系统不仅能够使企业的进、销、存业务管理系统化，提高服务质量和管理水平，还能够与整个企业的其他各项业务管理相结合，为企业的全面、综合管理提供信息基础，并对经营和分析决策提供支持。

将商业收款机、移动终端设备和金融机构有效连接，就形成了一种新型的支付体系，即移动支付。移动支付是指移动客户端利用手机等电子产品来进行电子货币支付，使电子货币开始普及，开创了新的支付方式。

四、电子邮件系统

电子邮件系统是在计算机及计算机网络的数据处理、存储和传输等功能的基础上，构造的一种非实时通信系统。

电子邮件的运行机制：在计算机网络的主机或服务器上，为每位邮件用户设立独立的电子邮箱，并分配特定的邮箱地址。邮件发送者借助计算机网络工作站，如个人电脑，进行邮件的编辑与处理工作，通过明确指定收件人的电子信箱地址来确立邮件的传输目标。一旦邮件发送，网络通信设备会根据邮件中的目的地址信息，自动选择最优的传输路径，确保邮件能够准确无误地传送至收件人所在的网络主机或服务器上，并妥善存放于相应的电子邮箱内。收件人则可在任何时间，通过计算机网络工作站打开自己的电子邮箱，查阅并处理所接收到的邮件信息。

先进的电子邮件系统可以提供"文本信箱""语音信箱""图形图像信箱"等多种类型的电子邮件，并且支持数据、文字、语音、图形、图像等多媒体邮件，还可以将各种各样的程序、数据文件作为邮件的附件随电子邮件发送。因此，电子邮件系统可以构造许多基于电子邮件的网络应用。

目前，全球范围内的电子邮件服务都是通过基于分组交换技术的数据通信网提供的。随着网络能力的提高和网络用户的增加，电子邮件系统将逐渐替代传统的信件投递系统，成为人们广泛应用的非实时通信手段。

五、电子数据交换系统

电子数据交换（Electronic Data Interchange，EDI）系统是以电子邮件系统为基础扩展而来的一种专用于贸易业务管理的系统，它将商贸业务中贸易、运输、金融、海关和保险等相关业务信息，用国际公认的标准格式，通过计算机网络，按照协议在贸易合作者的计算机系统之间快速传递，完成以贸易为中心的业务处理过程。

由于 EDI 可以取代以往在交易者之间传递的大量书面贸易文件和单据，因此，EDI 有时也被称为无纸贸易。

EDI 的应用以经贸业务文件、单证的格式标准和网络通信的协议标准为基础。商贸信息是 EDI 的处理对象，如订单、发票、报关单、进出口许可证、保险单和货运单等规范化的商贸文件，它们的格式标准决定了 EDI 信息可被不同贸易伙伴的计算机系统所识别和处理。EDI 的信息格式标准普遍采用联合国欧洲经济委员会制订并推荐使用的 EDIFACT 标准。

六、基于位置的服务

基于位置的服务是通过电信移动运营商无线电通信网络或外部定位方式获取移动终端用户的位置信息，在地理信息系统平台的支持下，为用户提供相应服务的一种增值业务。它包括两层含义：一是确定移动设备或用户所在的地理位置；二是提供与位置相关的各类信息服务。

从全局视角来看，位置服务是由移动通信网络和计算机网络深度融合而构建的，两大网络通过高效的网关实现信息互通。用户通过移动终端发出服务请求，经过网关迅速传输至 LBS 服务平台；服务平台会根据用户需求和实时位置信息进行精准处理，并通过网关将结果反馈给用户。

位置服务在具体实践中，因其应用对象和目标的差异，衍生出多样化的服务模式。其中，休闲娱乐模式涵盖签到模式和大富翁游戏模式，为用户提供丰富多样的娱乐体验。生活服务模式则通过创新会员卡与票务模式，实现一卡通用，整合多种会员卡信息，为用户提供便捷高效的服务体验，同时汇聚大量优惠信息，让用户感受到实实在在的优惠。

社交模式则注重用户的社交需求，通过地点交友、即时通信等功能，建立基于地理位置的社交圈，增强用户的社交互动。商业模式则通过团购、优惠信息推送等方式，将用户数量与折扣、优惠紧密关联，实现商业价值的最大化。

第三章　网络数据通信

网络最终的目的是实现两个终端之间的相互通信。互联网是由许许多多不同类型的传输网络连接而成的网际网。要实现互相通信的两个终端，可能在相距非常远的两个不同网络内部，也可能在同一个网络内部。无论是哪一种情况，千里之行，始于足下，都需要将数据从当前节点传输到下一个节点，无论是从终端到交换机，还是在交换机之间，或者是从交换机到终端。这一章，我们将详细地学习数据传输系统的组成和工作原理，数据和信号之间的相互转换技术，信号经过物理链路的传输过程和传输过程当中需要解决的一些问题，构成物理链路的传输介质的种类以及各自的性能。通过上述学习，能够分析物理层二进制位流传输过程和链路层差错控制过程，并且根据实际应用需求选择不同传输介质类型。

第一节　数据通信的基本概念

一、信息、数据与信号

（一）信息

一般认为，信息是人们对现实世界事物存在方式或运动状态的某种认识。从信息论的角度看，信息是不确定性的消除。信息的载体可以是数值、文字、图形、声音、图像以及动画等。信息不仅能够反映事物的特征、运动和行为，还能够借助媒介传播和扩散。也就是说，信息不是事物本身，而是事物发出的消息、情报、数据、指令、信号等当中包含的意义。

（二）数据

数据是指把事件的某些属性规范化后的表现形式，数据可以被识别，也可以被描述。数据根据其连续性可分为模拟数据与数字数据。模拟数据取连续值，数字数据取离散值。

（三）信号

数据在被传输之前，要变成适合传输的电磁信号，即模拟信号或数字信号，如图3-1所示。信号是数据的电气或电磁表示形式，一般以时间为自变量，以表示信息（数据）的某个参量（振幅、频率或相位）为因变量。

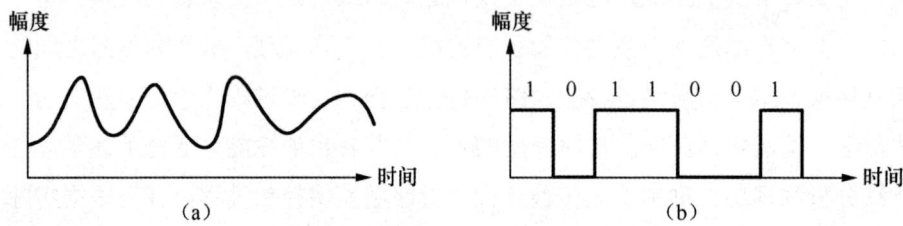

图3-1　模拟信号与数字信号波形图

模拟数据和数字数据都可用这两种信号表示。模拟信号的某种参量，如振幅和频率，可以表示要传输的信息，模拟信号是指代表消息的参数取值随时间连续变化的信号。数字信号是指代表消息的参数取值是离散的信号，如计算机通信使用的由二进制代码"0"和"1"组成的信号。数字信号在通信线路上传输时要借助电信号的状态来表示二进制代码的值。电信号可以呈现两种状态，分别用"0"和"1"来表示。

模拟信号和数字信号在一定条件下可以相互转化。模拟信号可以通过采样、量化、编码等步骤变成数字信号，而数字信号可以通过解码、平滑等步骤恢复为模拟信号。

二、基带信号和宽带信号

信号也可以分为基带信号和宽带信号。

（一）基带信号

基带信号（Baseband Signal）是指信源发出的没有经过调制的原始信号，如人们说话的声波就是基带信号。基带信号的特点是频率低，信号频谱从零开始，具有低通形式。在近距离范围内基带信号衰减不大，信号内容不会发生变化，因此在传输距离较近时，计算机网络往往采用基带传输方式，如从计算机到监视器、打印机等外设信号都是采用基带传输。大多数局域网也采用基带传输，如以太网、令牌环网等。

（二）宽带信号

宽带信号（Broadband Signal）又称为频带信号。在远距离通信中，由于基带信号具有频率很低的频谱分量，出于抗干扰和提高传输速率的考虑一般不宜直接传输，需要将基带信号变换为频带适合在信道中传输的信号，变换后的信号就是频带信号。频带信号主要用于网络电视和有线电视的信号传输。为了提高传输介质的带宽利用效率，频带信号通常采用多路复用技术。

三、信道及其分类

（一）信道的概念

在许多情况下，我们要使用信道（Information Channel）来表示向某一个方向传输信息的媒体，包括传输介质和通信设备。传输介质可以是有线传输介质，如电缆、光纤等，也可以是无线传输介质，如电磁波。

（二）信道的分类

信道可以按不同方法进行分类，常见的分类方式有如下 3 种。

(1)有线信道和无线信道。使用有线传输介质的信道称为有线信道,主要有双绞线、同轴电缆和光缆等。以电磁波在空间传播的方式传输信号的信道称为无线信道,主要包括长波信道、短波信道和微波信道等。

(2)物理信道和逻辑信道。物理信道是指用来传输信号的物理通路,网络中两个节点间的物理通路称为通信链路,物理信道由传输介质及有关设备组成。逻辑信道也是一种通路,但一般是指人为定义的信息传输通路,在信号收发点之间并不存在一条物理传输介质,通常把逻辑信道称为"连接"。

(3)数字信道和模拟信道。传输离散数字信号的信道称为数字信道,利用数字信道传输数字信号时不需要进行变换,通常需要进行数字编码;传输模拟信号的信道称为模拟信道,利用模拟信道传输数字信号时需要经过数字信号与模拟信号之间的变换。

四、数据通信的技术指标

(一)传输速率

传输速率是指信道中传输信息的速率,是描述数据传输系统的重要技术指标之一。传输速率一般有两种表示方法,即信号速率和调制速率。

信号速率是指单位时间内传输的二进制位代码的有效位数,单位为比特/秒(b/s)。一般应用于数字信号的速率表示。

调制速率是指每秒传输的脉冲数,即波特率,单位为波特/秒(Baud/s),是指信号在调制过程中调制状态每秒转换的次数。1波特即模拟信号的一个状态,不仅表示一位数据,而且代表了多位数据。所以,"波特"和"比特"的意义不同,模拟信号的速率通常用调制速率表示。

(二)信号带宽

信号带宽是指在信道中传输的信号在不失真的情况下占用的频率范围,单位用赫兹(Hz)表示。数据通信中的带宽就是所能传输电磁波最大有效频率减去最小有效频率得到的值。

(三) 信道容量

信道容量是衡量一个信道传输数字信号的重要参数。信道的传输能力是有一定限制的，即信道传输数据的速率有上限，也就是单位时间内信道上所能传输的最大比特数，单位为比特/秒（b/s），将其称为信道容量。无论采用何种编码技术，传输数据的速率都不可能超过信道容量上限，否则信号就会失真。

信道的容量与信道带宽成正比，即信道带宽越宽，信道容量就越大。

(四) 通信方式

通信方式是指通信双方的信息交互方式。按照信号传输方向与时间的关系，可以将数据通信分为以下3种基本方式。

（1）单向通信，又称为单工通信，即只能有一个方向的通信而没有反方向的交互。无线电广播或有线电广播以及电视广播就属于这种类型。单向通信方式如图 3-2 所示。

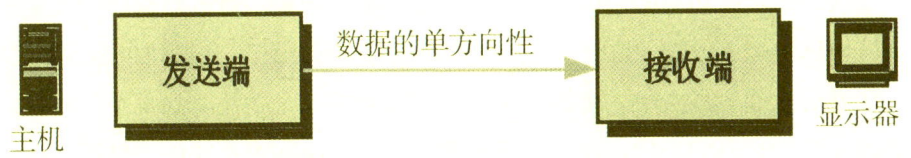

图 3-2　单向通信方式

（2）双向交替通信，又称为半双工通信，即通信双方都可以发送信息，但不能双方同时发送（也不能同时接收）。这种通信方式是一方发送另一方接收，过一段时间后也可以反过来。双向交替通信方式如图 3-2 所示。

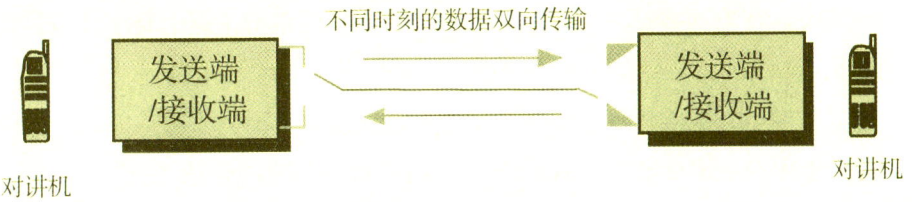

图 3-3　双向交替通信方式

双向同时通信，又称为全双工通信，即通信的双方可以同时发送和接收信息。单向通信只需要一条信道，而双向交替通信和双向同时通信则需要两条信道（每个方向各一条）。显然，双向同时通信的传输效率最高。双向同时通信方式如图3-4所示。

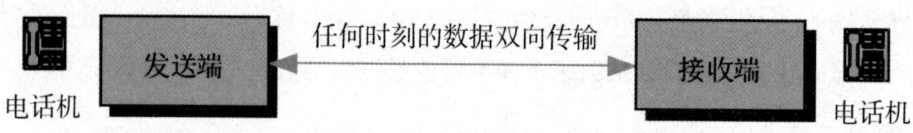

图3-4 双向同时通信方式

计算机通常用8位二进制代码（1字节）来表示一个字符。按照字节使用的信道数，可以将数据通信分为串行通信和并行通信。

将待传输的每个字符的二进制代码按由低到高的顺序依次发送，这种工作方式称为串行通信。在远程通信中，一般采用串行通信方式。但在计算机内部，往往采用并行通信的方式。并行通信是指数据以成组的方式在多个并行信道上同时传输，在数据远距离传输之前，要即时将计算机中的字符进行并/串转换，在接收端同样进行串/并转换，还原成计算机的字符结构。

同步是数据通信必须解决的一个问题。所谓同步，就是要求通信收发双方在时间基准上保持一致。常见的同步技术有异步通信方式和同步通信方式。

在异步通信方式中，每传输1个字符都要在每个字符前加1个起始位，以表示字符代码的开始；在字符代码和校验位后面加1个或2个停止位，表示字符结束。接收方根据起始位和停止位来判断一个新字符的开始和结束，从而起到通信双方的同步作用。在同步通信方式中，传输信息格式是由一组字符或1个二进制位组成的数据块（帧），通过在数据块之前先发送1个同步字符SYN或1个同步字节，用于接收方的同步检测，从而使收发双方进入同步状态。在发送数据完毕后，再使用同步字符或字节来标识整个发送过程的结束。

异步通信方式实现比较简单，适合于低速通信。而同步通信方式附加位少，一般用在高速传输数据的系统中，如计算机间的数据通信。

第二节 传输介质及其主要特性

信号要经过信道传输,而信道则由不同的传输介质构成,传输介质的质量也会影响数据传输的质量。

一、传输介质的主要类型

常见的网络传输介质可分为有线传输介质和无线传输介质。有线传输介质主要有双绞线(Twisted Pair)、同轴电缆(Coaxial Cable)及光纤(Fiber Optics),其中,双绞线包括屏蔽双绞线和非屏蔽双绞线。无线传输介质有无线电波、红外线等。

二、双绞线

(一)双绞线的物理特性

双绞线是由相互绝缘的两根铜线按一定扭矩相互绞合在一起的类似于电话线的传输介质。为了减少信号传输中串扰及电磁干扰(EMI)影响的程度,通常将这些线按一定的密度互相缠绕在一起。每根铜线加绝缘层并用颜色来标记,如图 3-5 所示。

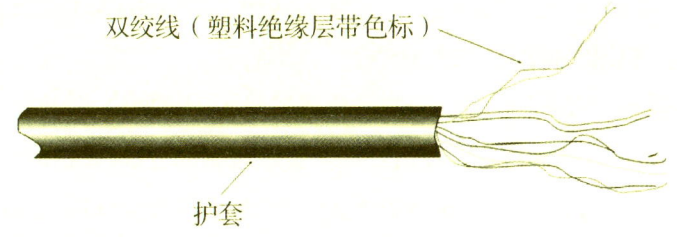

图 3-5 双绞线结构示意图

双绞线是模拟和数字数据通信最普通的传输介质,它主要的应用范围是电话系统中的模拟语音传输,最适合于较短距离的信息传输,若超过几千米信号就会发生衰减,这时就要使用中继器来放大信号和再生波形。双绞线的价格在传输介质中是最便宜的,并且安装简单,所以得到广泛地使用。

在局域网中一般都采用双绞线作为传输介质。双绞线可分为非屏蔽双绞线(Unshieded Twisted Pair,UTP)和屏蔽双绞线(Shieded Twisted Pair,STP),双绞线的结构如图3-6所示。两者的差异在于屏蔽双绞线在双绞线和外皮之间增加了一个铅箔屏蔽层,如图3-6(a)所示,目的是提高双绞线的抗干扰性能。

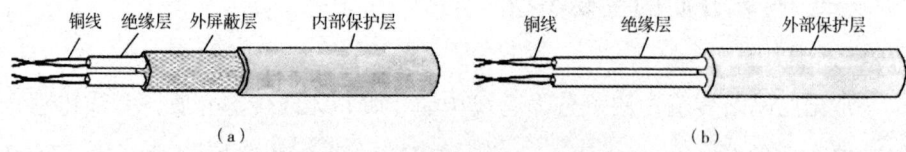

图3-6 双绞线的结构示意图
(a)屏蔽双绞线; (b)非屏蔽双绞线

(二)非屏蔽双绞线的类型

按照EIA/TIA(电气工业协会/电信工业协会)568A标准,非屏蔽双绞线共分为1~7类。

(1)1类线:可用于电话传输,但不适合数据传输,这一级电缆没有固定的性能要求。

(2)2类线:可用于电话传输且传输速率最高为4 Mb/s,包括4对双绞线。

(3)3类线:可用于最高传输速率为10 Mb/s的数据传输,包括4对双绞线,常用于10Base-T以太网的语音和数据传输。

(4)4类线:可用于16 Mb/s的令牌环网和大型10 Base-T以太网,包括4对双绞线。其传输速率可达20 Mb/s。

(5)5类线:既可用于100 Mb/s的快速以太网连接又支持150 Mb/s的ATM数据传输,包括4对双绞线,是连接桌面设备的首选传输介质;超5类线是对现在5类线近端串扰、衰减串扰比、回波损耗等部分性能的改善,其他特性与5类线相同。

(6)6类线:在外形和结构上与5类和超5类双绞线有一定的差别,与

5类和超5类线相比,它具有传输距离长、传输损耗小、耐磨、抗干扰能力强等特性,常用在千兆位以太网和万兆位以太网中;超6类线也称为6a,能支持万兆上网,最大带宽达到500 MHz,是6类线的2倍。

(7)7类线是一种8芯屏蔽线,每对都有一个屏蔽层,接口与其他线缆相同,提供600 MHz整体带宽,是6类线的2倍以上。

其中,计算机网络常用的是3类线(CAT 3)、5类线(CAT 5)、超5类线(CAT 5e)和6类线(CAT 6)。5类线和3类线的最主要区别就是5类线大大增加了每单位长度的绞合次数,并且其线对间的绞合度和线对内两根导线的绞合度都经过了精心的设计,这样大大提高了线路的传输质量。

6类线增加了绝缘的十字骨架,且电缆的直径更粗,将双绞线的4对线分别置于十字骨架的4个凹槽内,保持4对双绞线的相对位置,从而提高了电缆的平衡特性和抗干扰性,而且传输的衰减也更小。

(三)双绞线组网常用的连接设备

使用双绞线组网时,必须使用RJ-45水晶头。另外,还需要一个非常重要的设备——集线器,也称为交换机。

三、同轴电缆

(一)同轴电缆的物理特性

同轴电缆是由绕同一轴线的两个导体所组成的,即内导体(铜芯导线)和外导体(屏蔽层),外导体的作用是屏蔽电磁干扰和辐射,两导体之间用绝缘材料隔离,如图3-7所示。同轴电缆绝缘效果好、频带宽、数据传输稳定、价格适中、性价比高,具有极好的抗干扰特性,是早期局域网中普遍采用的一种传输介质。

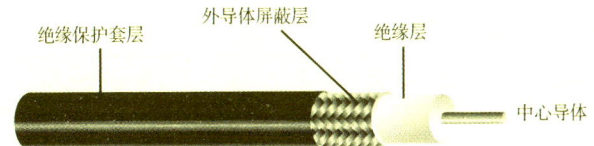

图 3-7　同轴电缆结构

同轴电缆的规格是指电缆粗细程度的度量,按射频级测量单位(RC)来度量,RG 越高,铜芯导线越细;RG 越低,铜芯导线越粗。同轴电缆可分为两类:粗缆和细缆。经常提到的 10Base-2 和 10Base-5 以太网就是分别使用细同轴电缆(简称细缆)和粗同轴电缆(简称粗缆)组网的。用同轴电缆组网,需要在两端连接 50 Ω 的反射电阻,这就是通常所说的终端匹配器。

使用同轴电缆组网的其他连接设备,细缆与粗缆的不尽相同,即使名称一样,其规格、大小也是有差别的。

(二)细缆连接设备及技术参数

采用细缆组网时,除了需要电缆外,还需要 BNC 头、T 型头、带 BNC 端口的以太网卡和终端匹配器等,如图 3-8 所示。

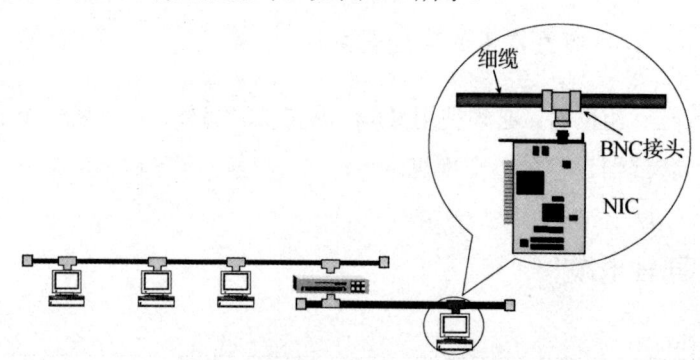

图 3-8　细缆常用连接设备连接图

采用细缆组网的技术参数如表 3-1 所示。

表 3-1　采用细缆组网的技术参数

细缆组网	具体参数
最大的网段长度	185 m
网络的最大长度	925 m
每个网段支持的最大节点数	30
BNC、T 型连接器之间的最小距离	0.5 m

（三）粗缆连接设备及技术参数

采用粗缆组网时，粗缆采用一种类似夹板的 Tap 装置进行安装，有一个外置收发器，利用 Tap 上的引导针穿透电缆的绝缘层，直接与导体相连，如图 3-9 所示，这种连接方式可靠性好，抗干扰能力强。

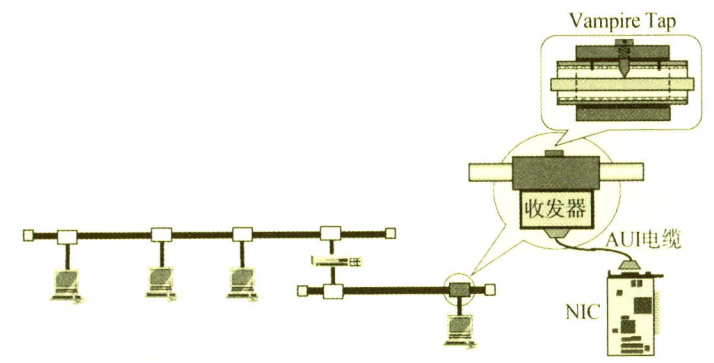

图 3-9　粗缆常用连接设备连接图

采用粗缆组网的技术参数如表 3-2 所示。

表 3-2　采用粗缆组网的技术参数

粗缆组网	具体参数
最大的网段长度	500 m
网络的最大长度	2 500 m
每个网段支持的最大节点数	100
收发器之间的最小距离	2.5 m
收发器电缆的最大长度	50 m

四、光纤

（一）光纤的物理特性

光纤是一种由石英玻璃纤维或塑料制成的，直径很细，能传导光信号的媒体，如图 3-10 所示。一根光缆中至少应包括两条独立的导芯，一条发送信号，另一条接收信号。

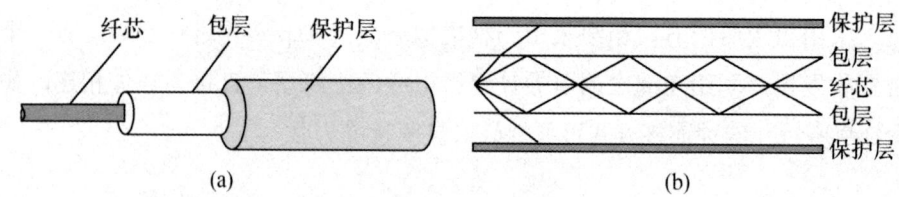

图 3-10　光纤的结构

（a）光纤的外部结构；（b）光纤的内部结构

一根光缆可以容纳两根至数百根光纤，并用加强芯和填充物来提高机械强度。光束在玻璃纤维内传输，防磁防电、传输稳定、质量高，因此光纤多适用于高速网络和骨干网。

根据使用的光源和传输模式不同，光纤可分为多模光纤和单模光纤。

单模光纤采用注入式激光二极管作为光源，激光的定向性强。单模光纤芯线的直径非常接近光波的波长，当激光束进入玻璃芯中的角度差别很小时，光线不必经过多次反射式的传播，而是一直向前以单一的模式无反射地沿直线传播，如图 3-11 所示。

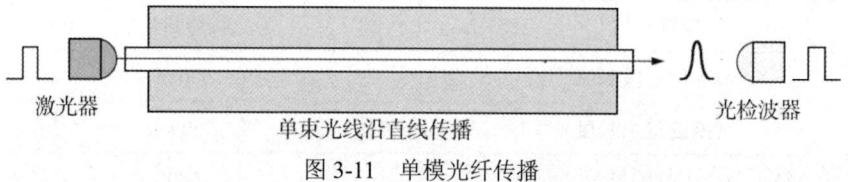

图 3-11　单模光纤传播

多模光纤采用发光二极管产生可见光作为光源，当光纤芯线的直径比光波波长大很多时，由于光束进入芯线中的角度不同，且传播路径也不同，这时光束是以多种模式在芯线内通过不断反射向前传播的，如图 3-12 所示。

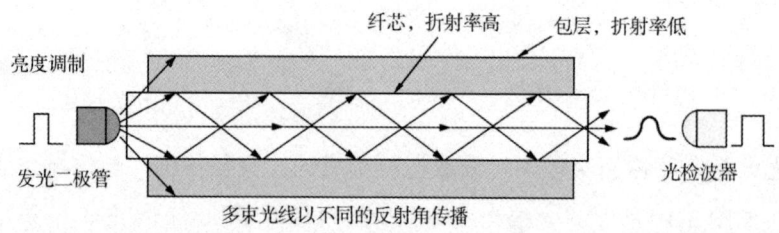

图 3-12 多模光纤传播

单模光纤性能很好,传输速率较高,适用于长距离传输,但其制作工艺比多模光纤复杂,成本较高;而多模光纤成本较低,但性能比单模光纤差一些。

(二)光纤的特点

光纤与同轴电缆相比,有如下优点:

(1)光纤有较大的带宽,通信容量大;

(2)光纤的传输速率高,能达到千兆位/秒;

(3)光纤的传输衰减小,连接的范围更广;

(4)光纤不受外界电磁波的干扰,因而电磁绝缘性能好,适宜在电气干扰严重的环境中使用;

(5)光纤无串音干扰,不易被窃听和截取数据,因而安全保密性好。

(三)光纤的规格

多模光纤分为 50/125、62.5/125 两种规格,主要用于短距离传输,如综合布线、设备连接等。单模光纤规格有 G652、G655、G6573 种规格。

C652 现在主要是 C652D 规格,还有部分厂家提供 C652B 光纤。C652 光纤的用量最多,一般用于城市里各种光网络的建设。

G655 现在规格是 G655C,主要是用于长途干线,如跨省、国家干线。

C657 也有几种规格,主要是用于 FTTH 光纤到户,因其弯曲半径较小,可以像电话线一样随意处置而不易受损。

第三节　数据编码技术

一、数据编码类型

数据是信息的载体，计算机中的数据以离散的"0"和"1"二进制比特序列方式表示。为了正确传输数据，必须对原始数据进行编码，而数据编码类型取决于通信子网的信道所支持的数据通信类型。

根据数据通信类型的不同，通信信道可分为模拟信道和数字信道。相应地，数据编码方法也分为模拟数据编码和数字数据编码两类。

网络中基本的数据编码方法如图3-13所示。

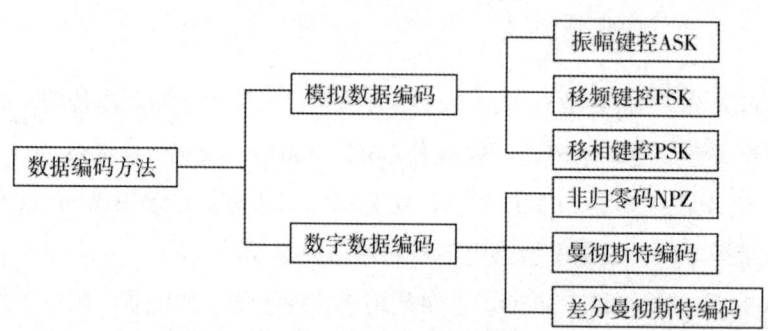

图3-13　网络中基本的数据编码方法

二、数字数据的模拟信号编码

要进行远程数据传输，常常要利用公用电话交换网。也就是说，必须首先利用调制解调器（Modem）将发送端的数字调制成能够在公用电话交换网上传输的模拟信号，经传输后再在接收端利用Modem将模拟信号解调成对应的数字信号。数据传输过程如图3-14所示。

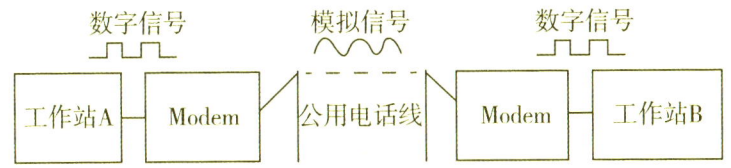

图 3-14 数据传输过程

模拟信号传输的基础是载波，载波可以表示为

$$u(t) = V\sin(\omega t + \varphi)$$

其中，载波具有 3 大要素：振幅 V、角频率 ω 和相位 φ。

通过变化载波的 3 个要素来进行编码，就出现了振幅键控法、移频键控法和移相键控法 3 种基本的编码方法。数字数据的模拟信号编码如图 3-15 所示。

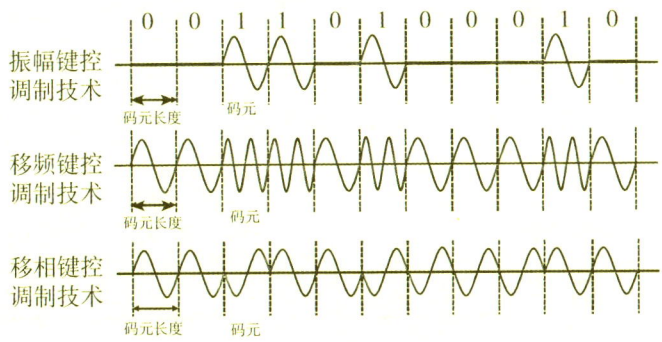

图 3-15 数字数据的模拟信号编码

（一）振幅键控法

振幅键控法（Amplitude Shift Keying，ASK）就是通过改变载波的振幅 V 来表示数字 1、0。例如，保持角频率 ω 和相位 φ 不变，当 V 不等于零时表示 1，当 V 等于零时表示 0。如图 3-15 中振幅键控调制技术编码所示。

（二）移频键控法

移频键控法（Frequency Shift Keying，FSK）就是通过改变载波的角频率 ω 来表示数字 1、0。例如，保持振幅 V 和相位 φ 不变，当 ω 等于某值时表示 1，当 o 等于另一个值时表示 0。如图 3-15 中移频键控调制技术编码所示。

（三）移相键控法

移相键控法（Phase Shift Keying，PSK）就是通过改变载波的相位φ的值来表示数字1、0。如图3-15中移相键控调制技术编码。

PSK包括绝对调相和相对调相两种类型。绝对调相是指用相位的绝对值表示数字1、0；相对调相是指用相位的相对偏移值表示数字1、0。

三、数字数据的数字信号编码

数字信号可以利用数字信道来直接传输（即基带传输），此时需要解决的问题是数字数据的数字信号表示及收发两端之间的信号同步两个方面。

在基带传输中，数字数据的数字信号编码主要有非归零码（Non-Return to Zero，NRZ）、曼彻斯特编码（Manchester）和差分曼彻斯特编码（Differential Manchester）3种方式。数字数据的数字信号编码如图3-16所示。

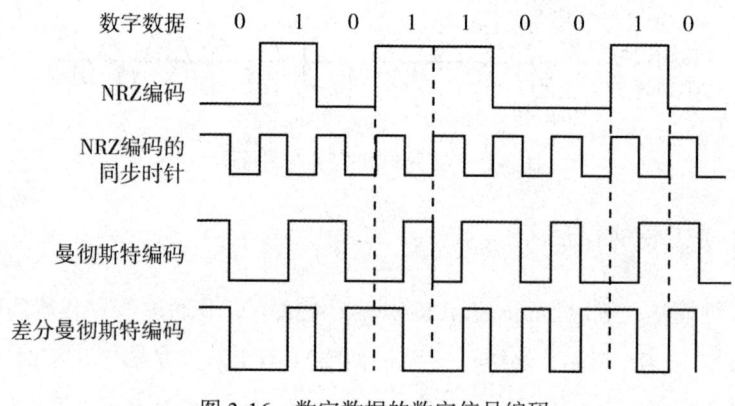

图3-16 数字数据的数字信号编码

（一）非归零码

非归零码可以用低电平表示"0"，用高电平表示"1"，但必须在发送非归零码的同时，用另一个信号同时传输同步信号。如图3-16中NRZ编码所示。

（二）曼彻斯特编码

曼彻斯特编码的规则：每比特的周期 T 分为前 T/2 与后 T/2。前 T/2 传输该比特的反码，后 T/2 传输该比特的原码。如图 3-16 中曼彻斯特编码所示。

（三）差分曼彻斯特编码

差分曼彻斯特编码的规则：每比特的值根据其开始边界是否发生电平跳变来决定。在一个比特开始处出现电平跳变表示"0"，不出现跳变表示"1"，每比特中间的跳变仅用作同步信号。如图 3-16 中差分曼彻斯特编码所示。

差分曼彻斯特编码和曼彻斯特编码都属于"自含时钟编码"，发送时不需要另外发送同步信号。

四、脉冲编码调制

脉冲编码调制（Pulse Code Modulation，PCM）是将模拟数据数字化的主要方法。由于数字信号传输失真小、误码率低且数据传输速率高，因此在网络中除计算机直接产生的数字信号外，语音、图像信息必须数字化才能经计算机处理。PCM 的特点是把连续输入的模拟数据变换为在时域和振幅上都离散的量，然后将其转化为编码形式传输。

脉冲编码调制一般通过采样、量化和编码 3 个步骤将连续变化的模拟数据转换为数字数据。

（一）采样

采样是每隔固定的时间间隔，采集模拟信号的瞬时电平值作为样本，表示模拟数据在某一区间随时间变化的值。采样频率以采样定理为依据，即当以高过两倍有效信号频率对模拟信号进行采样时，所得到的采样值就包含了原始信号的所有信息。采样过程如图 3-17（a）所示。

（二）量化

量化是将取样样本振幅按量化级决定取值的过程。量化级可以分为 8 级、16 级，或者更多，这取决于系统的精确度要求。为便于用数字电路实现，其量化电平数一般为 2 的整数次幂，这样有利于采用二进制编码表示。量化过程如图 3-17（b）所示。

（三）编码

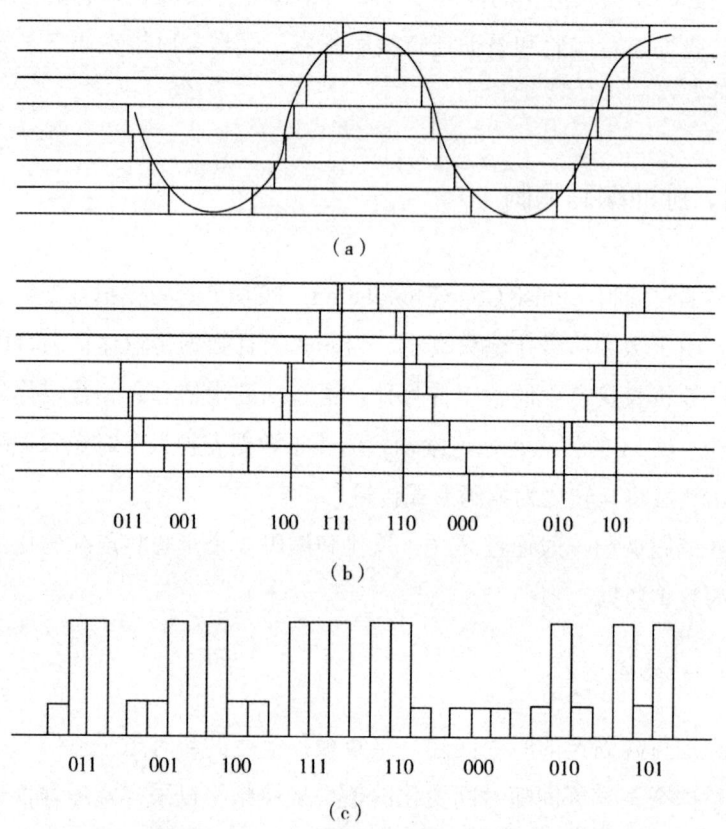

图 3-17　脉冲编码调制原理

（a）模拟数据的采样；（b）模拟数据的量化；（c）模拟数据的编码

编码是用相应位数的二进制码来表示已经量化的采样样本的级别。例如，量化级是 64，则需要 8 位编码。经过编码后，每个样本就由相应的编码脉冲表示。编码过程如图3-17（c）所示。

第四节 数据传输技术

数据传输技术是指数据发送端与数据接收端之间通过一个或多个数据信道或链路、共同遵循一个通信协议而进行的数据传输技术。根据传输信号的性质，数据传输技术可划分为基带传输技术和频带传输技术。为了实现传输资源共享，可采用多路复用技术，将若干彼此无关的信号合并为一个在公用信道上传输。

一、基带传输技术

基带就是指基本频带，即信源发出的没有经过调制的原始电信号所固有的频带（频带带宽）。基带传输是指在通信线路上原封不动地传输由计算机或终端产生的"0"或"1"数字脉冲信号。这样一个信号的基本频带可以从零（直流成分）到数兆赫，频带越宽，传输线路的电容、电感等对传输信号波形衰减的影响就越大。

基带传输是一种最简单的传输方式，近距离通信的局域网一般都采用这种方式。基带传输系统的优点是安全简单、成本低。其缺点是传输距离较短（一般不超过2km），传输介质的整个带宽都被基带信号占用，并且任何时候都只能传输一路基带信号，信道利用率低。

二、频带传输技术

（一）频带传输的概念

频带传输，有时也称为宽带传输，是指将数字信号调制成音频信号后再发送和传输，到达接收端时再把音频信号解调成原来的数字信号。我们将这种利用模拟信道传输数字信号的方法称为频带传输技术。

在实现远距离通信时，经常需要依托公用电话网，此时就需要利用频带传输方式。采用频带传输时，调制解调器（Modem）是最典型的通信设备，要求在发送和接收端都要安装调制解调器，如图3-18所示。

图3-18 依托公用电话网进行远距离通信

（二）调制解调器的基本功能

在频带传输过程中，计算机通过调制解调器与电话线连接，其主要有以下3个功能。

1. 调制和解调

调制，就是将计算机中输出的"1"和"0"脉冲信号调制成相应的模拟信号，以便在电话线上传输。解调，就是将电话线传输的模拟信号转化成计算机能识别的由"1"和"0"组成的脉冲信号。调制和解调的功能通常由一块数字信号处理（DSP）芯片来完成。

2. 数据压缩

数据压缩指的是发送端的调制解调器在发送数据前先将数据进行压缩，而接收端的调制解调器收到数据后再将数据还原，从而提高了调制解调器的有效数据传输率。

3. 差错控制

差错控制指的是将数据传输中的某些错码检测出来，并采用某种方法进行纠正，以提高差错控制的实际传输质量。

差错控制功能通常由一块控制芯片完成。当这些功能由固化在调制解调器中的硬件芯片完成时，即调制解调器所有功能都由硬件来完成，这种调制解调器称为硬"猫"。当硬件芯片中只固化了DSP芯片，其协议控制部分由软件来完成时，这种调制解调器称为半软"猫"；如果两部分功能都由软件来完成，则这种调制解调器称为软"猫"。

（三）调制解调器的分类

调制解调器有各种各样的分类方法，其中有代表性的有以下几种。

1. 按接入 Internet 的方式分类

调整解调器按接入 Internet 的方式可分为拨号调制解调器和专线调制解调器。

拨号调制解调器主要用于通过公共电话网（Public Switched Telephone Network，PSTN）上传输数据，具有在性能指标较低的环境中进行有效操作的特殊性能。多数拨号调制解调器具备自动拨号、自动应答、自动建立连接和自动释放连接等功能。

专线调制解调器主要用在专用线路或租用线路上，不必带有自动应答和自动释放连接功能。专线调制解调器的数据传输速率比拨号的高。

2. 按数据传输方式分类

调制解调器按数据传输方式可分为同步调制解调器和异步调制解调器。

同步调制解调器能够按同步方式进行数据传输，速率较高，一般用在主机到主机的通信上。但它需要同步电路，故设备复杂、造价较高。

异步调制解调器是指能随机以突发方式进行数据传输，所传输的数据以字符为单位，用起始位和停止位表示一个字符的起止。它主要用于终端到主机或其他低速通信的场合，故设备简单、造价低廉。目前市场上大部分调制解调器都支持这两种数据传输方式。

3. 按通信方式分类

调制解调器按通信方式可分为单工、半双工和全双工调制解调器。

单工调制解调器可以智能接收或发送数据；半双工调制解调器可收可发，但不能同时接收和发送数据；全双工调制解调器则可同时接收和发送数据。

在这 3 类调制解调器中，只支持单工的很少，大多数都支持半双工和全双工方式。全双工工作方式与半双工方式相比，不需要线路换向时间、响应速度快、延迟小。全双工的缺点是双向传输数据时需要占用共享线路的带宽，设备复杂、价格昂贵。相对而言，支持半双工方式的调制解调器具有设备简单、造价低的优点。

4.按接口类型分类

调制解调器按接口类型可分为外置、内置和 PC 卡式移动调制解调器等。

外置调制解调器的背面有与计算机、电话等设备连接的接口和电源插口，安装、拆卸比较方便，可随时移动，也可与任何位置的任何计算机相接。且其面板上有一排指示灯，根据其状态，可以很方便地判断调制解调器的工作状态和数据传输情况。

内置调制解调器则直接插入计算机的扩展槽，不占空间，不需要独立电源，通过主板和总线与计算机连接。

PC 卡式移动调制解调器主要用于笔记本电脑，体积纤巧，配合移动电话，可方便地实现移动办公。

相对而言，内置调制解调器的数据传输速率要高于外置调制解调器，但占用了计算机的扩展槽。

三、多路复用技术

多路复用是指在数据传输系统中，允许两个或多个数据源共享同一个传输介质，把若干个彼此无关的信号合并起来，在一个公用信道上进行传输，就像每一个数据源都有自己的信道一样。也就是说，利用多路复用技术可以在一条高带宽的通信线路上同时传播声音、数据等多个有限带宽的信号，充分利用通信线路的带宽，减少不必要的铺设或架设其他传输介质的费用。

多路复用一般可分为 4 种基本形式：频分多路复用（Frequency Division Multiplexing，FDM）；时分多路复用（Time Division Multiplexing，TDM）；波分多路复用（Wavelength Divi-sion Multiplexing，WDM）；码分多路复用（Code Division Multiplexing，CDM）。

(一)频分多路复用

任何信号都只占据一个宽度有限的频率,而信道可利用的频率比一个信号的频率宽得多,频分多路复用恰恰利用这一特点,通过频率分割方式实现多路复用。

多路数字信号被同时输入到频分多路复用编码器中,经过调制后,每一路数字信号的频率分别被调制到不同的频带,这样就可以将多路信号合起来放在一条信道上传输。接收方的频分多路复用解码器再将接收到的信号恢复成调制前的信号,如图3-19所示。

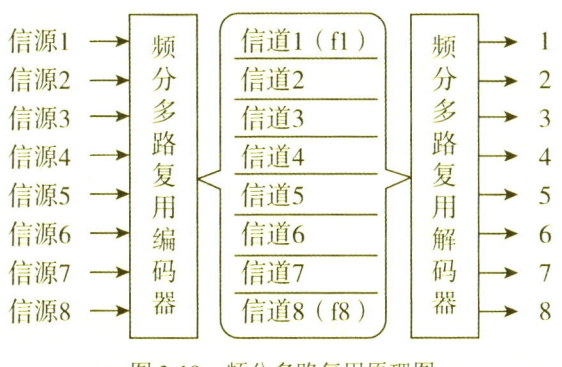

图3-19 频分多路复用原理图

频分多路复用主要用于宽带模拟线路中,如有线电视系统中使用的传输介质是粗同轴电缆,传输模拟信号时带宽可达到300~400 MHz,一般每6 MHz的信道可传输一路模拟电视信号,则该有线电视线路可划分为50~80个独立信道,传输50多个模拟电视信号。

(二)时分多路复用

频分多路复用以信道频带作为分割对象,通过为多个信道分配互补重叠的频率范围来实现多路复用,更适用于模拟信号的传输。而时分多路复用则以信道传输的时间作为分割对象,通过为多个信道分配互不重叠的时间片的方法来实现多路复用。因此,时分多路复用更适合于数字信号的传输。

时分多路复用的基本原理是将信道用于传输的时间划分为若干个时间片,给每个用户分配一个或几个时间片,使不同信号在不同时间段内传输。

在用户占有的时间片内,用户使用通信信道的全部带宽来传输数据,如图 3-20 所示。

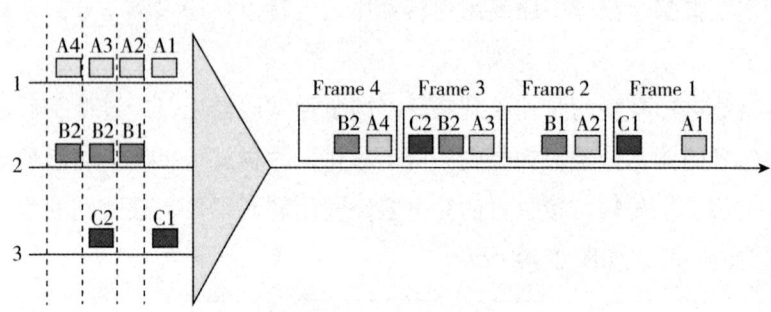

图 3-20 时分多路复用原理图

（三）波分多路复用

在光纤信道上使用的频分多路复用的一个变种就是波分多路复用。波分多路复用的基本原理：不同的信号使用不同波长的光波来传输数据,在传输端,两根光纤连接一个棱柱或衍射光栅,每根光纤里的光波处于不同的波段上,这样两束光通过棱柱或衍射光栅合到一根共享的光纤上,到达目的地后,再将两束光分解开来,如图 3-21 所示。

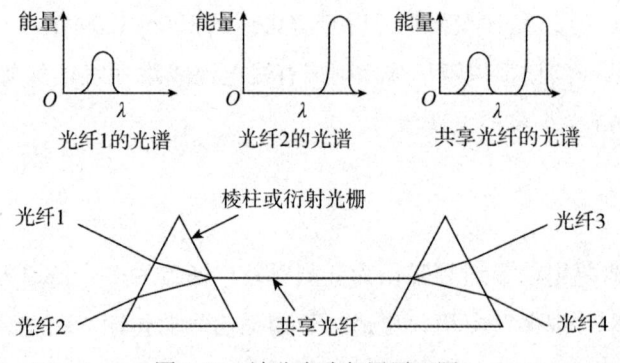

图 3-21 波分多路复用原理图

只要每个信道有各自的频率范围且互不重叠,信号就能以波分多路复用的方式通过共享光纤进行远距离传输。波分多路复用与频分多路复用区别在于：波分多路复用是在光学系统中利用衍射光栅来实现多路不同频率的广播信号的分解和合成，并且光栅是无源的，因此可靠性较高。

（四）码分多路复用

码分多路复用是另一种共享信道的方法，人们常将这种方法称为码分多址（CDMA）。码分多路复用与频分多路复用和时分多路复用不同，它既共享信道的频率也共享时间，是一种真正的动态复用技术。其原理是每比特时间被分成 m 个更短的时间槽，称为码片（Chip），通常情况下每比特有 64 或 128 个码片。每个站点（通道）被指定一个唯一的 m 位的代码或码片序列。当发送"1"时站点就发送码片序列，发送"0"时就发送码片序列的反码。当两个或多个站点同时发送时，各路数据在信道中被线形相加。为了从信道中分离出各路信号，要求各个站点的码片序列相互正交。每一个用户可以在同样的时间内使用同样的频带进行通信。由于各用户使用特殊挑选的不同码型，因此各用户之间不会造成干扰。

码分多路复用最初用于军事通信，因此这种系统发送的信号有很强的抗干扰能力，其频谱类似于白噪声，不易被敌人发现。随着技术的进步，CDMA 设备已广泛应用在民用移动通信中，特别是在无线局域网中。采用 CDMA 可提高通信的话音质量和数据的可靠性，减少干扰对通信的影响，增大通信系统的容量，降低手机平均发射功率。

第五节　数据交换技术

要实现网络上任何两台终端之间的数据通信，就要在两个终端之间建立数据传输通路。

传输通路建立以后，要控制数据从发送端沿着传输通路发送到接收端。为了实现网络的这一目标，必须建立两种机制：一是建立连接在网络上的任何两个终端之间的数据传输通路的机制；二是控制数据沿着发送端至接收端传输通路完成传输过程的机制。交换的本质就是这两种机制的结合。通信子网是由若干网络节点和链路按照一定的拓扑结构互连起来的网络。按照通信子网中网络节点对进入子网的数据的转发方式不同,可以将数据交换方式分为电路交换(Circuit Switching)和存储转发交换(Store-and-forward Switching)两大类。

一、电路交换

电路交换也称为线路交换,是一种直接的交换方式,与电话交换方式的工作过程类似。两台计算机在通过通信子网交换数据之前,要先在通信子网中通过各交换设备间的线路连接,建立一条实际的专用物理通路。

电路交换最重要的特点是在一对主机之间建立一条专用数据通路,实现数据通信需经过线路建立(即建立连接)、数据传输、线路释放(即释放连接)3 个步骤,如图 3-22 所示。

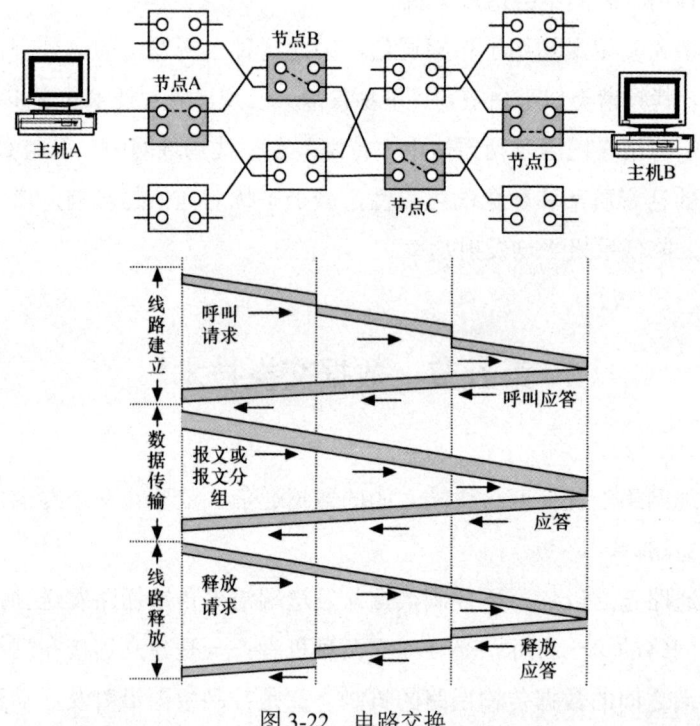

图 3-22 电路交换

电路交换的优点是实时性好,适用于实时或交互式会话类通信,如数字语音、传真等通信业务。其缺点如下。

（1）电路交换中，呼叫时间远大于数据的传输时间，通信线路的利用率不高，并且整个系统也不具备存储数据的能力，无法发现与纠正传输过程中发生的数据差错，系统效率较低。

（2）对通信双方而言，电路交换必须做到双方的收发速度、编码方法、信息格式和传输控制等一致才能完成通信。

二、存储转发交换

存储转发交换是指网络节点（交换设备）先将途经的数据按传输单元接收并存储下来，然后选择一条适当的链路转发出去。根据转发的数据单元的不同，存储/转发方式交换又可分为报文交换（Message Switching）和分组交换（Packet Switching）两类。

（一）报文交换

报文交换是指网络中的每一个节点先将整个报文（Message）完整地接收并存储下来，然后选择合适的链路转发到下一个节点。每个节点都对报文进行存储转发，最终到达目的地，如图 3-23 所示。

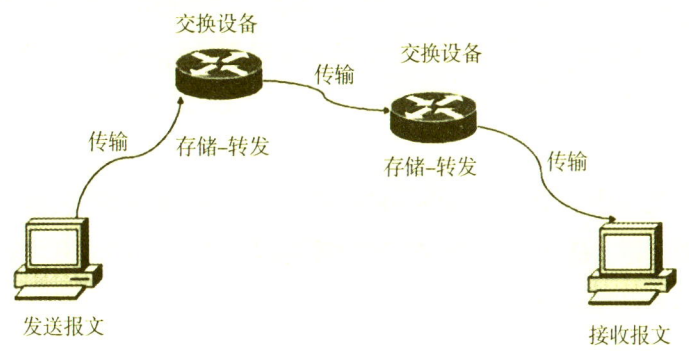

图 3-23　报文交换

在报文交换中，中间设备必须有足够的内存，以便将接收到的整个报文完整地存储下来，然后根据报文的头部控制信息，找出报文转发的下一个交换节点。若一时没有空闲的链路，报文就只能暂时存储，等待发送。因此，一个节点对于一个报文造成的时延往往是不确定的。

报文交换的优点有如下 3 点。

(1) 源节点和目的节点在通信时不需要建立一条专用的通路,与电路交换相比,报文交换没有建立连接和释放连接所需的等待和时延。

(2) 线路的利用率高,任何时刻一份报文只占用一条链路的资源,不必占用通路上的所有链路资源,提高了网络资源的共享性。

(3) 数据传输的可靠性高,每个节点在存储转发中,都进行差错控制,即进行检错和纠错。

报文交换的缺点:由于每一个节点都采用了对完整报文的存储/转发,因此报文交换的传输时延较长,报文交换方式适合于电报等非实时的通信业务,不适合传输话音、传真等实时的或交互式的业务。

(二) 分组交换

分组交换又称为包交换,与报文交换同属于存储/转发式交换,它们之间的差别在于参与交换的数据单元长度不同。分组交换不像报文交换以"整个报文"为单位进行交换传输,而是划分为更短的、标准的"报文分组"(Packet)进行交换传输。这些数据分组称为包,每个分组除含有一定长度的需要传输的数据外,还包括一些控制信息和目的地址。一个分组的长度范围是 1 000~2 000 bit。这些数据分组可以通过不同的路由器先后到达同一目的地址,数据分组到达目的地后进行合并还原,以确保收到的数据在整体上与发送的数据完全一致。

在分组交换中,根据网络中传输控制协议和传输路径的不同,分组交换又可分为数据报(Datagram)分组交换和虚电路(Virtual Circuit)分组交换两种方式。

1. 数据报分组交换

在数据报分组交换方式中,每个报文分组被称为一个数据报,若干个数据报构成一次要传输的报文或数据块。每个数据报在传输的过程中,都要进行路径选择,各个数据报可以按照不同的路径到达目的地。各数据报不能保证按发送的顺序到达目的节点，有些数据报甚至还可能在途中丢失。在接收端，再按分组的顺序将这些数据报组重新合成一个完整的报文，如图 3-24 所示。

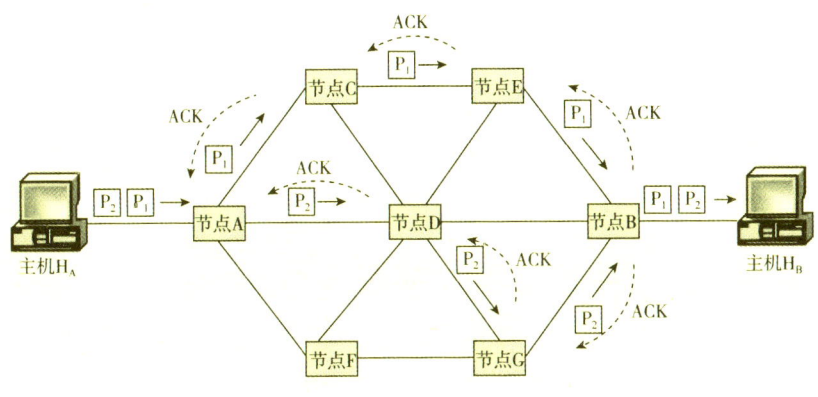

图 3-24　数据报分组交换

数据报分组的特点如下。

（1）每个分组都必须带有数据、源地址和目的地址，其长度受到限制，一般为 2 000 bit 以内，典型长度为 128 个字节。

（2）同一报文的分组可以由不同的传输路径通过通信子网，到达目的节点时可能出现乱序、重复或丢失现象。

（3）传输延迟较大，适用于突发性通信，不适用于长报文、会话式通信。

2. 虚电路分组交换

虚电路多组交换方式试图将数据报多组交换方式与电路交换方式的优点结合起来，发挥两者的优势，达到最佳数据交换的效果。在数据报分组交换方式中，数据报在分组发送之前，不需要预先建立连接；而在虚电路分组交换方式中，发送分组之前，首先必须在发送方和接收方建立一条通道。虚电路是为了传输某一报文而设立和存在的，它是两个用户节点在开始互相发送和接收数据之前需要通过通信网络建立的一条逻辑上的连接，所有分组都必须沿着事先建立的这条虚电路传输，用户在不需要发送和接收数据时清除该连接。在这一点上，虚电路分组交换方式和电路交换方式时相同的。

整个通信过程分为虚电路建立、数据传输、虚电路拆除 3 个步骤，如图 3-25 所示。

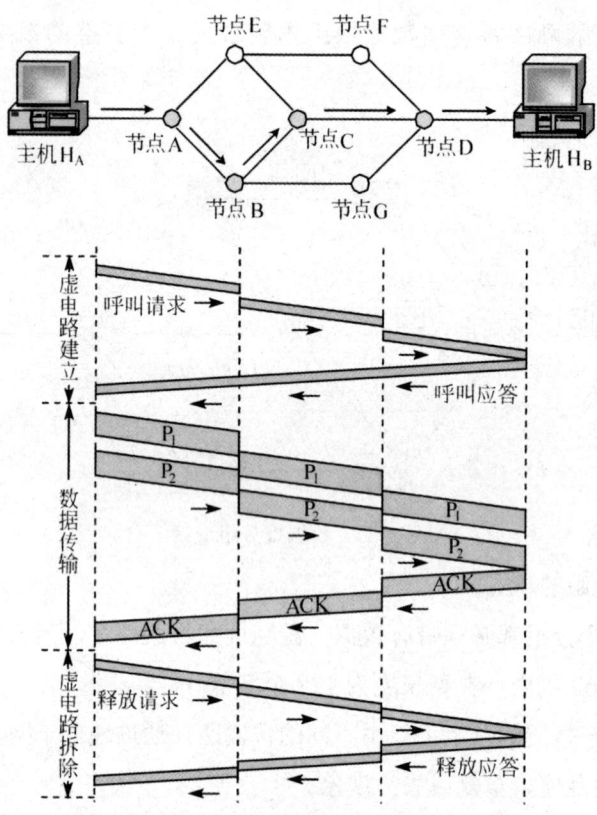

图 3-25 虚电路分组交换

但与电路交换不同的是，虚电路建立的通路不是一条专用的物理线路，而只是一条路径，在每个分组沿此路径转发的过程中，经过每个节点时仍然需要存储，并且等待队列输出。通路建立后，每个分组都由此路径到达目的地。因此，在虚电路分组交换中各个分组是按照发送方的分组顺序依次到达目的地的，这一点和数据报分组交换不同。

虚电路分组交换的特点如下。

（1）虚电路在每次报文分组发送之前，必须在源节点与目的节点间建立一条逻辑连接。

（2）报文分组不必带目的地址、源地址等辅助信息，只需要携带虚电路标识符。报文分组到达目的节点时也不会出现丢失、重复或乱序的现象。

（3）报文分组通过每个虚电路上的节点时，节点只需要作差错检测，而不需要作路径选择。

分组交换与报文交换相比的优点如下。

（1）分组交换比报文交换减少了时间延迟。当第一个分组发送给第一个节点后，接着可发送第二个分组，随后可发送其他分组，这样多个分组可同时在网中传播，总的延时大大减少，网络信道的利用率大大提高。

（2）分组交换把数据的长度限制在较小的范围内，这样每个节点所需要的存储量减少了，有利于提高节点存储资源的利用率。

（3）当数据出错时，只需要重传错误分组，而不必重发整个报文，这样有利于迅速进行数据纠错，大大减少每次传输发生错误的概率以及重传信息的数量。

（4）易于重新开始新的传输。可让紧急报文迅速发送出去，不会因传输优先级较低而被堵塞。

（三）三种交换方式的比较

数据交换技术有电路交换和存储转发交换中的报文交换和分组交换，这3种交换方式在技术特征上各有侧重，如表3-3所示，应用在不同的时机和领域。

表3-3 三种交换方式性能

项目	交换方式		
	电路交换	报文交换	分组交换
接续时间	较长	较短	较短
传输延时	短	长	短
传输可靠性	较高	较高	高
过载反应	拒绝接受呼叫	节点延时增长	采用流控技术
线路利用率	低	高	高
实时性业务	适用	不适用	适用
实现费用	较低	较高	较高
传输带宽	固定带宽	动态使用带宽	动态使用带宽

第六节　无线通信技术

一、电磁波谱

1862 年，英国物理学家麦克斯韦通过大量实验证明了电磁波的存在，并断言电磁波的传播速度等于光速，光波就是一个电磁波。电磁波传播的方式有两种，一种是在有限空间领域内传播，即通过有线方式传播；另一种是在自由空间中传播，即通过无线方式传播。

描述电磁波的参数有 3 个，分别是波长（Wavelength）、频率（Frequency）和光速（Speed of Light）。

三者间的关系为

$$c=\lambda f$$

其中，λ 为波长；f 为频率；c 为光速。

按照频率由低到高的顺序排列，不同频率的电磁波可以分为长波、中波、短波、超短波、微波、红外线、可见光、紫外线、X 射线和 γ 射线，如图 3-26 所示。

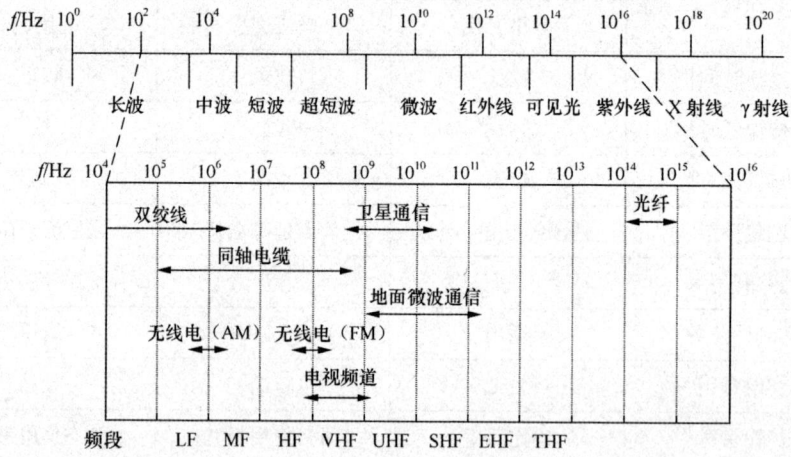

图 3-26 电磁波谱与通信类型关系

人们已经利用无线电（包括长波、中波、短波、超短波等）、红外线以及可见光这几个波段进行通信，紫外线和更高波段目前还没有实用的通信应用。（国际电信联盟 ITU）根据不同的频率（或波长）对电磁波进行了划分和命名。无线电名称以及其频率与带宽对应关系如表 3-4 所示。

表 3-4 无线电的频率和带宽的对应关系

频带划分	频率范围	频带划分	频率范围
低频（LF）	30～300 kHz	特高频（USF）	300 MHz～3 GHz
中频（MF）	300 kHz～3 MHz	超高频（SHF）	3～30 GHz
高频（HF）	3～30 MHz	极高频（EHF）	>30 GHz
甚高频（VHF）	30～300 MHz		

二、无线通信方式

有线通信传输数据需要连接一根线缆，这在很多场合是不方便的。对于移动用户，双绞线、同轴电缆和光纤都无法满足随时随地接入网络、获取信息的要求，而无线通信就可以解决这一问题。

无线通信是指信号不被约束在一个物理导体内，而是通过空间传输的通信方式，其主要包括微波通信、卫星通信和移动通信等。无线通信主要有以下特点。

（1）传播距离较远，容易穿过建筑物，而且无线电波是全方向传播的，因此无线电波的发射和接收装置不必要求精确对准。

（2）无线电波极易受到电子设备的电磁干扰，并且其传播特性与频率密切相关。

（3）中、低频（频率在 1 MHz 以下）无线电波沿地球表面传播，能轻易地绕过一般障碍物，但其能量随着传播距离的增大而急剧下降，且通信带宽较低，如图 3-27（a）所示。

（4）高频和甚高频（频率在 3 MHz～1 GHz 之间）无线电波趋于直线传播，易受障碍物的阻挡并将被地球表面吸收。但是到达离地球表面 100～500

km 高度的电离层的无线电波将被反射回地球表面，如图 3-27（b）所示。我们可以利用无线电波的这种特性来进行数据通信。

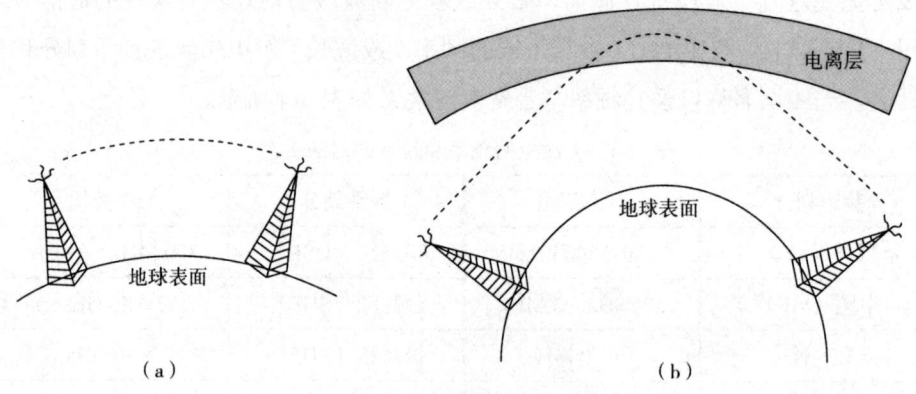

图 3-27　无线电波传播示意图
（a）中、低频无线电波传播；（b）高频和甚高频无线电波传播

三、微波通信

微波通信是利用无线电波在对流层的视距范围内进行信息传输的一种通信方式，使用的频率范围一般为 2～400 GHz。微波通信的工作频率很高，与通常的无线电波不一样，微波只能沿直线传播，其发射天线和接收天线必须精确对准。在长途线路上，其典型的工作频率为 2 GHz、4 GHz、8 GHz 和 12 GHz。如果两个微波塔相距太远，一方面地球表面会阻挡信号，另一方面微波长距离传输会发生衰减，因此每隔一段距离就需要一个微波中继站，如图 3-28 所示。中继站之间的距离与微波塔的高度成正比，由于受地形和天线高度的限制，两个中继站之间的距离一般为 30～50 km，而对于 100 m 高的微波塔，中继站之间的距离可以达到 80 km。

图 3-28　微波通信示意图

微波通信按所提供的传输信道可分为模拟和数字两种类型,简称"模拟微波"和"数字微波"。目前,模拟微波通信主要采用频分多路复用技术和频移键控调制方式,其传输容量可达 30~6000 个电话通道。数字微波通信发展较晚,目前大都采用时分多路复用技术和相移键控调制方式。与数字电话一样,数字微波的每个话路的数据传输速率为 64 kb/s。数字微波通信被大量运用于计算机之间的数据通信。

微波通信主要有以下特点。

(1) 微波在空间主要是直线传播,其发射天线和接收天线必须精确对准。微波会穿透电离层进入宇宙空间,不像无线通信中无线电波可以经电离层反射传播到地面上很远的地方。

(2) 微波波段频率很高,其频段范围也很宽,因此其通信信道的容量很大,可同时传输大量的信息,且传输质量也比较稳定。与相同容量和长度的电缆载波通信比较,微波通信建设投资少、见效快。

(3) 微波通信的缺点是它在雨雪天气传输时会被吸收,从而造成损耗,且微波保密性不如电缆和光缆好,对于保密性要求比较高的应用场合需要另外采取加密措施。

四、卫星通信

卫星通信实质上就是在地面站之间利用 36000 km 高空的同步地球卫星作为中继器的一种微波接力通信。同步卫星就是太空中无人值守的用于微波通信的中继器。

卫星通信可以克服地面微波通信距离的局限。一个同步卫星可以覆盖地球三分之一以上表面,只要在地球赤道上空的同步轨道上,等距离放置 3 颗相隔 120°的卫星,就可以覆盖地球上全部的通信区域,如图 3-29 所示。这样,地球上各个地面站之间就可以互相通信了。

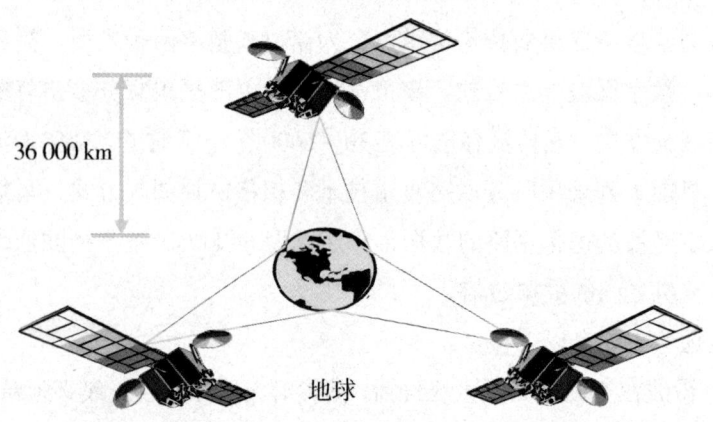

图 3-29 卫星通信示意图

由于卫星信道频带较宽，因此可采用频分多路复用技术将其分为若干子信道。有些用于地面站向卫星发送信息，称为上行信道；有些用于卫星向地面转发信息，称为下行信道。

卫星通信主要有以下特点。

（1）通信距离远、容量大、质量稳定、可靠性高。在电波覆盖范围内，任何一处都可以通信，且通信费用与通信距离无关。

（2）信号受陆地灾害影响小，易于实现广播通信和多址通信。

（3）卫星通信的缺点是通信费用高，延时较大，不管两个地面站之间的地面距离是多少，传播的延迟时间都为 270 ms，这比地面电缆的传播延迟时间要高几个数量级。

在卫星通信领域中，甚小孔径天线地球站（Very Small Apeture Terminal，VSAT）已被大量使用。VSAT 是指采用小孔径的卫星天线的地面接收系统，这种小站的天线直径一般不超过 1 m，因而价格便宜。在 VSAT 卫星通信网中，需要有一个比较大的中心站来管理整个卫星通信网。VSAT 按照其承担服务类型可分为如下两类。

（1）以数据传输为主的小型数据地球站（Personal Earth Station，PES），对于这些 VSAT 系统，所有小站间的数据通信都要经过中心站进行存储转发。

（2）以语音传输为主并且兼容数据传输的小型电话地球站（Telephone

Earth Station，TES），对于这些能够进行电话通信的 VSAT 系统，小站之间的通信在呼叫建立阶段要通过中心站，但在连接建立之后，两个小站之间的通信就可以直接通过卫星进行了。

五、移动通信

移动物体与固定物体，移动物体与移动物体之间的通信，都属于移动通信。移动物体之间的通信通常依靠移动通信系统（Mobile Telecommunications System，MTS）来实现。目前，实际应用的移动通信系统主要有蜂窝移动通信系统、无绳电话系统、无线电寻呼系统、Ad-Hoc 网络系统以及卫星移动通信系统等。移动通信系统目前有 1 G、2 G、3 G、4 G、5 G 这 5 种。

（一）1G（The First Generation）

1G 系统又称为类比式移动电话系统（AMPS），自 20 世纪 80 年代起开始使用。该系统的通话方式是蜂窝电话标准，仅限语音的传输。

（二）2G（The Second Generation）

2G（GSM）系统又称为数字移动通信系统，对语音以数字化方式传输，除具有通话功能外，还引入了短信功能。

（三）3G（The Third Generation）

3 G（UMTS、LTE）系统又称为多媒体移动通信系统，是一种将无线通信与互联网多媒体通信相结合的新一代移动通信系统。3 G 系统能够处理图像、声音、视频等多媒体信息，提供网页浏览、电话会议、电子商务信息等多种服务。

（四）4G（The Forth Generation）

4 G（LTE-A、WiMax）系统的主要目标是多功能集成的宽带移动通信系统，并提高移动装置无线访问互联网的速度。

（五）5G（The Fifth Generation）

目前的移动通信系统刚刚步入 5G 时代，5G 技术是最新一代的蜂窝移动通信技术，是 4G、3G 和 2G 系统后的延伸。5G 的性能目标是高数据速率、减少延迟、节省能源、降低成本、提高系统容量和大规模设备连接。

第七节　差错控制技术

一、差错类型及产生原因

（一）差错产生的原因

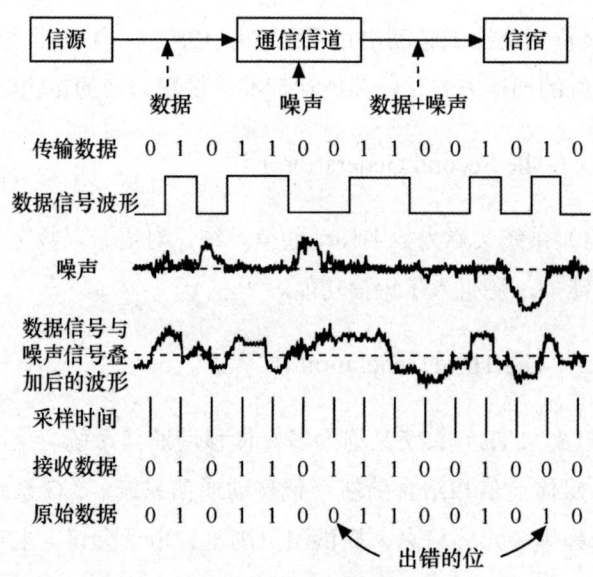

图 3-30　差错产生的过程

通常将发送的数据与通过通信信道后接收到的数据不一致的现象称为传输差错，简称差错。差错产生的原因有很多，信号在物理信道中传输时，线路本身的电气特性造成的随机噪声、信号振幅的衰减、频率和相位的畸变、电气信号在线路上产生的反射造成的回音效应、相邻线路间的串扰以及各种外界因素（如闪电、开关跳火、外界强电流磁场的变化、电源的波动等）等都会造成信号失真。在数据通信中，各种引起差错的因素都可能会使接收端收到的二进制位数和发送端实际发送的二进制数位不一致，从而造成"0"和"1"识别错误的差错，如图3-30所示。

差错控制的目的是通过分析差错产生的原因和差错类型，采取有效措施发现和纠正差错，以提高信息的传输质量。

（二）差错的类型

传输过程中的差错分为随机差错和突发差错。两类差错都是由噪声引起的，而噪声有两大类，一类是信道固有的、持续存在的随机热噪声；另一类是由外界特定的短暂原因所造成的冲击噪声。

随机差错是由随机噪声引起的，如由传输介质导体的电子热运动产生的热噪声。这种差错的特点是所引起的某位码元的差错是孤立的，与前后码元没有关系。

突发差错是由冲击噪声引起的数据信号差错，是数据信号在传输过程中产生差错的主要原因。这种差错的特点是前面的码元出现了错误，往往会使后面的码元也出现错误，即错误之间有相关性。

二、误码率

误码率是指二进制码元在数据传输系统中被传错的概率，在数值上近似等于 $P_e=N_e/N$。其中，N为传输的二进制码元总数，N_e为被传错的码元数。

在理解误码率定义时还应注意以下3个问题。

（1）误码率是衡量数据传输系统正常工作状态下传输可靠性的参数。

（2）对于一个实际的数据传输系统，不能笼统地说误码率越低越好，要根据实际传输要求提出误码率指标；在数据传输速率确定后，误码率越低，传输系统设备越复杂，造价也越高。

（3）对于实际数据传输系统，如果传输的不是二进制码元，则要换算成二进制码元来计算。

在实际的数据传输系统中,人们需要对通信信道进行大量、重复地测试,才能求出该信道的平均误码率,或者给出某些特殊情况下的平均误码率。根据测试,目前电话线路传输速率在 300 b/s～2 400 b/s 时,平均误码率范围是 10^{-4}～10^{-6}。由于计算机通信的平均误码率要求低于 10^{-9},因此通信信道如不采取差错控制技术就不能满足计算机数据通信要求。

三、差错的控制

差错控制的方法有两种,第一种方法是改善通信线路的性能,使错码出现的概率降低到满足系统要求的程度,但这种方法受经济和技术的限制,达不到理想的效果;第二种方法是采用抗干扰编码和纠错编码将传输中出现的某些错码检测出来,并用某种方法纠正检出的错码,以达到提高实际传输质量的目的。第二种方法最为常用,目前广泛采用方法的有奇偶校验、方块校验和循环冗余校验等。

(一)奇偶校验

奇偶校验又称为字符校验、垂直冗余校验(Vertical Redundancy Check,VRC),其是以字符为单位的校验方法,是最简单的一种校验方法。奇偶校验的工作方式是:在每个字符编码的后面另外增加一个二进制校验位,主要目的是使整个编码中 1 的个数成为奇数或偶数,如果使编码中 1 的个数成为奇数则称为奇校验;反之,则称为偶校验。

例如,字符 R 的 ASCII 编码为 1010010,后面增加一位进行奇校验 10100100(使 1 的个数为奇数),传输时其中一位出错,如传成了 10110100,则奇校验就能检查出错误。若传输有两位出错,如 10111100,奇校验就不能检查出错误了。在实际传输过程中,偶然一位出错的机会最多,故这种简单的校验方法还是很有用处的。

奇偶校验有如下主要特点:

（1）只能发现单个比特差错，如果有多个比特出错，奇偶校验法无效；

（2）一般只能用于对通信要求较低的异步传输和同步传输。

（二）方块校验

方块校验又称为报文校验、水平冗余校验（Level Redundancy Check，LRC），其是在奇偶校验方法的基础上，在一批字符传输之后，另外再增加一个检验字符，该检验字符的编码方法是使每一位纵向代码中 1 的个数也成为奇数或偶数。

第四章　网络互联技术

第一节　网络互联技术概述

一、网络互联的概念

网络互联是指通过一定的方法，将分布在不同地理位置的网络，利用一种或者多种网络互联设备连接起来，以构成更大规模的网络系统，实现网络之间的数据通信和资源共享。为了提高网络的性能，也可以将规模较大的网络划分成若干个子网或者网段，子网或者网段之间的互相连接也称为网络互联。

二、网络互联的优点

随着网络的快速发展及应用的深入，各个网络之间的互联变得尤其重要。通过网络互联，不仅可以实现网络之间的数据通信及资源共享，还具有如下优点。

（一）提高网络性能

随着网络规模的扩大，网络中广播包的数量也在逐渐增多，导致网络的安全性能变差。

将一个较大规模的局域网分割成多个局域网，且多个局域网之间通过网络设备互相连接，能大大提高整个网络的网络性能和安全性。

（二）扩大了网络的覆盖范围

局域网在传输数据时一般有距离的限制，通过网络互联，可以增加数据的传输距离，扩大网络的覆盖范围。

（三）降低成本

当某个区域的多台主机需要接入另一区域的网络时，可让多台主机先行连接网络，再通过网络互联以达到网络接入的目的，从而降低联网成本。

（四）提高了网络的可靠性

当有设备发生故障时，通过划分子网，可以有效缩减其对网络影响的范围。

三、网络互联的类型

计算机网络根据覆盖的范围可以划分为广域网、城域网和局域网，所以根据计算机网络的类型，网络互联可以分为如下 3 种形式。

（一）局域网与局域网的互联

在实际的应用中，局域网（LAN）与局域网之间的互联较为常见，它可以分为同类型局域网之间的互联，以及不同类型局域网之间的互联。例如，以太网与以太网之间的互联，就属于同类型局域网之间的互联；而以太网与ATM 网络之间的互联则属于不同类型局域网之间的互联。在局域网与局域网的互联中，常见的网络设备有集线器、交换机和路由器等。

（二）局域网与广域网的互联

局域网与广域网（WAN）之间的互联也比较常见，可以通过互连扩大数据的通信范围。在局域网与广域网的互联中，常见的网络设备有路由器与三层交换机，常见的网络接入形式有校园网或者企业网通过电信接入互联网等。

（三）广域网与广域网的互联

广域网与广域网的互联一般在政府的通信部门下进行。在广域网与广域网的互联中，常用的网络设备是支持异种协议的路由器，比较典型的有因特网等。

四、网络互联的层次

网络互联的层次性很强，不同层次之间的互联，实现的方法不同。根据通信协议来划分，网络互联分为如下 4 个层次。

（一）物理层

物理层主要采取比特流的形式进行数据传输，通过物理层之间的互联，能够实现信息从一种传输介质到另一种传输介质的转换与传输。物理层之间的互联，主要用于不同区域各局域网之间的互联，并且要求各网络有相同的数据链路层协议以及数据传输速率，用于物理层之间的互联设备主要有中继器及集线器。

（二）数据链路层

数据链路层在数据传输时以数据帧为单位，其实现过程是：当从一条链路上接收到数据帧以后，首先对其数据链路层协议进行检查，如果数据帧的格式相同，则直接进行数据传输，否则就要对数据帧格式进行转换然后再进行传输，其传输过程与网络层的协议无关。数据链路层之间常用的互联设备有网桥、二层交换机等。

（三）网络层

网络层之间的互联常用的网络互联设备是路由器与三层交换机，可以解决在数据传输时出现的拥塞控制、差错控制以及路由选择等问题，一般用于广域网的互联。

（四）传输层及以上高层

高层之间的互联比较复杂多样，没有统一的协议标准，所以其核心就是不同协议之间的转换，用以实现端到端之间的通信。常用的网络互联设备是网关。

第二节　网络互联设备

网络互联设备在实现网络互联的时候比较关键，分别对应于 OSI 参考模型的不同层次，有着不同的功能及应用环境。

一、中继器

中继器（Repeater）也称为转发器，是最简单的网络互联设备，工作在 OSI 参考模型的第一层，即物理层。在数据传输过程中，无论采用什么样的传输介质、拓扑结构，都会由于线路损耗以及距离的增加而导致信号的衰减，从而产生信号失真、接收错误的情况。中继器则可以改善这种情况，实现传输距离的扩大。

中继器主要用于相同类型网段之间的互联，其主要功能是在物理层内部实现透明的比特流信号的再生，在接收到比特流信号以后，对其进行整形放大然后传输到另一个网段。但中继器只是实现了比特流从一个物理网段到另一个物理网段的复制，并不关注数据帧的地址及路由信息，不具备错误检查及纠正功能，甚至会将错误也传入另一个网段，容易造成传输延时。另外，中继器不能有效隔离网段上不必要的流量信息，因此在对网络上的信息进行放大的同时，其中有害的噪声也进行了放大。

使用中继器时需要注意以下 3 点。

（1）在网络中当节点数目增多或者传输信息量增加时，可能会出现网络拥塞的情况。

（2）两个网段在使用中继器进行互联时，仍然处于同一个广播域及冲突域中。

（3）中继器在使用的时候一般有次数限制，网络中最多可以使用 4 个中继器用于 5 个网段的互联。

二、集线器

集线器（HUB）是一种比较常见的网络互联设备，与中继器一样，工作在物理层，其本质上是多个端口的中继器。连接集线器各个端口的计算机通过共享带宽的方式来传输数据，属于共享型网络。它主要采用 CSMA/CD 的介质访问控制方法，来实现冲突检测。

集线器通常采用 RJ-45 的标准接口，使用双绞线作为传输介质，计算机或者其他的终端设备可以通过 UTP 电缆与集线器进行连接。在集线器的内部，各个端口通过背板总线连接在一起，构成了一个逻辑上的共享总线。基于集线器构建的局域网，仍然处于同一个冲突域和广播域。通过集线器，网络中各个节点之间能够进行数据的通信。其功能和特性有如下 5 点。

（1）冲突检测功能。集线器中所有的端口共享带宽，当某一时刻多个端口同时传输数据时，就会产生冲突。

（2）放大整形功能。集线器能够将收到的信号进行放大、整形处理，扩大网络的传输范围。

（3）扩展端口功能。

（4）转发数据功能。

（5）介质互连功能。

集线器可以分为如下 3 种类型。

（1）独立型集线器。独立型集线器带有多个端口，且具有价格低、容易查找故障等特点，比较常见；一般没有管理功能，在小型的局域网中使用广泛，如办公室、工作小组及部门的局域网。

（2）堆叠式集线器。堆叠式集线器通过一条高速链路，将多台集线器的内部总线连接起来，可以将其作为一个设备来进行管理；实现起来比较简单易行，成本较低。

（3）模块化集线器。模块化集线器带有多个卡槽，一般都配有机架，每个卡槽内能够安装一块通信卡，每个卡的作用就相当于一个独立型集线器。常用的模块化集线器的卡槽有 4～14 个，方便扩充网络规模。

三、网桥

网桥（Bridge）也称为桥接器，是工作在数据链路层的网络互联设备，用于不同链路层协议、不同传输速率与不同传输介质的网络之间的互联。当网桥在两个局域网的数据链路层之间传输数据帧时，可以有不同的媒体访问控制协议。

网桥在使用时没有个数限制，利用网桥可以实现较大范围内局域网之间的互联。在数据传输时，网桥具有接收数据、地址过滤、转发数据的功能。网桥收到数据帧以后，首先读取其地址信息，如果数据帧的目的地址与源地址属于同一网段，则将其过滤掉，不对其进行转发；如果数据帧的目的地址与源地址不属于同一个网段，则向相应的端口进行转发。这样，能够有效提高网络的利用带宽。

（一）网桥的功能

网桥能够在互联的局域网之间实现数据帧的存储与转发，以及在数据链路层上进行协议转换，其具体功能如下。

（1）网桥具备对数据帧进行格式转换的功能。

（2）网桥能够实现不同网速的匹配，实现不同传输速率、不同传输介质网络之间的互联，但传输信息的网络在数据链路层上需采用兼容或相同的协议。

（3）网桥通过将较大局域网分割成若干个较小局域网的方式，能有效分割广播的通信量，提高网络性能。

（4）网桥具备对接收到的数据帧进行源地址与目的地址的检测功能，若目的地址是本地网络的，则删除；若目的地址不是本地网络的，则进行转发。

它能够过滤掉不需要在网络之间传输的信息，减轻网络负荷。

（5）网桥能够实现较远距离的局域网之间的互联，扩大了网络的地址范围，提高网络带宽。

（二）网桥的分类

网桥有不同的分类方法，根据工作原理可以将网桥分为透明网桥和源路由网桥两种形式。

（1）透明网桥。透明网桥是一个具备自学能力的设备，它能够根据每个节点在网络中的地址来确定传输路径，并采取自学算法来建立和更新生成树。透明网桥对于通信的双方是完全透明的，在数据传输时，由网桥自己决定传输路径。透明网桥在使用时比较简单，必须改变现有网络的软硬件，使其便于安装。

（2）源路由网桥。此类网桥在数据传输时，由源节点来负责路由信息，即源节点在发送数据时，要求在数据帧的首部带上详细的路由信息，网桥根据此路由信息进行数据帧的转发。源路由网桥的主要特点是可以选择最佳路径，但在网络规模较大时，容易发生拥塞现象，一般用于令牌环网。

根据使用范围的大小，还可以将网桥分为本地网桥和远程网桥，本地网桥一般用于局域网之间的连接，而远程网桥则具备连接广域网的能力。

四、交换机

（一）工作原理

传统以太网主要采用集线器来进行网络互联，不支持多种速率的数据传输。集线器在网络内以共享一根传输介质的形式进行数据传输。当某一时刻任意两个节点之间进行数据传输时，将独占传输介质。随着网络中节点数量的增加，将会增加网络冲突的概率，造成网络带宽利用率的下降。

交换机则是在需要进行传输数据的端口之间建立一个专用的传输通道，数据帧从入口进入交换机，从出口传出，完成数据之间的交换。交换机可以同时在多个传输的端口之间建立通道,当两个以上的节点需要发送时,只要目的节点不同,就可以同时进行。由于使用的通道互不相干,所以在数据传输时不会发生冲突。

交换机与集线器相比,二者的区别如下。

(1)传输模式不同。集线器在工作时,当网络中某个端口进行数据帧传输时,所有端口都能收到该数据帧,安全性较差,当接入设备过多时,网络性能也会受到影响;交换机在进行数据帧的传输时,只在传输数据的两个端口之间建立独立的传输通道,并完成数据的转发,而不是将数据帧广播到所有端口。

(2)占用带宽不同。集线器无论有多少端口,同一时刻只能在两个端口之间进行数据传输,而交换机在任何两个端口之间建立的都是独立的传输通道。因此,集线器的工作方式是共享带宽,交换机则是独享带宽。

(二)二层交换机

二层交换机工作在 OSI 参考模型的第二层,即数据链路层,所以称为二层交换机。其外形与集线器类似,有多个端口,可以连接多台计算机,来实现网络之间的互联。二层交换机主要传输的信息为数据帧,通过识别数据帧中的 MAC 地址来完成数据帧的交换。也就是说,二层交换机根据各个端口与计算机的连接情况,会在内部建立一个 MAC 地址表,如表 4-1 所示,该表记录了交换机各个端口与网络系统中所有 MAC 地址之间的对应信息,如图 4-1 所示。

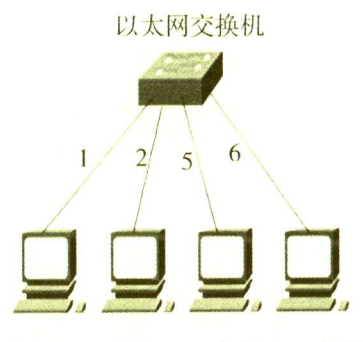

图 4-1 交换机的工作过程

表 4-1 MAC 地址表

MAC 地址	端口号
MAC A	1
MAC B	2
MAC C	5
MAC D	6

二层交换机的工作过程如下。

(1) 如果主机 A 向主机 B 发送一个数据帧，此时的 MAC 地址表为空，则交换机在接收到该数据帧以后，会将数据帧中的源 MAC 地址 A 与对应的端口 1 记录到 MAC 地址表中，同时向网络中其他所有端口发送此数据帧。当某一个主机接收到该数据帧以后，通过识别其中的 MAC 地址与自己网卡的 MAC 地址相比对，如果相同则接收该数据帧，否则，将丢弃。

(2) 如果网络中各个主机都已经向其他主机发送数据帧，则 MAC 地址表中将会有 4 条记录。

(3) 假设主机 A 向主机 B 发送数据帧，交换机在接收到该数据帧后，读取其中的目的 MAC 地址，并检查 MAC 地址表中是否有对应的 MAC 地址信息，以此找到相对应的端口 2，然后在端口 1 和 2 之间建立连接，实现数据帧的转发。

(4) 若主机 C 和主机 D 之间传输数据，交换机也会采取相同的方法在端口 5 和 6 之间建立连接，实现数据帧的转发。因此，根据需要，在交换机的各个端口之间能够同时建立多条连接，相互之间并不影响。

由此可见，二层交换机主要通过 MAC 地址表来实现数据的转发，该表记录了交换机的各个端口与网络中所有主机之间的对应关系。

二层交换机通过在需要传输数据的端口之间建立独立的通道，较好地解决了冲突域的问题，提高了数据的交换处理速度和效率，但连接在交换机的所有设备之间还存在广播域的问题。在交换机中，一个广播帧会被发送至所有的端口。当网络规模较大时，该广播帧除发送到该交换机的所有端口之外，还会从这些端口继续发送到其他的交换机,并继续以广播的形式发送到本交换机的所有端口。这些广播帧会占用大量的网络带宽,给主机造成额外的负担,从而影响网络的性能。网络规模越大,广播帧越多,从而也越容易引起广播风暴。

(三)三层交换机

三层交换机就是一台具有路由功能的交换机设备,工作在网络层。通过三层交换机的路由功能,可以扩大网络规模,加快局域网内部数据的交换速度,从而实现一次路由、多次转发的功能。其中数据报的转发主要通过硬件来实现,路由表的维护、路由信息的更新、路由计算等功能则主要通过软件来实现。

1. 引入背景

(1)二层交换机的局限性。二层交换机工作在数据链路层,能增加网络带宽,使数据的传输速度加快,但由于其工作在OSI参考模型的第二层,所以不能有效地隔离广播风暴。

(2)路由器的局限性。路由器工作在网络层,作为互联设备,路由器能实现路由选择、流量控制、隔离广播、提高网络性能等功能。但随着网络规模的扩大,网络间访问信息量的增加,而路由器的端口有限,因此单纯依靠路由器来实现网络间的访问,会造成路由速度变慢,从而限制了网络的规模和访问速度。另外,路由器对任何数据报的传输都会进行"存储拆包→检测打包→转发"这一过程,导致路由器的吞吐量降低。当数据流量超出路由器的处理能力时,就会造成路由器内部的堵塞,甚至丢失数据报。

基于以上分析,三层交换技术应运而生。三层交换技术是在网络模型中的第三层实现了数据报的高速转发,是二层交换技术与三层路由技术相结合的产物。

2. 三层交换机的工作原理

三层交换机是二层交换机与路由器的有机结合,既可以实现数据的交换,又能实现数据的转发功能。其工作原理如下。

(1)假设两个站点A、B之间通过三层交换机来实现数据的传输,当三层交换机接收到第一个数据报时,首先会对其进行分析,判断数据报中的目的 P 及源 P 是否属于同一网段。

(2)如果目的 IP 及源 IP 属于同一网段,则通过二层交换来实现数据报的转发。

(3)如果目的 IP 及源 IP 不属于同一网段,则由三层路由模块对数据报进行路由处理。三层路由模块收到数据报后,会在内部路由表中查看数据报的目的 MAC 地址是否与目的 IP 存在对应关系,如果存在对应关系,则交由二层交换模块进行转发。如果没有对应关系,则对数据报进行路由处理,并将该数据报的 IP 地址与 MAC 地址之间的映射关系记录到内部路由表,然后再由二层交换来实现转发。

当站点 A、B 之间再传输数据时,交换机将会根据地址映射表,将数据报交由二层交换处理,从而实现了"一次路由,多次转发",大大提高了数据的转发速率。三层交换技术,解决了不同网络之间的数据传输对路由器的依赖问题,提高了网络性能,也解决了传统路由器在数据报转发过程中所造成的网络瓶颈问题。

3. 三层交换机的作用

三层交换机属于核心交换设备,能加快内部数据的交换速度,并有效隔离广播风暴。同时,不仅解决了二层交换机在划分 VLAN 之后,各个网段之间的路由问题,还解决了路由器在传输过程中由于速率低、结构复杂造成的网络瓶颈问题。所以一般用于大型局域网的网络骨干之间的互联以及划分虚拟局域网之后各 VLAN 间的路由器。

五、路由器

路由器(Router)工作在 OSI 参考模型的第三层,即网络层,主要用于实现相同类型或不同类型网络的互联,并为各个网络之间的数据分组进行路由选择及数据转发。

（一）路由器的工作原理

路由器主要通过内部的路由表来进行路由选择，路由表里记录了路由器上各个端口与其所连接网络之间的对应关系。当路由器接收到数据报以后，会分析数据报的目的地址，查找路由表，为其寻找一条最佳的路由，从而确保数据报能快速转发到目的站点。路由器连接不同网络如图 4-2 所示。

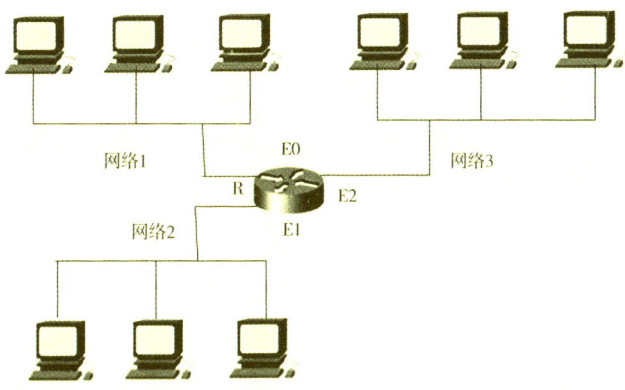

图 4-2　路由器连接不同网络

在图 4-2 中，假设网络 1 的主机向网络 2 的主机传输数据，数据报从路由器的 E0 端口到达路由器，路由器根据内部路由表判断网络 2 接在路由器的 E1 端口，于是就选择 E1 端口作为传输路径，将数据报转发到 E1 端口，并从 E1 端口送出到达网络 2。若网络 1 的主机向网络 3 的主机传输数据报，则网络 1 上的主机发出的数据报从路由器的 E0 端口到达路由器，路由器根据路由表判断网络 3 与 E2 端口相连，就选择 E2 端口作为传输路径，将该数据报转发到 E2 端口从 E2 端口送出，最终到达网络 3。

图 4-2 是目的网络与路由器采取直接相连的情况，而实际的网络则较为复杂。源主机所发出的数据报往往需要多个路由器为其不断地进行路由选择，再进行逐节点的转发，数据报才能最终到达，并被目的主机所接收。所以，在较为复杂的网络状况下，数据的传输可以在多条路径中选择最优路径并进行数据的传输。

（二）路由器的功能

路由器工作在网络层，能够实现两个或两个以上逻辑上相互独立的网络之间的连接。其功能主要如下。

（1）地址映射功能。路由器能够实现网络的逻辑地址与物理地址之间的映射。

（2）数据转换功能。路由器能够实现数据报的分段以及重组功能。

（3）路由选择功能。路由器分析接收到的数据报的目的地址，并根据某种路由策略，从路由表中寻找最佳路由对其进行转发。

（4）协议转换功能。路由器支持不同的网络层协议，并建立不同的路由表。因此，利用路由器能够实现不同网络层协议的转换。

（5）网络隔离功能。路由器能够过滤网络间的信息，并有效避免广播风暴，提高网络的安全性，路由器还可以作为网络防火墙来使用。

（6）流量控制功能。路由器能控制收发双方的数据流量，通过优化的路由算法来均衡网络负载，从而有效避免因网络堵塞所导致的网络性能下降。

（三）路由表

路由器能够为接收到的每一个数据报寻找一条最佳路径，该路径信息保存在路由表中。路由表中记录了到达各个子网的路径信息，如目的地址、转发地址、转发接口等。路由表中的信息如下。

（1）协议的类型，即建立路由表时所采用的目的路由选择协议类型。

（2）到达目的网络所经过的路由器个数。

（3）路由选择的度量标准，主要用于判断路由选择项目的优劣，不同的路由选择协议，采取的路由选择度量标准也不尽相同。

（4）数据到达最终目的地所经过的转发接口。

（四）静态路由、动态路由

路由是指分组从源到目的地时，决定端到端路径的网络范围的进程，它可以分为静态路由和动态路由。路由选择是根据路由表来进行的，其中路由表是在网络组建完成以后，路由器根据网络拓扑情况自学得到的。路由表的建立除了可以由路由器自行进行建立，也能由网络管理人员自行设定。

1. 静态路由

静态路由是由网络管理人员根据网络的连接情况进行人工配置生成，其中数据的转发是按照网络管理人员事先设定的路径进行的。静态路由能够减少路由器的开销，但是，如果在网络情况比较复杂的环境，当网络的拓扑结构发生变化时，网络管理人员则需要手动修改路由表中的信息，工作量会大大增加；另外，静态路由的配置比较固定，不能适应网络的动态变化。所以，静态路由一般适用于拓扑结构固定、网络规模不大的网络环境。在所有的路由当中优先级最高，即当动态路由与静态路由冲突时，以静态路由为准。

2. 动态路由

动态路由能够不断适应网络的变化，当网络拓扑结构发生改变时，能够通过自身的学习，对路由表信息进行自动更新。所以灵活性比较强，一般适合于网络规模大、拓扑结构复杂的网络环境。网络中的状态信息一般是不断变化的，所以不同时间段所采集到的网络信息有可能不一样，所提供的最优路径也有可能不相同。

（五）路由协议

常见的动态路由协议主要有内部网关协议（IGP）和外部网关协议两种，其中内部网关协议主要包括 RIP、OSPF、IS-IS、IGRP、EIGRP。BGP 是一种外部网关协议，主要用于不同运营商之间路由信息的交换。

1. 路由信息协议

路由信息协议（Routing Information Protocol，RIP）是使用最为广泛且原理比较简单的一个内部网关协议，在网络中用源地址到目的地址所经过的路由器的个数（即跳数）作为路由度量值，用以衡量源地址到目的地址之间的距离。与路由器直接相连的网络距离定为1，每经过一个路由器，其数值加1。RIP 允许网络中最多的路由器数是15，超过这个值的网络将不能到达。因此，RIP 一般适用于规模较小的网络，比如结构简单的地区性网络或者校园网。

在网络中 RIP 不允许同时使用多条路由，通常选择一个最短路由，即最少路由器的路由。网络中的每一个路由器会不断地和相邻的路由器进行信息交换，其路由更新通过定时广播的形式进行，每隔 30 s 广播一次，收到广播的路由器会将路由信息与自己的路由表进行对照。如果收到的路由信息自己的路由表不存在，则将其加到自己的路由表中；如果路由信息已存在，则将收到的路由信息与路由表中的信息对比，如果小于自己路由表中的跳数，则替换掉原来的路由信息；如果新的路由信息跳数等于或者大于自己路由表中的跳数，则不更新。

RIP 比较简单，所以应用比较广泛。但由于其以路由器的跳数作为度量值，所以得到的路由信息并非最佳路径；而且其允许的最大跳数为 15，所以不适于大规模的网络应用；另外由于其每隔 30 s 会广播一次信息，所以容易造成广播风暴。

2. 开放最短路径优先协议

RIP 比较简单，由于其允许的最大跳数为 15，所以限制了网络的规模。一般只适用于小规模的网络环境。另外，由于其交换的路由信息是整个完整的路由表，所以随着网络规模的不断增大，其网络资源的开销也会增大。

开放最短路径优先（Open Shortest Path First，OSPF）协议是属于链路状态的路由协议，克服了 RIP 的缺点。使用 OSPF 协议的路由器会收集相关的链路状态信息，将其存储到链路状态数据库中，并根据 OSPF 协议算法计算出到达每一个节点的最短路径。因此，一般适用于规模庞大、环境复杂的互联网。

OSPF 协议需要每一个路由器向同一区域的其他路由器发送链路状态广播信息，其组建路由表的过程如下。

（1）路由器通过组播的方式来发送 Hello 包，以此来发现邻居并建立一个基本的邻居表。

（2）根据建立的基本邻居表，路由器会对收到的 Hello 包进行优先级的比较。其中指定路由器为优先级最高的路由器，其次则为备份指定路由器，以此类推，网络中其他的非指定路由器将与指定路由器和备份指定路由器形成一个邻接关系。

（3）当邻居表建立好以后，路由器会采取链路状态广播的方式与网络中其他路由器交换网络拓扑信息，形成网络拓扑表。依据网络拓扑表，路由器通过采用 OSPF 协议算法计算出最佳路径，并添加到自己的路由表中。

与 RIP 相比，OSPF 协议具有如下 3 个特点。

（1）在网络中，只有链路状态发生变化时，路由器才会以组播的方式发送更新的链路信息，并且能够快速找到路由，更新路由信息。因此，在 OSPF 协议中，网络中链路宽带资源的占用减少，系统效率得到了提高。

（2）在 OSPF 协议中，虽然也用跳数来衡量源地址与目的地址之间的距离，但一般不受物理跳数的限制。

（3）在使用 OSPF 协议进行路由选择时，若源地址与目的地址不在同一区域，则采用区间路由选择；若源地址与目的地址在同一个区域，则采取区内路由选择。此种方式，提高了网络的稳定性，使得网络开销也大大减少，并且便于网络的管理与维护。

3. 边界网关协议

边界网关协议（Border Gateway Protocol，BGP）是一种外部网关协议，是不同自治系统之间的路由器进行路由信息交换的一种协议。由于因特网的结构比较复杂、规模较大，所以不同自治系统之间不适于选择最佳路由。与 RIP、OSPF 协议等内部网关协议相比，BCP 的目的不在于发现和计算路由，而在于控制路由的传播以及选择最佳路径。

BCP 是一种距离矢量的路由协议，可以分为 IBGP 和 EBGP 两种形式，在 BCP 网络中，可以将一个网络划分成多个自治系统。在自治系统内部，主要使用 IBGP 来广播路由，而自治系统之间则使用 EBCP 来广播路由。BCP 协议不是基于纯粹的距离矢量算法，也不是基于纯粹的链路状态算法，其主要功能是和其他的 BCGP 系统建立连接，然后交换彼此的网络信息。

（六）局域网中路由器的用处

路由器用于局域网之间网络的互联与隔离，以及局域网与广域网之间的互联。

六、网关

网关（Gateway）又称为协议转换器或网间连接器，主要用于网络层以上的网络之间的互联，是网络层以上的互联设备的总称。网关一般可以设在微机、服务器、大型机上，功能强大并且一般都和应用相关，所以价格比路由器贵。网关是最复杂的网络互联设备，它的传输速度一般低于路由器和交换机，网关既可以用于局域网之间的互联，也可用于广域网之间的互联。

网关是硬件和软件的结合，硬件能够提供不同网络之间的接口，软件能够实现不同互联网协议之间的转换。当不同结构网络中的主机之间通信时，网关相当于一个翻译器，其具备对不同网络协议的转换能力，从而实现异构设备之间的通信。

一般来说，网关的功能有如下 5 点。

（1）实现地址格式的转换。在不同结构的网络通信时，网关可以实现地址格式的转换，以便于寻址以及路由的选择。

（2）实现路由的选择与寻址。

（3）实现数字字符格式的转换。

（4）实现网络传输流量的控制。

（5）实现高层协议的转换，即能够实现网络层上某种协议的转换工作。

常见的网关按照其功能大致分为如下 3 类。

（1）应用网关。此类网关能够在不同数据格式的系统之间翻译数据，从而实现数据的交流，是针对某些专门的应用所设置的网关，如邮件服务器网关。

（2）协议网关。此类网关能够在不同协议的网络之间实现协议的转换功能，如在以太网、令牌环网等不同的网络之间进行数据共享时，可以通过协议网关消除网络之间的差异，进行数据之间的交流。

（3）安全网关。此类网关是对数据报的网络协议、端口号、源地址及目的地址进行授权，通过对数据信息的过滤，可以拦截掉没有许可权的数据报，如防火墙网关。

第五章 网络安全

第一节 网络安全的基本概念

网络安全从狭义上讲就是网络上的信息安全,它涉及的领域相当广泛,这是因为目前的公用通信网络中存在着各式各样的安全漏洞和威胁。从广义上讲,凡是涉及网络信息的保密性、完整性、可用性和可控性的相关技术和理论,都是网络安全的研究领域。

确切地说,网络安全是指网络系统的硬件、软件及数据受到保护,不遭受偶然或恶意的破坏、更改、泄露,系统能够连续、可靠、正常地运行,网络服务不中断。其具体表现在以下4个方面。

(1)运行系统安全,即保证信息处理和传输系统的安全,包括计算机系统机房环境和传输环境的法律保护、计算机结构设计的安全性考虑、硬件系统的安全运行、计算机操作系统和应用软件的安全、数据库系统的安全、电磁信息泄露的防御等。

(2)网络上系统信息的安全,包括用户口令鉴别、用户存取权限控制、数据存取权限、方式控制、安全审计、安全问题跟踪、计算机病毒防治和数据加密等。

(3)网络上信息传输的安全,即信息传播后果的安全,包括信息过滤和不良信息过滤等。

(4)网络上信息内容的安全,即我们讨论的狭义的"信息安全",它侧重于保护信息的机密性、真实性和完整性,本质上是保护用户的利益和隐私。

第二节　网络安全的层次划分

什么样的网络才是一个安全的网络？下面我们从 5 个方面简单阐述。

一、网络的安全性

网络的安全性问题核心在于网络是否得到控制，即是不是任何一个 IP 地址来源的用户都能够进入网络。如果将整个网络比作一栋办公大楼的话，那么对于网络层的安全考虑就如同大楼设置守门人一样。守门人会仔细察看每一位来访者，一旦发现危险的来访者，便会将其拒之门外。

通过网络通道对网络系统进行访问的时候，每一个用户都会拥有一个独立的 IP 地址，这一 IP 地址能够大致表明用户的来源所在地和来源系统。目标网站通过对来源 IP 进行分析，便能够初步判断这一 P 的数据是否安全，是否会对本网络系统造成危害，以及来自这一 IP 的用户是否有权使用本网络的数据。一旦发现某些数据来自不可信任的 I 地址，系统便会自动将这些数据挡在系统之外。并且大多数系统能够自动记录曾经危害过的 P 地址，使得它们的数据将无法第二次造成伤害。

用于解决网络层安全性问题的产品主要有防火墙和虚拟专用网（VPN）。防火墙的主要目的在于判断来源 IP，将危险或者未经授权的 IP 数据拒之系统之外，而只让安全的 IP 通过。一般来说，公司的内部网络只要与 Internet 相连，就应该在二者之间配置防火墙，防止公司内部数据外泄。VPN 主要解决的是数据传输的安全问题，如果公司各部在地域上跨度较大，使用专网、专线过于昂贵，则可以考虑使用 VPN。其目的在于保证公司内部的敏感关键数据能够安全地借助公共网络进行频繁的交换。

二、系统的安全性

在系统的安全性问题中,主要考虑两个问题:一是病毒对于网络的威胁,二是黑客对于网络的破坏和侵入。

病毒的主要传播途径已由过去的软盘、光盘等存储介质变成了网络,多数病毒不仅能够直接感染网络上的计算机,还能将自身在网络上复制,同时,电子邮件、文件传输以及网络页面中的恶意 Java 和 ActiveX 控件,甚至文档文件都能够携带对网络和系统有破坏作用的病毒。这些病毒在网络上进行传播和破坏的多种途径和手段,使得网络环境中的防病毒工作变得更加复杂,网络防病毒工具必须能够针对网络中各个可能的病毒入口来进行防护。

对于网络黑客而言,他们的主要目的在于窃取数据和非法修改系统,其手段之一是窃取合法用户的口令,在合法身份的掩护下进行非法操作;手段之二是利用网络操作系统的某些合法但不为系统管理员和合法用户所熟知的操作指令,如在 UNIX 系统的默认安装过程中,会自动安装大多数系统指令,据统计,系统指令中大约有 300 个指令是大多数合法用户根本不会使用的,但这些指令往往会被黑客所利用。

要弥补这些漏洞,我们就需要使用专用的系统风险评估工具,来帮助系统管理员找出哪些指令是不应该安装的,哪些指令是应该缩小其用户使用权限的。在完成了这些工作后,操作系统自身的安全性问题将在一定程度上得到保障。

三、用户的安全性

在用户的安全性问题中,一般要考虑:是否只有那些真正被授权的用户才能够使用系统中的资源和数据呢。

要对用户进行分组管理,并且针对安全性问题而分组。也就是说,应该根据不同的安全级别将用户分为若干个等级,每一等级的用户只能访问与其等级相对应的系统资源和数据。然后应该考虑的是强有力的身份认证,确保用户的密码不会被他人所猜测到。

在大型的应用系统之中，有时会存在多重的登录系统，用户如需进入最高层的应用，往往需要多次输入不同的密码，如果管理不严多重密码的存在也会造成安全问题上的漏洞。所以在某些先进的登录系统中，用户只需要输入一个密码，系统就能自动识别用户的安全级别，从而使用户进入不同的应用层次。这种单一登录体系要比多重登录体系能提供更高的系统安全性。

四、应用程序的安全性

在应用程序的安全性问题中，我们需要考虑的是，是否只有合法的用户才能对特定的数据进行合法的操作。

其中涉及两个方面的问题：一是应用程序对数据的合法权限；二是应用程序对用户的合法权限。例如，在公司内部，上级部门的应用程序应能存取下级部门的数据，而下级部门的应用程序一般不应该允许存取上级部门的数据。同级部门的应用程序的存取权限也应该有所限制，如同一部门不同业务的应用程序也不该互相访问对方的数据，这一方面是为避免数据的意外损坏，另一方面也是安全方面的考虑。

五、数据的安全性

在数据的安全性问题中，我们所要回答的问题是，机密数据是否还处于机密状态。在数据的保存过程中，机密的数据即使处于安全的空间，也要对其进行加密处理，以保证万一数据失窃，偷盗者（如网络黑客）也不能读懂其中的内容。这虽然是一种比较被动的安全手段，但往往能收到最好的效果。

第三节 网络安全面临的主要威胁

一、黑客的恶意攻击

"黑客"（Hacker）对于大家来说并不陌生，他们是一群利用自己的技术专长专门攻击网站和计算机而不暴露身份的计算机用户。由于黑客技术逐渐被越来越多的人掌握，目前世界上有 20 多万个黑客网站，这些站点介绍一些攻击软件和计算机系统的方法，因而任何网络系统、站点都有遭受黑客攻击的可能。尤其是现在还缺乏针对网络犯罪有效的反击和跟踪手段，使得黑客们善于隐蔽，攻击"杀伤力"强，这是网络安全的主要威胁。就目前网络技术的发展趋势来看，黑客攻击的方式也越来越多地采用了病毒进行破坏，它们采用的攻击和破坏方式多种多样，对没有网络安全防护设备（防火墙）或防护级别较低的网站和系统进行攻击和破坏，这给网络的安全防护带来了严峻的挑战。

二、网络自身和管理存在欠缺

因特网的共享性和开放性使网上信息安全存在先天不足，因为其赖以生存的 TCP/IP 缺乏相应的安全机制，而且因特网最初的设计考虑是该网不会因局部故障而影响信息的传输，基本没有考虑安全问题，因此它在安全防范、服务质量、带宽和方便性等方面存在滞后性及不适应性。网络系统的严格管理是企业、组织及政府部门和用户免受攻击的重要措施。事实上，很多企业、机构及用户的网站或系统都疏于这方面的管理，没有制定严格的管理制度。据 IT 界企业团体美国国际科技协会（ITAA）的调查显示，美国 90%的 IT 企业对黑客攻击准备不足。目前美国 75%~85%的网站都抵挡不住黑客的攻击，约有 75%的企业网上信息失窃。

三、软件设计的漏洞或因"后门"而产生的问题

随着软件系统规模的不断增大,新的软件产品开发速度变快,系统中的安全漏洞或"后门"不可避免,如操作系统中,无论是 Windows 还是 UNIX 几乎都存在或多或少的安全漏洞,众多的服务器、浏览器及桌面软件等都被发现过存在安全隐患。大家熟悉的一些病毒都是利用微软系统的漏洞给用户造成巨大损失,可以说任何一个软件系统都可能会因为程序员的一个疏忽或设计中的一个缺陷等而存在漏洞,不可能完美无缺。这也是网络安全的主要威胁之一。例如,"熊猫烧香"病毒,就是我国一名黑客针对微软 Windows 操作系统安全漏洞设计的计算机病毒,依靠互联网迅速蔓延开来,数以万计的计算机不幸先后"中招",并且它已产生众多变种,还没有人准确统计出此病毒在国内殃及的计算机数量,它对社会造成的各种损失更是难以估计。透露的保守数据已表明,"熊猫烧香"是近十几年来少有的、传播速度较快、危害性较强的一种病毒,其主要破坏特征有:导致安装有 Windows XP、Windows 2000、Windows Server 2003 等操作系统的受感染计算机的.exe 文件全部无法正常打开、系统运行速度减慢、常用办公软件的部分功能失效等。此外,感染了此病毒的计算机,又会通过互联网自动扫描,寻找其他感染目标,最终在这名黑客提供病毒源码的情况下,才终止了此种病毒的继续传播。

四、恶意网站设置的陷阱

在互联网世界中,有些网站恶意编制一些盗取他人信息的软件,并且可能隐藏在下载的信息中,只要登录或者下载网络信息就会被其感染和控制,计算机中的所有信息都会被自动盗走,该软件会长期潜伏在计算机中,操作者并不知情,如现在非常流行的"木马"病毒。

因此,浏览互联网时应格外注意,不良网站和不安全网站万不可登录,否则后果不堪设想。

五、用户网络内部工作人员的不良行为引起的安全问题

网络内部用户的误操作、资源滥用和恶意行为也有可能对网络的安全造成巨大的威胁。由于各行业、各单位现在都在组建局域网，计算机使用频繁，但是由于单位管理制度不严，操作时没有严格遵守行业内部关于信息安全的相关规定，就容易引起一系列安全问题。

第四节　网络安全的主要技术

网络安全技术随着人们网络实践的发展而发展，其涉及的技术面非常广，主要的技术有认证技术、加密技术、防火墙技术及入侵检测技术等，这些都是网络安全的重要防线。

一、认证技术

认证技术是指对合法用户进行认证，既可以防止非法用户获得对公司信息系统的访问，还可以防止合法用户访问他们无权查看的信息。

二、数据加密技术

数据加密技术是最常用的安全保密手段，数据加密技术的关键在于加密/解密算法和密钥管理。

数据加密的基本过程就是对原来为明文的文件或数据按某种加密算法进行处理，使其成为不可直接读的一段代码，通常称为"密文"。密文只能在输入相应的密钥之后才能显示出原来的内容，通过这样的途径保护数据不被窃取。数据加密技术包括两个元素：算法和密钥。

加密技术通常分为两大类，即对称加密技术和非对称加密技术。

对称加密技术是指加密和解密使用同一个密钥，通常称之为"Session

Key"。这种加密技术目前被广泛采用，如美国政府所采用的 DES 加密标准就是一种典型的对称加密法，它的 Session Key 长度为 56 b/s。如图 5-1 所示为对称加密、解密的图示。

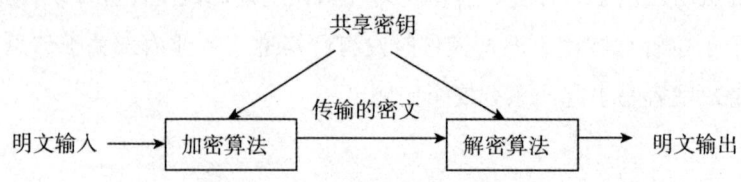

图 5-1 对称加密、解密的图示

常用的对称加密算法有 DES（数据加密标准）、3DES（三重 DES）、RC-5、IDEA（国际数据加密算法）。

非对称加密技术就是加密和解密所使用的不是同一个密钥，通常有两个密钥，称为"公钥"和"私钥"，它们两个必须配对使用，否则不能打开加密文件。这里的公钥是指可以对外公布的，私钥则不能，只能由持有人一个人知道。它的优越性就在于，因为对称加密的加密方法如果是在网络上传输加密文件就很难把密钥告诉对方，不管用什么方法都有可能被别人窃听到。而非对称加密的加密方法有两个密钥，且其中的公钥是可以公开的，也就不怕别人知道，收件人解密时只要用自己的私钥即可，这样就很好地避免了密钥的传输安全性问题。如图 5-2 所示为非对称加密、解密的图示。

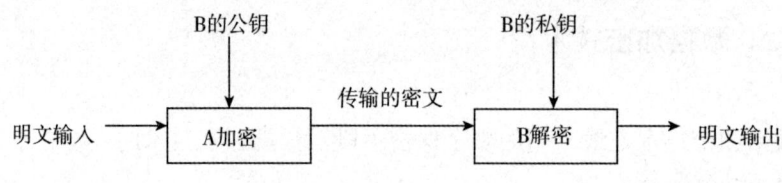

图 5-2 非对称加密、解密的图示

常用的非对称加密算法有 RSA 公钥加密算法、Elgamal、ECC（椭圆曲线加密算法）。

三、防火墙技术

（一）防火墙的基本概念

在网络上，如果一个网络接入了 Intermet，它的用户就可以访问外部世界并与之通信。但同时，外部世界也同样可以访问该网络并与之交互。为安全起见，可以在该网络和 Internet 之间插入一个中介系统，竖起一道安全屏障。这道屏障的作用是阻断来自外部通过网络对本网络的威胁和入侵，提供扼守本网络的安全和审计的唯一关卡，它的作用与建筑的防火砖墙有类似之处，因此我们把这个屏障称为防火墙。

防火墙是指一种将内部网和公众访问网（如 Internet）分开的方法，它实际上是一种隔离技术。防火墙是在两个网络通信时执行的一种访问控制尺度，它能允许使用者"同意"的人和数据进入网络，同时将"不同意"的人和数据拒之门外，最大限度地阻止网络中的黑客来访问。换句话说，如果不通过防火墙，公司内部的人就无法访问 Internet，Internet 上的人也无法和公司内部的人进行通信。

（二）防火墙的种类与类型

1. 从软、硬件形式上分

从防火墙的软、硬件形式来分，它可以分为软件防火墙和硬件防火墙以及芯片级防火墙。

（1）软件防火墙

软件防火墙运行于特定的计算机上，它需要客户预先安装好的计算机操作系统的支持，一般来说这台计算机就是整个网络的网关，俗称"个人防火墙"。软件防火墙就像其他的软件产品一样需要先在计算机上安装并做好配置才可以使用。防火墙厂商中做网络版软件防火墙最出名的莫过于 Checkpoint。使用这类防火墙，需要网管对所工作的操作系统平台比较熟悉。

（2）硬件防火墙

硬件防火墙的使用基于专用的硬件平台。目前市场上大多数防火墙都是基于 PC 架构，就是说，它们和普通的家庭用的 PC 没有太大区别。在这些 PC 架构计算机上运行一些经过裁剪和简化的操作系统，最常用的有老版本的 UNIX、Linux 和 FreeBSD 系统。值得注意的是，由于此类防火墙采用的依然是别人的内核，因此依然会受到 OS（操作系统）本身的安全性影响。

（3）芯片级防火墙

芯片级防火墙同样基于专门的硬件平台。专有的 ASIC 芯片促使它们比其他种类的防火墙速度更快，处理能力更强，性能更高。做这类防火墙最出名的厂商有 NetScreen、FortiNet 和 Cisco 等。这类防火墙由于是专用 OS（操作系统），因此防火墙本身的漏洞比较少，不过价格相对比较高昂。

2. 从防火墙技术分

防火墙技术可根据防范的方式和侧重点的不同而分为很多种类型，但从技术上可分为数据包过滤、应用级网关和代理服务等几大类型。

（1）数据包过滤防火墙

数据包过滤（Packet Filtering）技术是在网络层对数据包进行选择，选择的依据是系统内设置的过滤逻辑，被称为访问控制表（Access Control Table）。通过检查数据流中每个数据包的源地址、目的地址、所用的端口号和协议状态等因素，来确定是否允许该数据包通过。

数据包过滤防火墙逻辑简单、价格便宜、易于安装和使用、网络性能和透明性好，它通常安装在路由器上。路由器是内部网络与 Internet 连接必不可少的设备，因此在原有网络上增加这样的防火墙几乎不需要任何额外的费用。

数据包过滤防火墙的优点：不用改动客户机和主机上的应用程序，因为它工作在网络层和传输层，与应用层无关。

数据包过滤防火墙的缺点：一是非法访问一旦突破防火墙，即可对主机上的软件和配置漏洞进行攻击；二是数据包的源地址、目的地址以及 IP 的端口号都在数据包的头部，很有可能被窃听或假冒。根据过滤判别的只有网络层和传输层的有限信息，因而各种安全要求不可能充分满足；在许多过滤器中，过滤规则的数目是有限制的，且随着规则数目的增加，性能会受到很大的影响；由于缺少上下文关联信息，不能有效地过滤如 UDP、RPC 一类的协议；另外，大多数过滤器中缺少审计和报警机制，且管理方式和用户界面较差；对安全管理人员素质要求高，建立安全规则时，必须对协议本身及其在不同应用程序中的作用有较深入的理解。

因此，过滤器通常是和应用级网关配合使用，共同组成防火墙系统。

（2）应用级网关防火墙

应用级网关（Application Level Gateways）是在网络应用层上建立协议过滤和转发功能。它针对特定的网络应用服务协议使用指定的数据过滤逻辑，并在过滤的同时，对数据包进行必要的分析、登记和统计，形成报告。实际中的应用网关通常安装在专用的工作站系统上。

数据包过滤和应用级网关防火墙有一个共同的特点，就是它们仅仅依靠特定的逻辑判定是否允许数据包通过，一旦满足逻辑，则防火墙内外的计算机系统就建立直接联系，防火墙外部的用户便有可能直接了解防火墙内部的网络结构和运行状态，这就可能造成非法访问和攻击。

（3）代理服务防火墙

代理服务（Proxy Service）也称为链路级网关或TCP通道（Circuit Level Gateways or TCP Tunnels），也有人将它归于应用级网关一类。它是针对数据包过滤和应用级网关技术存在的缺点而引入的防火墙技术，其特点是将所有跨越防火墙的网络通信链路分为两段。防火墙内外计算机系统间应用层的"链接"，由两个终止代理服务器上的"链接"来实现，外部计算机的网络链路只能到达代理服务器，从而起到了隔离防火墙内外计算机系统的作用。

代理服务也对过往的数据包进行分析、注册、登记，并且形成报告，当发现被攻击迹象时就会向网络管理员发出警报，并保留攻击痕迹。

代理服务防火墙是内部网与外部网的隔离点，起着监视和隔绝应用层通信流的作用。它工作在OSI模型的最高层，掌握着应用系统中可作做安全决策的全部信息。

（4）复合型防火墙

对于更高安全的要求，人们常把基于数据包过滤的方法与基于代理服务的方法结合起来，形成复合型防火墙产品，这种结合通常是以下两种方案。

第一，屏蔽主机防火墙体系结构：在该结构中，分组过滤路由器或防火墙与Internet相连，同时一个堡垒机安装在内部网络，通过在分组过滤路由器或防火墙上过滤规则的设置，使堡垒机成为Internet上其他节点所能到达的唯一节点，这确保了内部网络不受未授权外部用户的攻击。

第二，屏蔽子网防火墙体系结构：堡垒机放在一个子网内，形成非军事化区，两个分组过滤路由器放在这一子网的两端，使这一子网与Internet及内部网络分离。在屏蔽子网防火墙体系结构中，堡垒主机和分组过滤路由器共同构成了整个防火墙的安全基础。

（三）防火墙的功能

防火墙具有很好的保护作用，入侵者必须首先穿越防火墙的安全防线，才能接触目标电脑，我们甚至可以将防火墙配置成许多不同的保护级别。

防火墙对流经它的网络通信进行扫描，从而过滤掉一些攻击，以免其在目标电脑上被执行；防火墙还可以关闭不使用的端口，禁止特定端口的流出通信；最后，它可以禁止来自特殊站点的访问，从而防止来自不明入侵者的所有通信。

1. 访问控制功能

防火墙具有访问控制功能。通过防火墙的数据包内容设置：数据包过滤防火墙的过滤规则集由若干条规则组成，它应涵盖了对所有出入防火墙的数据包的处理方法，对于没有明确定义的数据包，应该有一个默认的处理方法；过滤规则应易于理解，易于编辑修改；同时应具备一致的检测机制，防止冲突。

IP包过滤的依据主要是IP包头部信息如源地址和目的地址，如果IP头部中的协议字段表明封装协议为ICMP、TCP或UDP，那么再根据ICMP头部信息（类型和代码值）、TCP头部信息（源端口和目的端口）或UDP头部信息（源端口和目的端口）执行过滤，其他的还有MAC地址过滤。

2. 防御功能

防火墙的防御功能有病毒扫描和内容过滤。

病毒扫描，即扫描电子邮件附件中的DOC和ZIP文件，FTP中的下载或上传文件内容，以发现其中包含的危险信息。

内容过滤，即防火墙在 HITP、FTP、SMTP 等协议层，根据过滤条件，对信息流进行控制。

防火墙控制的结果有允许通过、修改后允许通过、禁止通过、记录日志、报警等。过滤内容主要指 URL、HTTP 携带的信息，即 Java Applet、JavaScript、ActiveX 和电子邮件中的 Subject、To、From 域等。

能防御的 DOS 攻击类型是拒绝服务攻击（DOS），即攻击者过多地占用共享资源，导致服务器超载或系统资源耗尽，而使其他用户无法享有服务或没有资源可用。防火墙通过控制、检测与报警等机制，可在一定程度上防止或减轻 DOS 黑客攻击。

阻止 ActiveX、Java、Cookies、Javascript 侵入属于 HTTP 的内容过滤，防火墙应该能够从 HITP 页面剥离 Java Applet、ActiveX 等小程序及从 Script、PHP 和 ASP 等代码检测出危险代码或病毒，从而向浏览器用户报警。同时，能够过滤用户上传的 CCI、ASP 等程序，当发现危险代码时，向服务器报警。

3. 管理功能

通过集成策略集中管理多个防火墙，即对防火墙具有管理权限的管理员行为和防火墙运行状态的管理。管理员的行为主要包括通过防火墙的身份鉴别，编写防火墙的安全规则，配置防火墙的安全参数，查看防火墙的日志等。防火墙的管理一般分为本地管理、远程管理和集中管理等。

本地管理是指管理员通过防火墙的 Console 口或防火墙提供的键盘和显示器对防火墙进行配置管理。远程管理是指管理员通过以太网或防火墙提供的广域网接口对防火墙进行管理，管理的通信协议可以基于 FTP、TELNET、HTTP 等。支持带宽管理是指防火墙能够根据当前的流量动态调整某些客户端占用的带宽。

4. 记录和报表功能

防火墙对于符合条件的报文，提供日志信息管理和存储方法。防火墙具有日志的自动分析和扫描功能，从而获得更详细的统计结果，以达到事后分析、亡羊补牢的目的。提供自动报表和日志报告书写器是防火墙实现的一种输出方式，提供自动报表和日志报告功能。提供简要报表（按照用户 ID 或 IP 地址）也是防火墙实现的一种输出方式，即提供报表分类打印。防火墙还提供实时统计，即日志分析后所获得的智能统计结果，一般是图表显示。

防火墙还提供告警机制，在检测到入侵网络以及设备运转异常情况时，通过警告来通知管理员采取必要的措施，包括 E-mail、呼机、手机等。

四、入侵检测技术

随着个人、企业和政府机构日益依赖于 Internet 进行通信、协作及销售，对安全解决方案的需求急剧增长。这些安全解决方案应该能够阻止入侵者同时又能保证客户及合作伙伴的安全访问。虽然防火墙及强大的身份验证能够保护系统不受未经授权访问的侵扰，但是它们对专业黑客或恶意的经授权用户却无能为力。企业经常在防火墙系统上投入大量的资金，在 Internet 入口处部署防火墙系统来保证安全，依赖防火墙建立网络的组织往往是"外紧内松"，无法阻止内部人员所做的攻击，对信息流的控制缺乏灵活性，从外面看似非常安全，但内部缺乏必要的安全措施。据统计，全球80%以上的入侵来自内部。由于性能的限制，防火墙通常不能提供实时的入侵检测能力，对于企业内部人员所做的攻击，防火墙形同虚设。

入侵检测是对防火墙极其有益的补充，入侵检测系统能在入侵攻击对系统发生危害前，检测到入侵攻击，并利用报警与防护系统驱逐入侵攻击。在入侵攻击过程中，它能减少入侵攻击所造成的损失。在被入侵攻击后，该系统收集入侵攻击的相关信息，作为防范系统的知识，添加入知识库内，增强系统的防范能力，避免系统再次受到入侵。入侵检测被认为是防火墙之后的第二道安全闸门，在不影响网络性能的情况下能对网络进行监听，从而提供对内部攻击、外部攻击和误操作的实时保护，大大提高了网络的安全性。

（一）入侵检测的基本概念

入侵检测（Intrusion Detection，ID），顾名思义，是对入侵行为的检测。它通过收集和分析计算机网络或计算机系统中若干关键点的信息，检查网络或系统中是否存在违反安全策略的行为和被攻击的迹象。进行入侵检测的软件与硬件的组合便是入侵检测系统（Intrusion Detection System，IDS）。

入侵检测的研究最早可以追溯到詹姆斯·安德森在1980年为美国空军做的题为《计算机安全威胁监控与监视》的技术报告，该报告第一次详细阐述了入侵检测的概念。他提出了一种对计算机系统风险和威胁的分类方法，并将威胁分为外部渗透、内部渗透和不法行为3种，还提出了利用审计跟踪数据监视入侵活动的思想。他的理论成为入侵检测系统设计及开发的基础，他的工作成为基于主机的入侵检测系统和其他入侵检测系统的出发点。

一般而言，入侵检测通过网络封包或信息的收集，检测可能的入侵行为，并且能在入侵行为造成危害前及时发出报警通知系统管理员并进行相关的处理措施。为了达成这个目的，入侵检测系统应包含3个必要功能的组件，即信息来源、分析引擎和响应组件，其具体如下。

（1）信息来源（Information Source）：为检测可能的恶意攻击，IDS所检测的网络或系统必须能提供足够的信息给IDS，资料来源组件的任务就是要收集这些信息作为IDS分析引擎的资料输入。

（2）分析引擎（Analysis Engine）：利用统计或规则的方式找出可能的入侵行为并将事件提供给响应组件。

（3）响应模组（Response Component）：能够根据分析引擎的输出来采取应有的行动，通常具有自动化机制，如主动通知系统管理员、中断入侵者的连接和收集入侵信息等。

（二）入侵检测系统的分类

入侵检测系统依照信息来源收集方式的不同，可以分为主机型入侵检测系统（Host-Based IDS）和网络型入侵检测系统（Network-Based IDS）。另外，按其分析方法可分为异常检测（Anomaly Detection，AD）和误用检测（Misuse Detection，MD），其分类架构如图5-3所示。

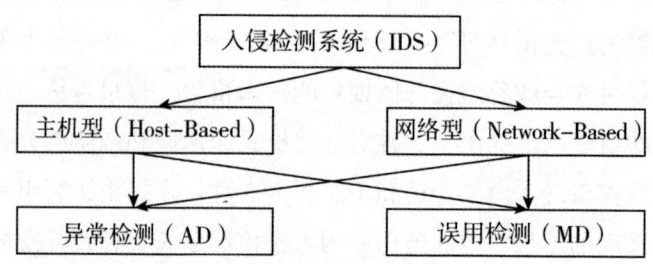

图 5-3 入侵检测系统分类架构图

1. 根据信息源的不同

（1）主机型入侵检测系统

主机型入侵检测系统（Host-based Intrusion Detection System，HIDS）是早期的入侵检测系统结构，其检测的目标主要是主机系统和系统本地用户，其检测原理是根据主机的审计数据和系统日志发现可疑事件。检测系统可以运行在被检测的主机或单独的主机上，系统结构如图 5-4 所示。

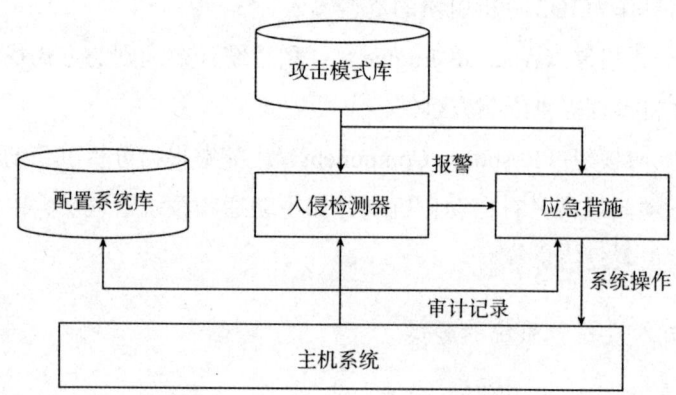

图 5-4 主机型入侵检测系统结构

主机型入侵检测系统的优点：确定攻击是否成功；监测特定主机系统活动；较适合有加密和网络交换器的环境；不需要另外添加设备。主机型入侵检测系统的缺点：可能因操作系统平台提供的日志信息格式不同，必须针对不同的操作系统安装个别的入侵检测系统；如果入侵者经其他系统漏洞入侵系统并取得管理者的权限，那将导致主机型入侵检测系统失去效用；可能会因分布式（Denail of Service，DoS）攻击而失去作用；当监控分析时可能会增加该台主机的系统资源负荷，影响被监测主机的效能，甚至成为入侵者利用的工具而使被监测的主机负荷过重而死机。

（2）网络型入侵检测系统

网络型入侵检测系统（Network-based Intrusion Detection System，NIDS）是通过分析主机之间网线上传输的信息来工作的。它通常利用一个工作在"混杂模式"（Promiscuous Mode）下的网卡来实时监视并分析通过网络的数据流。它的分析模块通常使用模式匹配、统计分析等技术来识别攻击行为，其结构如图 5-5 所示。

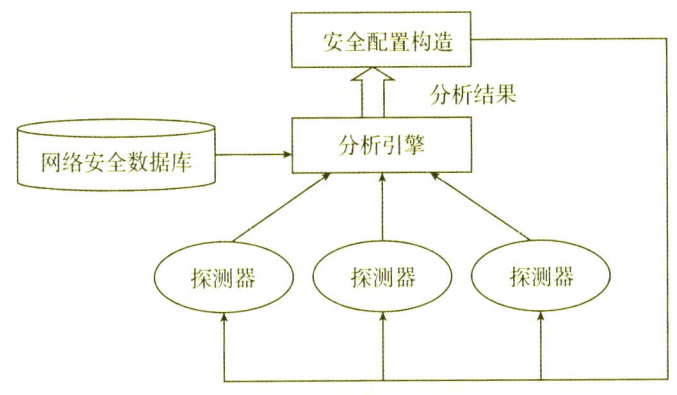

图 5-5　网络型入侵检测系统结构

探测器的功能是按一定的规则从网络上获取与安全事件相关的数据包，然后传递给分析引擎从而进行安全分析判断。分析引擎从探测器上接收到的数据包结合网络安全数据库进行分析，把分析的结果传递给配置构造器。配置构造器按分析引擎器的结果构造出探测器所需要的配置规则。一旦检测到了攻击行为，NIDS 的响应模块就作出适当的响应，如警告、切断相关用户的网络连接等。不同入侵检测系统在实现时采用的响应方式也可能不同，但通常都包括通知管理员、切断连接、记录相关的信息以提供必要的法律依据等。

网络型入侵检测系统的优点：成本低；可以检测到主机型检测系统检测不到的攻击行为；入侵者消除入侵证据困难；不影响操作系统的性能；架构网络型入侵检测系统简单。网络型入侵检测系统的缺点：如果网络流速高时可能会丢失许多数据包，容易让入侵者有机可乘；无法检测加密的数据包；对于直接对主机的入侵无法检测出。

(3) 混合入侵检测系统

混合入侵检测系统（Hybrid Intrusion Detection System，HIDS）都有各自的优缺点，混合入侵检测系统是主机型和网络型入侵检测系统的结合，许多机构的网络安全解决方案都同时采用了主机型和网络型两种入侵检测系统，因为这两种系统在很大程度上互补，两种技术结合能大幅度提升网络和系统面对攻击和错误使用时的抵抗力，使安全实施更加有效。

2. 根据检测所用方法的不同

(2) 误用检测

误用检测（Misuse Detection）又称特征检测（Signature-based Detection），这一检测假设入侵者活动可以用一种模式来表示，系统的目标是检测主体活动是否符合这些模式。它可以将已有的入侵方法检查出来，但对新的入侵方法无能为力，其难点在于如何设计模式使之既能够表达"入侵"现象又不会将正常的活动包含进来。

也就是说，误用检测是设定一些入侵活动的特征，通过现在的活动是否与这些特征匹配来检测。常用的检测技术有如下4种。

第一，专家系统。专家系统是指采用一系列的检测规则分析入侵的特征行为。检测规则就是知识，不同的系统与设置具有不同的规则，且规则之间往往无通用性。专家系统的建立依赖于知识库的完备性，知识库的完备性又取决于审计记录的完备性与实时性。入侵的特征抽取与表达，是入侵检测专家系统的关键。在系统实现中，将有关入侵的知识转化为 if-then 结构（也可以是复合结构），条件部分为入侵特征，then 部分是系统防范措施。运用专家系统防范有特征入侵行为的有效性完全取决于专家系统知识库的完备性。

第二，基于模型的入侵检测技术。该技术是指入侵者在攻击一个系统时往往采用一定的行为序列，如猜测口令的行为序列。这种行为序列构成了具有一定行为特征的模型，根据这种模型所代表的攻击意图的行为特征，可以实时地检测出恶意的攻击企图。基于模型的入侵检测方法可以仅监测一些主要的审计事件。当这些事件发生后，再开始记录详细的审计，从而减少审计事件处理负荷。这种检测方法的另外一个特点是可以检测组合攻击（Coordinate

Attack）和多层攻击（Multi-stage Attack）。

第三，简单模式匹配（Pattern Matching）。基于模式匹配的入侵检测方法将已知的入侵特征编码成为与审计记录相符合的模式。当新的审计事件产生时，这一方法将寻找与它相匹配的已知入侵模式。

第四，软计算方法。软计算方法包含了神经网络、遗传算法与模糊技术。

（2）异常检测

异常检测（Anomaly Detection）是指假设入侵者活动异常于正常主体的活动。根据这一理念建立主体正常活动的"活动简档"，将当前主体的活动状况与"活动简档"相比较，当违反其统计规律时，认为该活动可能是"入侵"行为。异常检测的优点之一为具有抽象系统正常行为从而检测系统异常行为的能力。这种能力不受系统以前是否知道这种入侵与否的限制，所以能够检测新的入侵行为。大多数的正常行为的模型使用一种矩阵的数学模型，矩阵的数量来自系统的各种指标，如 CPU 使用率、内存使用率、登录的时间和次数、网络活动、文件的改动等。异常检测的缺点：若入侵者了解到检测规律，就可以小心地避免系统指标的突变，而使用逐渐改变系统指标的方法逃避检测；异常检测效率也不高，检测时间比较长；这是一种"事后"的检测，当检测到入侵行为时，破坏早已经发生了。

五、虚拟专用网（VPN）技术

虚拟专用网技术是目前解决信息安全问题的一个最新、最成功的技术课题之一，它是指在公共网络上建立专用网络，使数据通过安全的"加密管道"在公共网络中传播。用以在公共通信网络上构建 VPN 有两种主流的机制，这两种机制为路由过滤技术和隧道技术。目前 VPN 主要采用了 4 项技术来保障安全，即隧道技术（Tunneling）、加解密技术（Encryption & Decryption）、密钥管理技术（Key Management）和使用者与设备身份认证技术（Authentication）。其中几种流行的隧道技术分别为 PPTP、L2TP 和 Ipsec。VPN 隧道机制应能支持不同层次的安全服务，这些安全服务包括不同强度的源鉴别、数据加密和数据完整性等。VPN 也有几种分类方法，如按接入方式分成专线 VPN 和拨号 VPN；按隧道协议可分为第二层和第三层的；按发起方式可分成客户发起的和服务器发起的。

下篇　应用实践篇

第六章 医学信息学概述

医学信息学（Medical Informatics）是一门新型的交叉学科，是从 20 世纪 70 年代开始，信息科学与医学学科及其相关医疗卫生学科相互融合的"产物"。这一以信息技术为依托的新兴学科。作为一门新型的交叉学科，因医学信息学的发展正在迅速地影响和改变着传统医学以及相关医疗卫生学科，并促进了两者的交融学科——医学信息技术（Medical Information Technology，MIT）的快速发展。

第一节 医学信息学概念

一、医学信息学的定义

（一）医学信息学的定义

医学信息学最早可以追溯到 20 世纪 50 年代初期，在其发展过程中曾经使用过多种称谓：生物医学计算（Bio-medical Computing）、生物信息学（Bio-Informatics）、计算生物学（Computational Biology）、医学计算机科学（Medical Computer Science）、计算机在医学中（Computers in Medicine）、医学信息科学（Medical Information Science）、护理信息学（Nursing Informatics）、牙科信息学（Dental Informatics）等。最后，经过了近 30 年的发展，在 20 世纪 70 年代后期出现了医学信息学。

随着信息技术在医学及其相关领域的应用的深入，医学信息学的研究范畴也在不断地拓展。到目前这个阶段，医学信息学可以定义为：医学信息学是一门研究利用信息技术进行医疗卫生学科相关数据、信息和知识的获取、处理、存储、检索并有效管理与利用的学科。医学信息学是一门新兴的、多学科的、交叉型的综合学科，是以计算机科学、管理科学、生物物理学及生物数学等作为研究工具，以医学相关数据为研究对象的学科，前者是其方法学，后者是其应用领域。

传统的医学信息学利用信息技术分析和研究医疗卫生相关文献和资料，并对资料和文献实施管理，而现代医学信息学则将重点放在如何利用信息技术为医疗卫生服务，并促使其发展，把信息技术全方位地应用到医疗卫生的各个领域，包括从医院财务管理、医学图像处理到临床信息处理；从农村医疗信息化、社区医疗信息化到医院医疗信息化、区域医疗信息化、远程医疗信息化等。

（二）医学信息学的知识架构

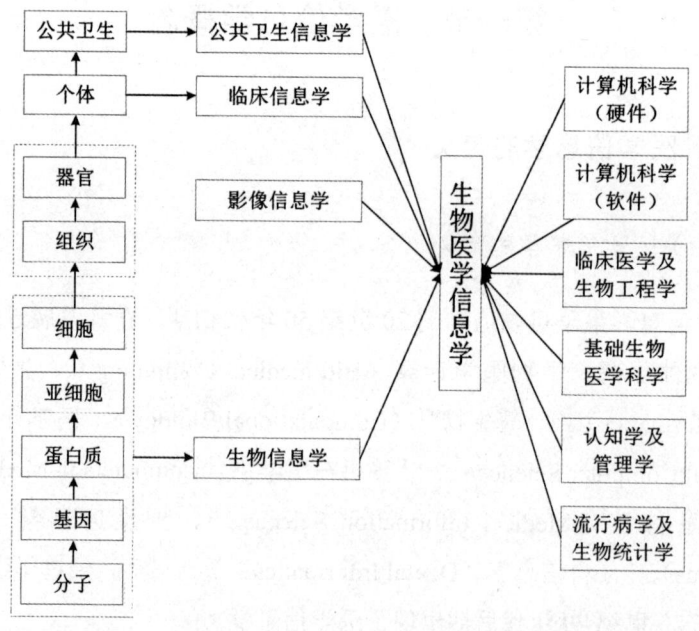

图 6-1　生物医学信息学的知识框架

如图 6-1 所示，生物医学信息学的知识框架是由肖特里菲（Shortliffe）教授提出的，在框架结构的左侧是医学信息学研究对象的层次，可以从分子水平逐层上升至公共卫生水平，期间经过基因、蛋白质、亚细胞、细胞、组织、器官、个体等水平；在框架结构的右侧描述的是学科所采用或与其相关的科学技术，包括流行病学及生物统计学、认知学及管理学、基础生物医学、临床医学及生物工程学、计算机科学等，两者的交叉从而衍生出生物医学信息学的若干亚学科，比如，公共卫生信息学、临床信息学、影像信息学、生物信息学等，这些学科共同构成了生物医学信息学。

二、医学信息学的研究内容

随着医学信息学的发展，它在医学实践、医学教育以及医学实践中发挥着越来越大的作用。并且医学信息技术还逐步渗透到了医疗的其他相关领域，如健康医疗、生物医学等，在信息的加工和交流方面也发挥着重要作用。其在电子病历系统、临床决策系统、医学影像和图像处理、生物信号分析和处理等方面的作用尤为突出。医学信息学是基础理论性和应用性两者的结合体。随着医学信息学相关研究的发展和应用领域的不断扩大，医学信息学的研究内容也更加明确。

现阶段的医学信息学的研究内容大致可以分为计算机科学基础、应用方法信息学以及应用信息学三个层次。在这三个层次中，医学信息技术主要属于第一层次；医学信息处理主要属于第二个层次；医学信息系统的设计、开发与应用研究主要属于第三个层次。三者的关系是相辅相成的，医学信息技术是医学信息系统的基础，是针对其进行研究和开发的，医学信息系统的功能越强大越全面，医学信息学越能开展其应用方法的研究，有利于医学信息学处理医学和卫生科学的所有领域的信息。

（一）医学信息技术

医学信息技术（MIT）是以计算机技术和通信技术为基础，研究医学信息的获取、传输和处理的一门综合性技术。目前，医学信息技术已经广泛应用于我国医疗卫生领域，使我国医学信息化得以建设和发展。目前，医学信息技术应用的基本技术有以下几种：计算机网络、软件工程、数据库、数据仓库与数据挖掘、医疗企业集成（Inte-grated Healthcare Enterprise，IHE）。

（二）医学信息处理

信息、物质与能量构成了信息社会中的三大要素。

医学信息包括医疗卫生健康领域和生物医学的各种信息，以及人类的医学信息处理过程。对于人类个体来说，医学信息处理的基本过程包括信息获取、信息传递、信息处理与再生、信息利用等。其中，信息获取涉及信息感知、信息识别等子步骤；信息传递涉及信息变换、信息传输、信息交换等子步骤；信息处理与再生涉及信息存储、信息检索、信息分析、信息加工、信息再生等子步骤；而信息利用则涉及信息转换、信息显示、信息调控等子步骤。

（三）医学信息系统

医学信息系统是结合生物医学和卫生健康的科学理论与方法，并应用信息技术实现预防保健、医疗服务等一体化管理和决策的系统。医学信息系统是信息技术在生物医学和卫生健康领域的典型应用。目前，常见的医学信息系统包括医院信息系统、临床信息系统、妇幼保健信息系统、社区医学信息系统、临床决策支持系统、远程医疗系统等。

三、医学信息学的应用领域

我国医学信息化建设经历了从无到有，从点到面，从医院向医疗卫生其他业务领域不断发展的过程，到目前为止，医学信息化有两个主要的应用领域：医院信息化与区域医学信息化，这两个应用领域是医学信息化发展的重要组成部分。

（一）医院信息化

医院信息化以电子病历为核心，医院的所有医疗业务和管理业务都要围绕电子病历进行展开，包括网络、硬件、软件、安全、标准等医疗和管理相关的支撑体系，都要以电子病历为核心进行规划与设计，从而实现信息资源在临床医疗的高效利用，优化医疗资源的配置，进而提高医疗效率和质量，减少因为信息不及时和偏差带来的医疗事故。

临床医疗业务信息化为医院医护人员的临床活动提供全面的支持，涵盖病人诊疗过程中的所有环节的诊疗信息都要进行采集、存储、处理，使得医院的临床诊疗流程更加规范，在数据处理的过程中积累医学知识，并且能在诊疗的过程中提供医学知识并为医护工作提供支持，从而提高医护人员诊疗的准确率和工作效率，并支持临床咨询、辅助临床决策，为病人提供优质、高效的医疗服务。

医院管理业务信息化就是运用现代化管理理念和流程，融合成功的医院管理思想和技术，整合医院现有信息资源，创建一套管理平台。该平台统一高效、相互连通、资源和信息共享，以支持医院整体运行管理。

（二）区域医学信息化

2009年4月，中共中央、国务院颁布《关于深化医药卫生体制改革的意见》和《医药卫生体制改革近期重点实施方案（2009—2011年）》，这些改革意见和法案的颁布标志着我国全面启动新一轮医药卫生体制改革。新医改方案把"建立实用共享的医学信息系统"列为新医改的"八大支柱"之一，医学信息化被提到前所未有的高度，得到了很好的发展机遇。而医学信息化的建设重点之一就是要建立以电子健康档案为核心的区域医学信息化平台。

区域医学信息化建设主要涉及居民电子健康档案、基于健康档案的区域医学信息平台、基于区域医学信息平台的业务应用系统、国家统一的信息标准与规范四大要素。

四、医学信息学的发展趋势

现阶段,医学信息学研究已全面渗透到医疗卫生和健康领域的各个方面,医学信息学正在逐步成为全世界医疗卫生建设的重要组成部分。医学信息学在发展的过程中遇到了很多机遇,同时也面临着来自各个方面的挑战。总体而言,医学信息学发展良好,正有条不紊地向以下几个方面发展。

(一)电子病历

电子病历建设是实现临床信息共享和医疗机构协同服务的前提基础,这些信息以区域范围内居民个人为主线。电子病历是电子健康档案数据的重要来源,而且可以使得临床路径得以规范,能够使得整个医疗过程在有效地监管下进行,最终实现医疗服务质量和紧急医疗能力的提高。

最近,医学信息学越来越重视电子病历的研究。其中,以下几个问题是医学信息学亟待解决的问题:(1)基于电子病历的区域医疗协同;(2)基于电子病历的临床数据挖掘与应用;(3)电子病历安全和隐私保护。

(二)电子健康

电子健康(E-Health)是指以计算机网络为依托,以健康需求为导向,以电子健康档案(EHR)为基础,提供个性化服务的国民健康综合信息平台。

电子健康可以使得我们更好地全面掌控人群健康信息,在这样的前提下能够做好疾病预防、控制并促进健康。同时,电子健康的发展能够更加广泛深刻地影响我国今后人口与健康领域的服务信息化和管理信息化,并且可以高度关联人口政策支持系统。因此,电子健康的研究和应用一直受到高度重视,并被作为医学信息化发展的一个重要战略方向。

(三)数字医疗技术

数字医疗即医疗服务的数字化、网络化、信息化,是指通过计算机科学和现代网络通信技术及数据库技术应用于整个医疗过程的一种新型的现代化医疗方式,是公共医疗的发展方向和管理目标。

数字医疗设备使得医学信息学研究的内涵和容量得到了极大的丰富。从诸如心电、脑电等重要的电生理信息等的一维信息的可视化,到诸如 CT、MRI、彩超、数字 X 线机等医学影像信息二维信息的可视化,进而发展到如实时动态显示的三维心脏三维或四维信息可视化,这些数字医疗设备提供的信息让医生的诊断技术得到了极大地丰富,让医学进入了一个可视化的世界(如有创诊疗手术的虚拟仿真、影像立体重建、人工器官的个性化再造、外科手术导航等)。

在数字化医疗的帮助下,医生的诊断失误率大大降低,病人的就诊流程得以最大幅度地减少,医疗设备与医疗专家共享可以在更大的地理范围内实现。到现阶段为止,数字医疗的研究主要集中在以下几个方面:数字化医疗设备方面的研究,数字化医疗网络方面的研究,数字化医疗系统以及基于数字化医疗系统的服务等方面的研究。

(四)医学信息系统

医学信息系统是医学信息学学科的基础课题,随着信息技术在医疗卫生各个领域的深入应用,医学信息系统建设获得了较好的经济效益和社会效益,并逐步向纵深发展。

一方面,在医院内部推进以电子病历为核心的医院信息化建设,需要对现有医院管理信息系统(HMIS)、实验室信息系统(LIS)、医学影像和图像存储与传输系统(PACS)、临床信息系统(CIS)等医疗软件进行完善和集成。另一方面,需要进一步拓展数字医院建设范畴,积极研发诸如数字化虚拟仿真、临床知识库、临床诊疗决策支持、数字医疗机器人等相关的数字医疗系统,不断丰富医学信息学的研究内涵。

远程医疗与区域医疗信息化能够在很大程度上缓解医疗资源紧张状况,进一步合理利用医疗资源。在一个区域内不但可以通过医学信息系统更好地做到区域医疗业务协作、业务联动和协同信息共享,而且可进一步拓展医学信息学研究的应用范畴。

第二节 医学信息管理

一、数据、信息与知识

在信息学中，数据、信息和知识三个概念常常被混淆，甚至被认为是同一个概念，其实，这三者是三个截然不同的概念。数据是记录事物的原始符号，缺乏组织及分类，无法明确地表达事物代表的意义，但是我们通过分析和进一步对数据进行解释就可以得到信息或者知识。

（一）数据与信息

数据（Data）是从客观世界中收集的原始素材。从形式上讲，数据是一种可供加工处理的表达形式，它可以是数字、文字、图片、声音、动画、影像等中的任意一种。数据是适合于人和计算机通信、解释和处理的观察和概念的表达。数据和信息不是一个概念，信息（Information）是对数据的进一步解释，是从数据中提取的有意义的或有用的事实，也即被解释的数据称为信息。数据是根据人们的目的按一定要求进行加工处理所获得的有用的数据。

数据与信息之间的关系：信息的基础是数据，信息从数据中来，是数据经过加工和提取的有价值和意义的数据。从这个意义上讲，在信息中也可分为低层次的信息和高层次的信息，低层次的信息是高层次信息的数据。数据到信息的过程就是数据不断提炼的过程。

（二）信息与知识

知识（Knowledge）因其本身的特点，很难给出一个确切的定义。《韦伯斯特词典》（Webster Dictionary）这样定义知识："知识是通过实践、研究、联系或者调查获得的关于事物的事实和状态的认识，是对科学、艺术或者技术的理解，是人类获得的关于真理和原理的认识的总和。"

信息与知识之间的关系：信息是人们感知世界、认识世界和改造世界的重要途径，信息还可以进一步转化为知识，进而形成智慧，也就是主观知识。这里的知识可以作为武器，用来进一步认识和改造世界，并在期间产生新的知识；新的知识又会产生信息，这些信息通过文字、声音、图像的形式记录下来并作为人类认识世界和改造世界的武器进而产生新的知识；新的知识又会转化为新的信息，并通过文字、声音、图像等载体记录下来，可以进一步地被进行存储、传递和使用，这就是通常所说的客观知识。由此可见，知识是经过加工的信息，是信息增值链上的一种特定的信息。

（三）数据、信息与知识之间的转换

信息作为数据和知识的中间角色，在负责数据的解释和决策中起到极其重要的作用。从数据提升到信息再提炼到知识，是一个反复提炼和重用的过程，数据经过重用升级为信息，信息在不断地提炼下转化为知识。例如，医生在诊治一名患者的过程中，首先需要获得该患者的各种信息，这时他需要访问各种数据库或者通过询问和检查来尽可能获得更多和疾病相关的数据。例如，如果是中医，可以采用望、闻、问、切的诊断手段，如果是西医则可以通过测量体温、血压，利用一些生物检查，如血常规检验、肝功能检验，也可以利用先进的医学检验仪器做 CT、B 超、心电图、脑电图等来获取数据。当然这些数据在一般情况下不一定全都要搜集，医生会根据他的知识和经验有选择性地进行搜集，然后将搜集到的信息进行加工和处理，最后获得可以帮助病人形成诊断结果的数据，也就是信息，通过这些信息进行诊断。显然，在这里搜集的中医望、闻、问、切的诊断，以及西医测量的体温、血压、CT、B 超、心电图等数据均是病人当时体征的反映，是转化为诊断结果必需的数据。

如图 6-2 所示，是临床医生在诊断病人的过程中通过各种手段获取的数据，然后把这些数据经过提炼和整理得到利于诊断决策的信息的过程。图中表示反馈给临床医生的第一个循环的过程都用"信息"字样标识箭头。通过仔细研究大量类似的医学方面解释的过程，或者通过收集来自大量病人的数据解释，最后归纳推理得到新的见解和信息（知识）。然后，这些知识又被增添到医学知识体系中。反过来，这些知识又可以作为解释其他数据的数据。

这些过程可以借助计算机开发相应的临床决策支持系统软件来实现。

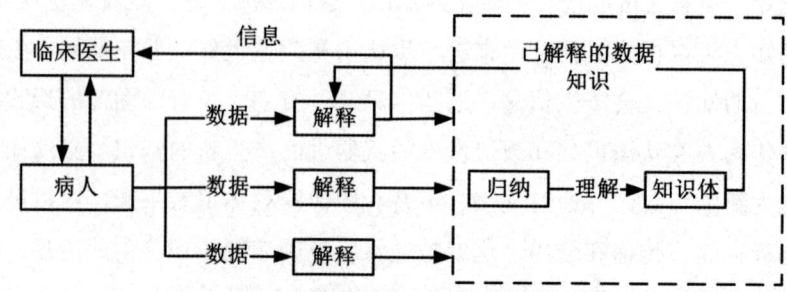

图 6-2 临床数据、信息与知识的转换过程

二、医学信息的管理

医学信息是指一切与生命健康科学有关的信息，它来源于人类对生命科学的研究和理论创见。因此，医学信息涵盖了包括从分子到组织、器官、个体、群体水平的十分广泛的范围。对这个范围内的信息以及所涉及的相关服务进行相应地管理就是医学信息管理的范畴。

（一）医学信息

医疗卫生机构是卫生数据、信息和知识密集型的组织。医学信息内容广泛而复杂，涉及医疗卫生各个部门和领域。我们依据不同的标准可以把医学信息分为以下不同的种类。

（1）根据医学信息的存在方式可以划分为人体内信息与人体外信息。人体内信息是指与生命现象有关的在人体内不同层次（基因、核酸、蛋白质、细胞、器官、系统、整体等）间发生、传递、接收并执行生命系统功能的各种信息。人体外信息是指与医学研究、医疗活动、医院管理以及药学研究、药物生产、流通和使用等有关的各种信息。

（2）根据医学信息的来源划分为系统内部信息与系统外部信息。系统内部的信息主要来自医学领域各业务部门、医疗卫生活动全过程、医学科学和技术的发展以及医学卫生行政管理等，并以统计、报表、原始数据、分析、总结、资金、供应、库存、设备、药品、床位、人员、原始记录、病案、规章、标准等形式表现出来，多属一次信息。系统外部的信息是指反映医学卫生系统外部环境变化的信息。

（二）医学信息管理阶段划分

医学信息管理和普通的信息管理一样，有着十分悠久的历史。医学信息管理工作的起源可以追溯到人类开始医疗行为的时候。但是，那时的医学信息管理还很不规范，直到医院产生后，才开始逐步规范化地进行医学信息管理，并为医学临床研究奠定了基础。将现代信息技术应用到现代医疗工作中，使得现代的医学信息的管理工作发生了翻天覆地的变化。

归纳起来，医学信息的管理可以分为传统管理时期、技术管理时期、信息管理时期和卫生知识管理时期。

（1）传统管理时期：传统管理时期为20世纪50年代以前。

这一时期的医学信息管理主要采用手工方式辅以机械化操作来对病人的病历和其他医学相关文献进行管理，因此这个时期也被称为医学文献管理时期。

（2）技术管理时期：自20世纪50年代至80年代

在这个时期中，计算机的出现是具备划时代意义的大事。在医学信息管理中出现了计算机的身影，并且随着计算机参与处理医学数据和信息，不但在操作层面上实现信息化，甚至医院的财务和日常的病案首页管理都实现了计算机的高度参与。随着医院管理信息系统的出现，医疗机构的部分科室日常工作均在计算机的协助下有条不紊地展开。

（3）信息管理时期：自20世纪80年代至今

这一时期是在技术管理时期的基础上，将医疗机构信息活动涉及的各种要素（数据和信息、信息生产者、信息管理技术等）都作为信息资源的要素纳入管理范畴的时期。

规模较大的医疗机构会成立信息科或是信息中心等信息管理的专门机构。这些医疗机构的信息化也从仅仅只有管理和财务工作的信息化向包括临床工作信息化在内的全面信息化转变，为各类工作人员配备特定的工作站，在更大范围内使用电子病历、医学辅助决策支持系统、图像采集与传输系统等，从而把医务人员的医疗活动和医疗机构的医学信息连接起来，使得管理以信息资源为主要特征，医学信息管理也得以真正建立在科学、合理的基础之上。

（4）卫生知识管理时期：卫生知识管理是医疗机构信息管理的发展方向。

随着生物医学技术的快速发展和信息技术在医疗机构各项工作中的普遍应用，当前医院信息化的核心问题已经不是数据或信息资源开发的问题，而是如何充分利用这些数据和信息的问题。由信息管理向知识管理发展是医学信息化发展的首要趋势。

三、医学知识的管理

医学信息管理的高级阶段就是医学知识管理。因为各种医疗机构是知识密集型组织，所以很有必要在这些机构中实施知识管理。

（一）医学知识

医学知识是人类同疾病斗争的过程中所积累的经验和认识的总和。医学知识可以分为两大类：显性知识和隐性知识。医学显性知识是指医疗机构中书本、数据库、磁盘、光盘等载体上的有形知识，这些知识大多以编码化的文字、图像、视频、声音等形式存在。如医学书籍、文本病历、杂志、影像、电子数据库等各类文档中的知识。医学隐性知识是依附于医务人员的大脑、诊疗程序或某种情景中的无形的非编码化的知识，如医务人员的临床经验、诊疗能力及技巧等。在医疗机构的日常诊疗工作中，隐性知识显然比显性知识更具有价值，更能成为医疗行为成败的关键。

（二）临床工作中医学知识的形成

在临床工作中，医学数据大致上需要经历以下四个环节才能够提升到医学知识的层面。

（1）尽可能地发现病人的现实和潜在需求。由于医学知识的目的是服务患者，所以，在从数据到信息最终提升为知识的过程中，应始终坚持围绕患者的需求对信息的选择、分析和评价的原则。

（2）对现有的信息源进行有效地选择和评价。医学知识的最终目的是支持医务人员的决策和医疗行为，归根到底是为了解决临床中的实际问题，因此，需要依赖于对患者实际状况的考察与分析来获取信息。

在此过程中，医务人员需要尽可能掌握患者的第一手资料，这一点十分必要。医务人员要善于利用各种检查、检验手段来获取病人的信息，除此之外，还要善于通过观察和交流来尽可能多地获取病人的信息。

（3）过程分析和问题诊断阶段。医务人员根据自己收集到的大量第一手信息和第二手信息，根据特定程序和分析方法，诊断病人患病的主要原因。

在这一阶段，医务人员要调动包括专业技能、经验、发现问题和分析问题的能力在内的隐性知识来对疾病进行分析，并进一步予以解释和说明。

（4）将信息提升为知识。这是整个环节中最为关键的一环，也是信息增量最大的一个环节。

在这一重要的阶段，医务人员首先需要准确把握患者需求，进而给出诊疗方案。这一过程绝不是简单地对已掌握的病人的信息进行汇总的过程，而是需要根据信息给出自己判断的过程，也就是知识创新的过程。

医务人员需要凭借自身认知来对病人的病患给出看法和诊疗方案，这一过程需要的是医务人员的隐性知识，而不是显性知识。

（三）知识管理

知识管理（Knowledge Management，KM）是学科领域中的一个新领域，兴起于20世纪90年代，其在当前的管理领域中已成为影响力最大、作用范围最广的一个领域。尽管作为一门新的学科，但是它却广受关注。知识管理是指对知识进行管理以及运用知识进行管理的过程。

知识管理的对象是知识和知识资源；知识管理的目标是实现知识共享；知识管理的核心是知识创新并最大限度地激发人的潜在智力资源。

知识管理从概念上讲有狭义和广义两种。狭义的知识管理是针对知识本身的管理，其中包括对知识的创造、知识的获取、知识的加工、知识的存储、知识的传播和知识的应用等的管理。广义的知识管理不仅包括对知识本身的管理，还包括对与知识有关的各种资源和无形资产的管理，涉及知识组织、知识设施、知识资产、知识活动、知识人员等的全方位、全过程的管理。

（四）医学知识管理

医学知识管理是对医学知识的产生、收集、组织、传播、交流和应用等相关过程的系统管理，包括对显性医学知识和隐性医学知识的管理。医学知识管理是知识管理理论和技术在医疗机构各项工作中的具体运用。

医学知识管理的核心是要创造一种机制或者平台，利用这个平台可以实现显性医学知识与隐性医学知识相互转化，实现医学知识的有序交流与共享；进而使得医疗机构和医务人员的医学知识水平、技能与素质得到进一步的提高，实现医学知识和技术的创新，最终提高医疗机构和广大医护工作人员的技术水平和服务质量。

四、医学领域的数据管理、信息管理与知识管理之间的关系

美国学者马夏德（D.A.Marchand）和霍顿（F.W.Horton）于20世纪80年代提出了信息管理的发展的物的控制、自动化技术的管理、信息管理、商业竞争分析与智慧、知识管理五个阶段。其中知识管理是信息管理发展的高级阶段。

（一）数据管理和信息管理是知识管理的基础

在医学信息管理的实际工作中，知识管理与数据管理、信息管理具有非常密切的关系。在医学信息增值链上，数据管理、信息管理和知识管理既相互支持又相互依存。

以计算机科学为中心的医学数据管理研究的重点放在信息管理和知识管理中的技术基础上，内容包括数据库的规则、控制、流程、设计、维护、操

作和安全。数据管理的目的在于确保数据流在医疗机构内能够被实时、精确地采集并汇总起来。

医学信息管理以管理科学为中心，将信息、经费和人力资源共同视为医疗机构的战略资源，重点在于研究如何利用信息技术基础有效地采集、获取、集成和利用信息资源来满足对于信息的需求。

从管理对象上讲，信息管理包含两个要素：信息技术和信息资源。数据管理和信息资源管理是知识管理的基础。

(二) 信息管理和数据管理发展的高级阶段是知识管理

医学知识管理和医学信息管理一样也是以管理科学为核心的，将信息和知识资源视为医疗机构的战略资源。

从管理对象上讲，知识管理包含三个要素：信息技术、信息资源和人力资源。知识管理目标是利用信息技术构建的网络平台，将信息资源和人力资源整合起来，让知识资源快速流动并能更好地实现共享，从而形成隐性知识和显性知识的相互转化，进而推动知识的快速创新，并尽可能地降低其成本，使知识资源不断地创造出新价值。

第三节　医学信息标准化

对于信息而言，要实现高度的共享，需要在不同的应用软件系统之间进行存储和传递。在这个过程中，要求各系统的数据字典、存储格式和信息交换标准高度一致。在医疗卫生行业，任何活动都关系着人类的健康和生命，对这方面的要求更加准确和严格。然而事实上，医疗卫生专用名词抽象、信息标准较多，这就增加了信息标准化的难度。伴随着信息化的发展，电子病历、电子健康档案、数字化的医疗设备等都要求信息能够高度共享，这样才能更好地优化医疗资源配置、提高诊疗效率。因此，要实现医疗卫生信息跨部门、跨区域高度共享，首先要对医学信息进行标准化。

一、标准与标准化

要想做好标准化工作,首先要对这些概念进行认识。

(一)标准

在国家标准 GB/T 20000.1—2002 中指出,标准是指为了在一定范围内获得最佳秩序,经协商一致制定并由公认机构批准,共同使用和重复使用的一种规范文件。通过定义可以看出,标准界定了行业领域,集中行业内的优秀成果,以实现最优为目标,并具有公认性和权威性。

对于标准而言,可以对其进行分类。按照权威的分类标准,《中华人民共和国标准化法》将中国标准分为国家标准、行业标准、地方标准(DB)、企业标准(QB)四级。其中,国家标准的编号由国家标准的代号、国家标准发布的顺序号和国家标准发布的年号(采用发布年份的后两位数字)构成。

(二)标准化

标准是一种规范文件,而标准化是实现这种规范文件的动态过程。

国家标准 GB/T 20000.1—2002 中对标准化(Standardization)的定义:标准化是指为了在一定范围内获得最佳秩序,对现实问题或潜在问题制定共同使用和重复使用的行为规范的活动。

从上面的定义可以看出,标准化是制定、贯彻实施标准的过程,它以更加合理利用资源、加快国民经济发展为目的,在一些情况下需要新旧标准的更迭,是一个动态的过程。

(三)医学信息标准与标准化

医学领域也有自身的标准和标准化,即医学信息标准和医学信息标准化。

医学信息标准是指在医疗卫生事务处理过程中,对其信息采集、传输、交换和利用时所采用的统一的规则、概念、名词、术语、代码和技术。

医学信息标准化是指围绕医学信息技术的开发、信息产品的研制和信息系统建设、运行与管理而开展的一系列标准化工作。此时，围绕制定医学信息标准化所开展的活动就是医学信息标准化活动。

2003年面对SARS疫情时，由于医疗卫生领域信息系统数据标准的差异，在一定程度上造成疫情数据不能及时上报。2020年我国受到新型冠状病毒的突然袭击，医疗卫生机构各部门的信息化建设凸显成效，医院信息系统可以快速与防疫机构、政府部门进行信息交换，新冠疫情能够及时准确上报、实时发布，因而能够及时有效掌握并控制疫情。从对比中我们可以看出，医学信息标准化的重要性，当然医学信息化建设还需要进一步完善。

二、分类与编码

我们可以通过分类和编码来对信息进行标准化。

（一）分类

分类（Classification）是指某一领域内概念和原理的序化。我们可以按照以下步骤对其进行分类：第一，确定分类的准则，即该领域的应用目的；第二，根据某一概念进行分类；第三，将这些类别按照其属性关系进行排列。从上面分类的方法可以得出，分类实质上就是依照要素或特征的内在规律或序化关系进行排序的过程。因此，根据序化标准的多少，可以将分类系统划分为单轴分类系统和多轴分类系统。

世界卫生组织为了对健康和疾病进行分析，建立了国际疾病分类（ICD）。疾病和健康问题具有病因、部位、病理和临床表现四大特征，那么我们在进行分类的时候就可以依据这些特征来分类。根据依据个数的差异就形成了单轴分类系统和多轴分类系统，而且依据特性中包含的属性关系可以进一步将其划分为"类目""亚目""细目"，并形成了分类序列。

例如，根据致病原因的不同，ICD对"某些传染病和寄生虫病"进行分类：A00为霍乱，A01为伤寒和副伤寒，A02为其他沙门氏菌感染……同一类目录下再分亚目录，亚目录分类时按照疾病的其他特性。

类目下亚目却按疾病的其他特性进行分类。例如，A01类目下属的亚目是依据致病病原体进行分类，如 A01.0 为伤寒菌致伤寒，A01.1 为 A 型副伤寒，A01.2 为 B 型副伤寒，A01.3 为 C 型副伤寒，A01.4 为未明示之霍乱。

（二）编码

对信息进行标准化的另一种方法是编码，编码是指定一个对象或事物的类别代码或类别集合代码的过程。例如，用文字表示对象"急性上呼吸道感染"，可以用代码"J06.9"表示，J06.9 包含了这种疾病的若干信息：病因是上呼吸道感染，临床表现是急性的。

与分类类似，编码的方法也有多种，常见的是命名法编码和分类法编码。

命名法编码即直接给具体的对象唯一的代码名称的编码方法，而分类法编码是指将对象分类后，再对每一类以及具体对象编码的方法，后者也是医学信息标准编码中最常见的编码方式。

三、国际上主要的医学信息标准化组织

对于医疗卫生领域，国际上最权威的组织有国际标准化组织、美国国家标准学会、欧洲标准化委员会、美国实验和材料协会等。

（一）国际标准化组织

国际标准化组织（International Organizations for Standardization，ISO）成立于 1947 年，总部在瑞士日内瓦，是目前世界上最权威的国际标准化专门机构。ISO 开设有专门负责医学信息学标准的机构，即于 1998 年在美国奥兰多成立的 ISO/TC215。TC215 主要负责卫生信息领域的标准化、卫生信息和通信技术，在减少冗余的同时，确保卫生信息在不同的信息系统之间进行传递、共享。

（二）世界卫生组织

世界卫生组织（World Health Organization，WHO）成立于 1948 年，总部

设在瑞士日内瓦,是各个主权国家进行公共卫生协作的机构,致力于让全世界人民获得更高的健康标准。它的主要贡献集中在以下两个方面。

(1)WHO 国际分类系列(WHO Family of International Classifications)包括国际疾病统计分类(The International Statistical Classification of Diseases)第 10 版,即 ICD-10;WHO 残疾评定表Ⅱ(WHO Disability Assessment Schedule Ⅱ,WHODAS Ⅱ);国际功能、残疾和健康分类(International Classification of Functioning,Disability and Health)等。

(2)WHO 统计信息指南(A Guide to Statistical Information at WHO,WHOSIS)包括 WHO 统计信息系统,疾病负担统计(Burden of Disease Statistics);WHO 死亡率数据库(WHO Mortality Database);世界卫生报告统计附录(Statistical Annexes of the World Health Report);疾病或病况统计(Statistics by Disease or Condition);卫生专业人士(Health Personnel);与卫生相关的统计信息的外部来源(External Sources for Health Related Statistical In-formation)。

(三)国内相关标准化组织

国内相关的标准化组织由国家质量监督检验检疫总局和国家标准化管理委员会负责领导。国家质量监督检验检疫总局是国务院的标准化行政主管部门,国家标准化管理委员会(Standardization Administration of the People's Republic of China,SAC)是国家质量监督检验检疫总局管理的事业单位。除此之外,中国标准化协会(China Association for Standardization,CAS)成立于 1978 年 9 月,是学术性群众团体,由国家质量监督检验检疫总局主管。全国专业标准化技术委员会共 510 个(与医疗卫生相关的有 18 个),负责各行各业标准化的技术工作。

四、常用医学信息标准

医学信息标准主要是指医学信息表达类标准,是医学信息标准化的基础。目前,国际上主要的卫生信息标准有以下几个。

（一）国际疾病分类 ICD

国际疾病分类（International Classification of Diseases，ICD）是根据疾病的某些特征，按照规划将疾病分门别类，并用编码方法进行表示的系统。ICD经过很多次修订已趋于完善。目前，全世界通用的是 ICD-10《疾病和有关健康问题的国际统计分类》。ICD 分类原则采用以病因为主，以解剖部位、临床表现、病理为轴心的基本原则，ICD 编码方法采用"字母数字编码"形式的 3 位代码、4 位代码、5 位代码表示。

国家卫生部为了加强医疗服务信息监管，满足医疗改革工作的需要，于 2011 年 12 月发布《疾病分类与代码（GB/T 14396—2001）》修订版，将原有的 ICD-10 中标准代码由 4 位增加至 6 位，对部分疾病进行了扩展，使其更好地应用于医疗卫生等领域。

（二）系统医学命名法

临床医学系统术语（The Systematized Nomenclature of Medicine，Clinical Terms，SNOMEDCT）是一种临床用词汇表，兼具系统化和多轴的特性。它主要用于描述、表达复杂的临床症状和诊断，同时支持疾病的多方面编码。

SNOMED 作为目前世界上最完整的具有国际化和多文种特点的临床参考术语，随着医学信息标准化的进展，被广泛应用于放射、病理、肿瘤等领域，并逐渐成为临床病案信息索引的标准。

（三）诊断相关组 DRG

在美国，诊断相关组（Diagnosis Related Groups，DRG）是以住院病人医疗费用及住院天数作为主要影响因素的疾病群代码系统，专门用于医疗保险预付款制度的分类编码标准。

DRG 根据病人信息以及治疗情况的不同，把病人分入大约 500 个相关组，然后决定应该给医院多少补偿。美国 DRG 基本编码是由美国卫生保健财务管理署制定的，疾病诊断是基于 ICD-9-CM 进行的。世界上已有许多国家引进和修改编码以适合本国的需要。

在我国，医疗保险费用大都采用项目付费的方法，虽然账目比较简单清晰，但是在控制医疗费用方面很无助，同时并不能督促医院提高自身素质和管理水平，因而可以借鉴 DRG 对疾病分类标准进行相应的优化。

（四）通用过程术语 CPT

在美国付账赔偿系统中，普遍采用通用过程术语（Current Procedural Terminology，CPT）的编码方式，这种编码方式采用基于消费来定义诊断和治疗过程的编码策略，由美国医学会（American Medical Association，AMA）每年进行发布，目前为第 4 版 CPT4。

CPT4 是医院所使用的临床操作与提供服务的分类编码与术语标准。CPT4 编码把医院的临床活动划分为 6 个大类：评价与管理、麻醉学、外科、放射科、病理/实验室和临床。对于每一大类，内部编码均按一定的规律排列。例如麻醉编码的顺序按身体部位进行排序等。

（五）国际肿瘤疾病分类 ICD-O

WHO 经过广泛的试验，基于 ICD-9 研发基础，于 1976 年发表了国际肿瘤疾病分类（ICD-O）第一版，并于 1990 年根据 ICD-10 扩展形成第二版。

ICD-O 基于 ICD 的四维解剖学代码和形态学代码，并把它们组合起来。在 SNOMED 和国际 SNOMED 的形态学轴分类中，已采用了形态学代码中的肿瘤临床表现代码。除此之外，在癌症登记中也普遍采用 ICD-O。

（六）国际社区医疗分类 ICPC

全科医生/家庭医生国立学院、大学和学会世界组织（WONCA）建立了国际社区医疗分类（International Classification of Primary Care，ICPC）的分类法。较之 ICD-9，ICPC 更全面、细化，对诊断进行了编码，同时也对就诊原因、治疗原因和实验结果进行了编码。正因为如此，实验结果得以直接用编码进行表示，甚至在社区医疗信息系统中，实现了药物处方模块，此模块会自动为药物及其他处方数据存储代码。

基于以上的描述，ICPC 可以从发病开始至治愈的病情进展来组织病情记录。当然，现实中一个疾病过程可能包括几次就诊，此时就需要对每次就诊的问题分别编码。对原发疾病的并发症也是如此，开发 ICPC 的委员会根据 ICD-9 和 ICD-10 做了修改，因此，ICPC 适用于开发社区电子病历。

（七）一体化医学语言系统

1986 年，由美国政府投资，美国国立卫生院和国立医学图书馆承担医学信息化标准项目，称之为一体化医学语言系统（Unified Medical Language System，UMLS），或统一医学语言系统，它的规模很大，而且非常重要。基于 UMLS，不仅可以解决类似概念的不同表达问题，还可以使用户很容易地跨越在病案系统、文献摘要数据库、全文数据库之间的屏障。

医学信息学领域的信息开发人员使用 UMLS，从而能够跨越多种不同的医学信息标准，建立统一的医学语言平台，实现医学词汇的整合，也提供了标准和其他数据、知识资源之间的交叉参照。这样一来，医学工作者和研究者可以更轻松地跨越这些障碍，从而更能全身心地投入自己的工作中，而不用考虑不同标准系统中概念的差异。

五、我国医学信息标准化工作

医学信息化建设在我国起步晚，目前尚且处于建立、完善和提高的动态过程中，因此医学信息标准化工作就更为薄弱了。由于人们对医疗资源需求的日益增长，医学信息标准化就显得更加迫切了。目前，为了推动居民健康档案和电子病历的业务协同和联动，卫生部大力发展医学信息标准化工作，技术规范和标准也已经实现了统一。

（一）医院信息系统基本功能规范

制定医学信息标准化，需要对医院信息进行规范，尤其需要对医院信息系统软件进行规范。卫生部 1998 年公布了《医院信息系统软件基本功能规范》，并于 2002 年重新修订发布了《医院信息系统功能规范（修订版）》，这些都符合国际医院信息化发展趋势,同时也是医院信息化发展现状的需求,更是商品化医院信息系统的基本要求。

(二)国家卫生信息标准基础框架

医疗卫生部信息化领导小组委托中国医学信息学会标准化委员会,进行了《国家卫生信息标准基础框架》重要课题的研究,并取得了一些研究成果,包括《国家卫生信息数据模型》《卫生信息元数据描述框架》与《国家卫生数据字典》等标准文本。

《国家卫生信息标准基础框架》主要完成了以下研究任务。

(1)从信息学的角度,提出了卫生信息的分类方法和分类框架。

(2)在国家卫生统计指标体系概念框架的基础上,将卫生统计指标内容进一步系统化。

(3)采用实体-关系模型方法,建立了《国家卫生信息数据模型》。

(4)开发了《卫生信息元数据描述框架》,规范了元数据描述类型的基本结构。

(5)研制了《国家卫生数据字典》,提供了卫生统计报告数据元和元数据标准。

(6)建立了《国家卫生数据字典》元数据资源库,为数据资源交换和共享提供了技术手段。

《国家卫生信息标准基础框架》对我国医疗卫生信息标准研究具有指导意义,同时对于推进我国卫生信息标准化工作有重要意义。

(三)健康档案基本架构与数据标准

卫生部卫生信息标准专业委员会于2009年5月制定了《健康档案基本架构与数据标准》。该标准主要包括健康档案基本架构和健康档案数据标准两部分内容。

"健康档案基本架构"的主要内容包括:

(1)健康档案的基本概念和系统架构;

(2)健康档案的作用和特点;

(3) 健康档案的基本内容和信息来源。

"健康档案数据标准"的主要内容包括：

(1) 健康档案相关卫生服务基本数据集标准；

(2) 健康档案公用数据元标准；

(3) 健康档案数据元分类代码标准。

基于该标准，可以对健康档案的信息内涵进行统一。也正因为如此，健康档案可以与其他信息资源库进行数据交换和共享，同时提供了构建整体的医学信息模型的资源。对于健康档案的标准制定而言，是一个动态的过程，需要不断进行补充和完善。

（四）电子病历基本架构与数据标准

卫生部和国家中医药管理局于 2009 年 12 月，组织制定了《电子病历基本架构与数据标准（试行）》。该标准具有重大意义，它是卫生领域首部国家级具有中西医结合特点的电子病历业务架构基本规范和数据标准。

《电子病历基本架构与数据标准》主要包括电子病历基本架构和电子病历数据标准两部分内容。

第一部分"电子病历基本架构"的主要内容包括：

(1) 电子病历的基本概念和系统架构；

(2) 电子病历的基本内容和信息来源。

第二部分"电子病历数据标准"的主要内容包括：

(1) 电子病历数据结构；

(2) 电子病历临床文档信息模型；

(3) 电子病历临床文档数据组与数据元标准；

(4) 电子病历临床文档基础模板与数据集标准。

第七章　医院信息系统基本操作

医院信息系统（Hospital Information System，HIS）是医院各部门利用计算机系统对病人医疗信息以及行政管理信息进行收集、整理和分析的一个高度集成化的医院计算机管理信息系统。它的应用目的在于使得医疗卫生人员能够有效地从事医院的各项医疗和管理工作。随着计算机技术的不断发展，医院信息系统已被广泛地应用于国内外医院的实际医疗工作当中，是数字化医院建设中不可或缺的基础设施。

医院信息系统又分为医院管理信息系统（Hospital Management Information Sys-tem，HMIS）和临床信息系统（Clinical Information System）两类。由于医院信息系统涉及医院工作的方方面面；除与医疗业务相关的功能以外，还包括人事管理、财务管理、物资管理等功能，受篇幅限制无法一一展开介绍。故本章结合医学院校所开设的主要专业，以"九阵智健云医疗一体化信息平台"为例，对医院信息系统中的"医院管理信息系统基本模块""门/急诊信息系统""住院信息系统""实验室信息系统""医护工作站""医学影像系统"等业务模块的具体操作方法进行阐述。

第一节　医院信息系统概述

一、医院信息系统的组成

医院信息系统主要包括硬件系统和软件系统两部分。医院信息系统的硬件部分包括大中型服务器、面向医务人员和患者的各类型用户终端设备、图像采集和样品分析检验设备以及网络通信设备等。软件系统主要包括网络操作系统、数据库管理系统、医院管理信息系统以及网络管理系统等。

（一）医院信息系统的硬件系统

1. 大中型服务器

大中型服务器是医院信息系统的核心部件，为系统中的所有医护人员及患者提供完整的数据服务。该服务器中安装有大容量的磁盘存储器，用于存储医院信息系统中的各类基础数据（医护及患者的个人信息、病案存档、各类检查结果数据及医学影像数据等）。大中型服务器的基本任务是协调处理各类工作站（面向医护或患者）提出的数据操作请求，为各个终端提供数据上传、数据查询、数据修改等传输服务。同时还可用于协调和处理医院管理信息系统中各类用户对服务器的通信联系。

2. 面向医务人员的用户终端设备

面向医护人员的用户终端设备以连接医院网络的个人电脑为主。由于个人电脑一体机具有占用空间小、性能与台式机相同的特点，目前多数有条件的医院多采购这类个人电脑作为普通医护人员的用户终端设备。

3. 面向患者的用户终端设备

为了缓解医务工作人员在患者就诊时的工作压力，加快患者入院就诊的工作效率，努力实现数字化医院的建设，目前我国大多数大中型医院内都安装了方便患者就诊的各类型可交互的用户终端设备。如集办卡、挂号、查询、缴费等功能于一体的医院自助终端机、检验报告打印终端、多功能自助取片机等各类型面向患者的终端设备。

4. 图像采集设备

当然，对于身处特殊岗位的医务人员（如放射科、检验科等特殊科室的医务人员）来说，除使用个人电脑连入医院管理信息系统以外，还需要使用与本部门业务相关的各类医学信息采集设备，如数字化医学成像系统（CR、DR、MRI、CT、DSA及数字胃肠机），全自动化学发光检测仪，生化分析仪，凝胶成像分析仪等设备。

5. 网络通信设备

网络通信设备主要包括网卡、通信线路、交换机、路由器等设备。

（1）网卡

网卡（Network Interface Adapter）又称为网络适配器，其主要作用是将计算机处理得到的数字信号转换成通信线路支持传送的模拟信号或将通信线路中传输过来的模拟信号编码转换为计算机能够识别的数字信号，同时具有信号的发送与接收功能。

（2）通信介质

通信介质即通信线路，是传输模拟信号的物理线路，分为有线和无线两种类型。有线介质主要有双绞线、同轴电缆和光纤；无线介质主要包括无线电波、微波、红外线和激光等。因有线介质具有成本低、传输速度快、数据传输可靠性高的特点，故医学管理信息系统主要采用有线介质作为数据传输的通信介质。

（3）交换机

交换机（Switch）可以以线路速率将接收到的数据信息在所有端口间进行并行转发，从而提高网络设备的利用率和吞吐量，使得接入交换机的所有终端设备共享网络带宽。

（4）路由器

路由器（Router）是互联网络中的数据转发设备。路由器可以识别网络地址，并通过互联网络将信息从源地址传送到目的地址，实现数据在不同地址之间的存储转发。利用路由器可以连接多个异构网络，从而实现网络规模和容量的扩充。

（二）医院信息系统的软件系统

医院信息系统的软件部分主要包括网络操作系统、数据库管理系统、医院管理信息系统以及网络管理系统等。服务器级网络操作系统除了负责服务器中数据库数据的增、删、改、查操作以外，还需要负责管理网络通信，处理器任务调度，保证各硬件系统有条不紊地进行工作，保证整个系统的安全性、稳定性和可靠性。目前主流的服务器级网络操作系统主要有 CentOS、

Ubuntu Server 以及 Windows Server 等产品，而面向客户的网络操作系统主流使用 Windows 操作系统；数据库管理系统是对数据库进行统一管理和控制，以保证数据库的安全性和完整性的一种大型系统软件，目前主流的数据库管理系统主要有 Oracle、MySQL 和 PostgreSQL 等产品。

第二节 医院管理信息系统概述

一、医院管理信息系统功能结构

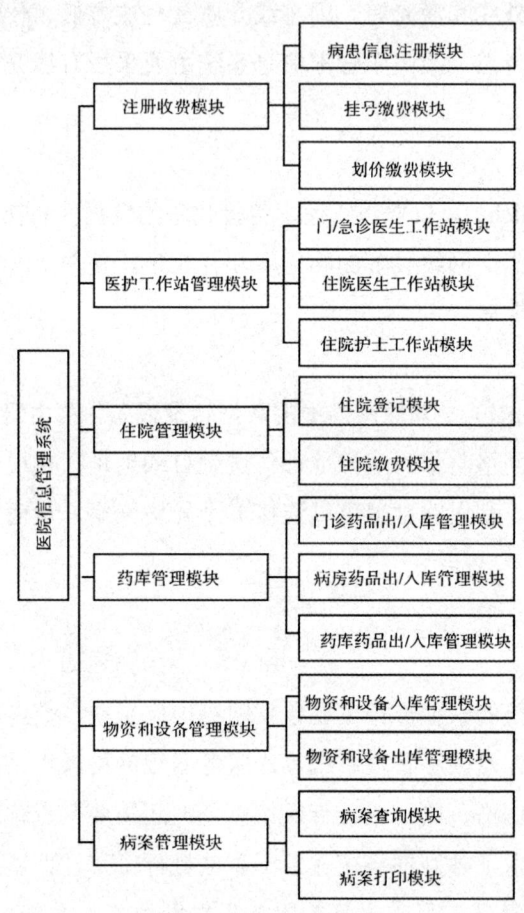

图 7-1　医院管理信息系统主要结构图

由于各医院的部门设置及医疗业务存在着一定的差异，故本节按照多数医院的业务功能将医院管理信息系统划分为以下几个模块：注册收费、医护工作站管理、住院管理、药库管理、物资和设备管理、病案管理等模块（见图 7-1）。

注册收费模块主要包括患者信息注册、挂号缴费和划价缴费等功能模块，其中患者信息注册模块主要用于患者入院就诊时建立健康 ID 和电子档案，方便该患者在本院进行各类就医活动时使用；挂号缴费模块主要用于门/急诊就诊科室和就诊医生分配及挂号缴费；划价缴费模块主要用于医生对该患者执行各类检查和出具处方药品进行划价缴费。

医护工作站管理模块主要包括门/急诊医生工作站、住院医生工作站和住院护士工作站等功能模块，其中门/急诊医生工作站模块是门/急诊医生对患者进行诊疗时所使用的模块，包括出具或更改医疗处方，出具医学检查、检验通知书（如医学影像检查，耳镜、胃镜检查，血常规、支原体/衣原体检验等项目），出具医学处治单（如输液、清洗伤口、换药等项目），查阅医学检验报告单，出具入院通知单等功能。

住院管理模块主要包括住院登记模块和住院缴费模块，主要用于入院患者信息登记以及对患者住院治疗过程中所产生的费用进行统一管理。

药库管理模块主要包括门诊药品出/入库管理模块、住院病房药品出/入库管理及药库药品出/入库管理等模块，主要用于门/急诊、住院病房以及药库药品的出/入库管理，实现全院药品进/出药库的数字化管理。

物资和设备管理模块主要用于医疗物资、后勤保障物资及医疗器械设备的入库与出库的数字化管理。

病案管理模块主要包括病案查询模块和病案打印模块，主要用于日常患者的电子病历阅档、打印等日常管理，方便医院各科室及患者查阅在本院就医所记录的所有档案信息。

二、医院管理信息系统的工作流程

本节重点介绍医院管理信息系统在患者到医院就医的整个流程。为方便阐述，本节将医院管理信息系统划分为门/急诊就诊流程、住院就诊流程、医学影像就诊流程、医学检验就诊流程和药品信息管理流程。

（一）门/急诊就诊流程

门/急诊就诊流程是患者在医院的急诊或门诊部门就医所需进行的一系列活动，包括门/急诊挂号、门/急诊就诊、医学检验、住院与否判断、出具处方、处方划价、收费、门诊药房领药等活动。医院最基本的门/急诊就诊流程如图7-2 所示，图中阴影部分为流程的开始和结束事件。

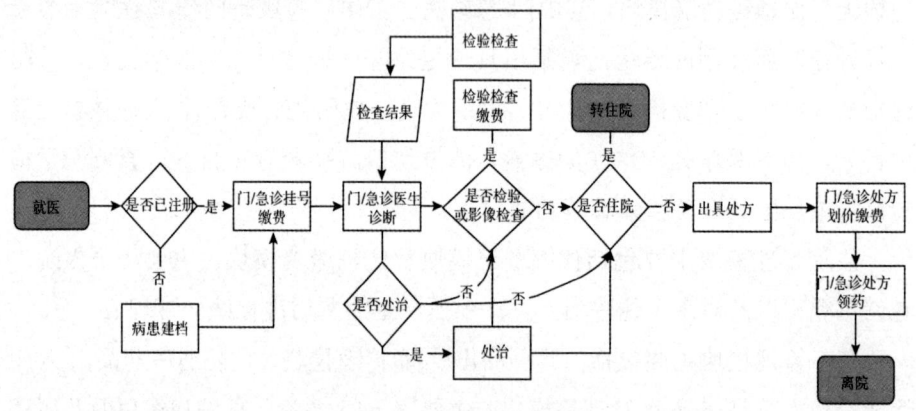

图 7-2　门/急诊就诊流程

（1）门/急诊挂号缴费：患者入院到门/急诊就医时，首先判断是否已在该院建档，若没有建档则需建档后进行挂号缴费，否则直接进行挂号缴费即可。

（2）门/急诊医生诊断：依据患者所挂科室医生的就医号，患者进入治疗室进行诊治。

（3）医学检验/影像检查判断：在医生问诊后确定是否需要对患者进行医学检验或医学影像检查，如需进行上述操作，则需医生出具相应的医学检验单或医学影像检查单到收费室缴纳相关费用后，再进行相应检验或检查，最终将检验或检查结果返回门/急诊医生处。

（4）处治判断：根据病情的需要，门/急诊医生依据检验或检查结果，判断是否需要进行处治。若不需要处治，则依据病情判断是否需要进一步进行检验或检查，判断是否需要住院治疗。

（5）住院判断：如患者因病情需要住院治疗的，即可转到该院的住院部进行住院治疗，并由住院医生出具临时医嘱和长期医嘱，而门诊医生则不再单独出具处方。

（6）出具处方：依据患者的病情，对不需要进行住院治疗的患者，由门/急诊医生直接依据病情出具相应处方。

（7）门/急诊处方划价缴费：患者根据医生所出具的处方前往收费处对处方进行划价操作，并依据划价的结果进行缴费。

（8）门/急诊领药：门/急诊缴费完成后，到门/急诊药房领药。

（9）离院：完成上述所有操作后离院。

（二）住院就诊流程

住院就诊流程是指患者在医院接受住院治疗时所需要经历的一系列活动，包括患者入院登记、患者入院收费、医生出具医嘱、护士执行医嘱、医嘱记账、离院结算等活动。医院最基本的住院流程如图7-3所示，图中阴影部分为流程的开始和结束事件。

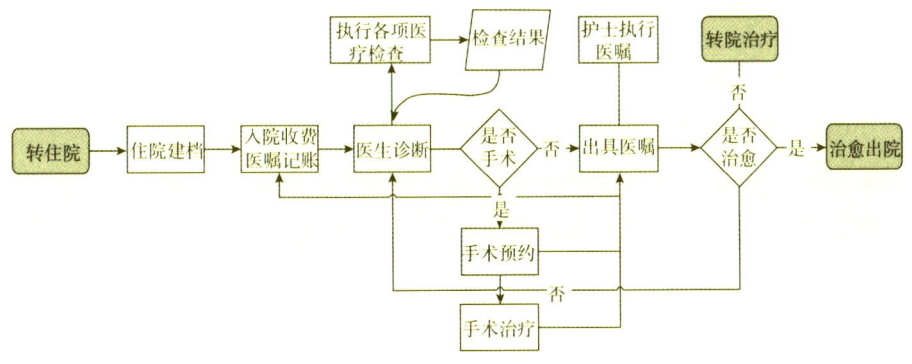

图7-3 住院就诊流程

（1）转住院：是指患者在门/急诊的就医过程中，经过门诊医生的诊断后，依病情需要住院治疗的患者，其中也包括从其他医疗单位转入的患者和自行选择到该院进行住院治疗的患者。

（2）住院建档：是指患者在办理住院手续时，需先进行住院患者电子档案登记工作，根据住院建档时创建的住院号，对患者在住院治疗期间所执行的所有治疗项目和所产生的治疗费用进行数字化管理。

（3）入院收费：入院收费是指在为住院患者办理住院手续时，收取住院押金。

（4）医生诊断：为病房收治的患者分配住院主管医生和病床，由主管医生对患者进行诊断。

（5）住院检查：根据住院患者的病情，住院主管医生出具临时医嘱，对患者有针对性地开展检验和检查，并依据检验或检查报告进一步判断和研究病情。

（6）医生出具医嘱：医生根据患者的病情出具临时医嘱（即住院主管医生对患者的临时安排，一般仅需要执行一次的医嘱）和长期医嘱（住院主管医生在患者住院期间出具的需要重复执行的一系列治疗安排）。

（7）护士执行医嘱：护士执行住院主管医生所出具的临时医嘱和长期医嘱。

（8）手术判断：依据住院患者的病情，住院主管医生判断是否需要进行手术治疗。若需要进行手术治疗，则在患者及家属确认的前提下，进行手术预约并进行术前准备。依据病人的病情出具临时医嘱和长期医嘱。

（9）医嘱记账：所有由住院主管医生出具并通过护士执行之后的医嘱，需要进行医嘱记账以便最后出院结算。

（10）离院结算：根据患者的病情判断患者是否治愈，若治愈则在治疗完成之后，医生出具出院医嘱，待办理出院结算后离院。若未治愈则继续治疗或依据患者的个人意愿要求转院治疗的，待办理完出院结算后离院。

（三）医学影像就诊流程

医学影像就诊流程是指患者在医院接受治疗期间，依据医学影像检查通知单进行医学影像检查时所经历的一系列活动，包括患者信息登记、患者检查科室分配、采集医学影像图像、医学影像图像调阅检查、医学影像报告编辑等活动。医院最基本的医学影像就诊流程如图7-4所示,图中阴影部分为流程的开始和结束事件。

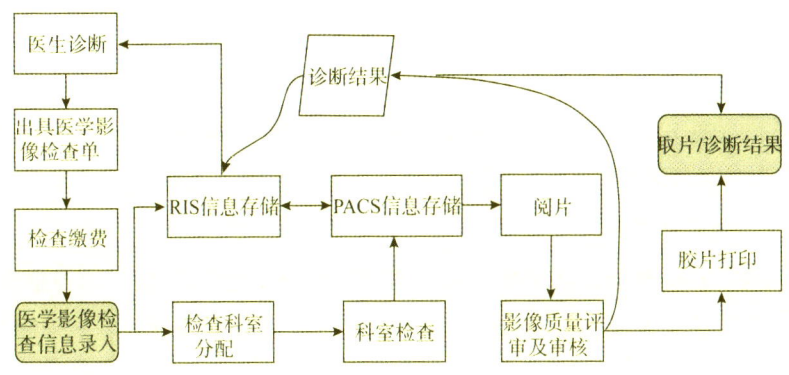

图 7-4 医学影像就诊流程

（1）医学影像检查信息录入：是指医生经过初步诊断，在医院管理信息系统（HMIS）中出具医学影像检查通知单之后，影像科登记工作站依据HMIS中的通知单，确认患者基本信息及检查申请信息，并自动录入相关信息。

（2）检查科室分配：在患者基本信息及检查申请信息自动录入之后，对患者进行分诊登记、复诊登记、分诊安排、申请单扫描打印等工作。

（3）科室检查及影像获取：在信息录入及科室分配完成之后，对待检测人员的信息通过医疗影像设备操作台输入，也可通过影像科登记工作站提取登记信息。采集工作站可在检查完成后自动或手动将影像传送至医学影像存储与传输系统（Picture Archiving and Comuniations Systems，PACS）的主服务器中存储。

（4）阅片：患者在检查室完成影像检查后，影像科医生可通过与PACS主服务器连接的网络阅片系统进行影像调阅和影像处理。影像科医生一般可以对所拍摄的医学影像图像，进行一些长度、角度、面积测量的相关处理工作。此外，目前主流的PACS中都会提供诸如缩放、移动、旋转、反相、滤波、锐化等图像处理功能。

（5）胶片打印：在对影像图像阅片之后，将数字图像制作为胶片，并在打印输出后交付患者。

(6) 影像质量评审及审核：患者完成影像检查、阅片后，由该科室业务水平较高的医生对影像质量进行评审。在完成影像质量分析及质量评审之后，影像科医生可对医学影像诊断报告进行编辑，并依据其所拥有的操作权限，分别进行初诊报告、报告审核等工作。

(7) 诊断结果输出：审核完成后的报告由医生签字后提交，并将电子版医学影像诊断报告上传至放射学信息管理系统（Radiology Information System，RIS）的主服务器存储备份。提交完成后的报告不得再次修改，但可以以只读方式进行调阅和参考。

同时，提交的报告还可使用打印机输出后交付患者。此外，门/急诊医生或住院医生也可利用医院管理信息系统调阅该患者的检查结果及医学影像。

（四）医学检验就诊流程

医学检验就诊流程是指患者在医院接受治疗时，依据医生出具的医学检验通知单进行医学检验时经历的一系列活动，包括患者信息登记、患者样本采集、医学检验报告编辑、医学检验报告审核等活动如图 7-5 所示，图中阴影部分为流程的开始和结束事件。

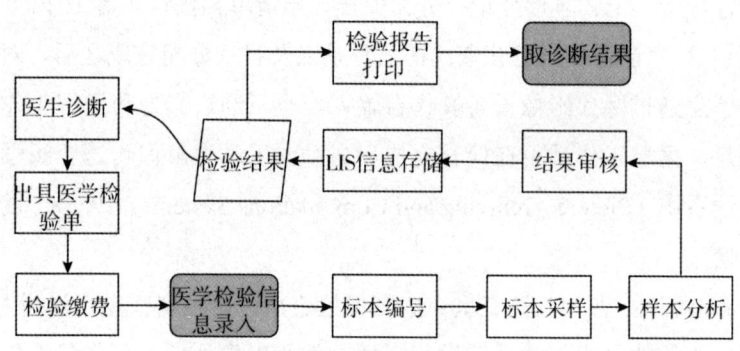

图 7-5　医学检验就诊流程

(1) 医学检验信息录入：是指医生经过初步诊断，在医院管理信息系统中出具医学检验通知单之后，检验科登记工作站依据 HMIS 中的通知单，确认患者基本信息及检查申请信息，并自动录入信息。

(2) 标本编号：在患者基本信息及检查申请信息自动录入之后，对患者需检验的样本进行自动编号,产生样本编号条形码,便于后期对样本采集、样本结果数据的统计、分析和确认等任务的科学管理。

(3)样本采样:在完成样本编号之后,由检验师对患者进行样本采样(如指尖取血采样、静脉取血采样、支原体/衣原体采样等)工作。

(4)样本分析:患者在采样完成后,检验科医生利用实验室信息系统(Laboratory Information System,LIS)对样本进行采集、处理、传输、存储、分析等一系列操作,并完成检验数据的自动采集和录入,检验数据处理等工作。

(5)检验结果审核:在完成样本采样和样本分析后,检验科医生对医学检验报告进行编辑操作,并由主任检验师对检验结果进行审核。

(6)检验结果存储:对审核完成后的检验报告由检验师签字后提交存储,并将电子版医学检验诊断报告上传至LIS主服务器存储备份。提交完成后的报告不得再次修改,但可以只读方式进行调阅和参考。

(7)检验结果输出:已提交的报告可使用打印机打印后交付患者。同时,门/急诊医生或住院病房医生也可利用医院管理信息系统调阅该患者的检验结果。

5.药品信息管理流程

药品信息管理流程(以住院药房为例)是指患者在住院治疗期间,住院护士执行医嘱时与药品信息管理有关的一系列活动,包括住院病区领药、住院病区发药、住院病房发药、医嘱执行等活动。如图7-6所示,图中阴影部分为流程的开始和结束事件。

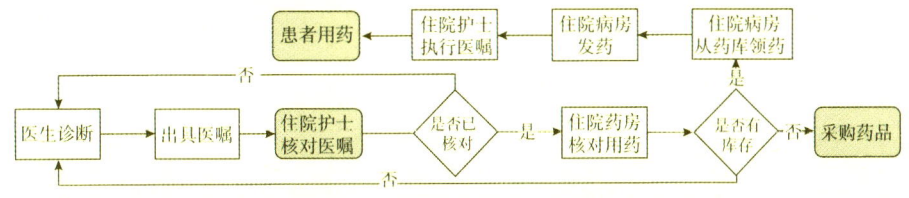

图7-6 药品信息管理流程图

(1)住院护士核对医嘱:在住院医生出具医嘱之后,由住院护士利用"住院护理站"对医嘱信息进行核对。若核对成功,则会将医嘱中的用药信息发送至住院药房。若核对失败,则由住院护士利用"住院护理站"将该医嘱退回。

(2)住院药房核对用药:住院药房依据住院护士发送的医嘱信息,确认库存的药品是否能够满足医嘱所需药品的用量。如果不能满足,则通知药库对该药品进行采购或将库存不足的信息发送给"住院医师站"，通知住院医生能否更换患者用药。

（3）住院药房从药库中领药：若库存满足患者所需药品用量，则住院药房从药库中领药。

（4）住院病房发药：待住院药房从医院药库领完所有病区的所需药品后，向各病区护理人员发放药品。住院护士根据医嘱信息，从住院药房中取回医嘱用药的操作。

（5）住院护士执行医嘱：住院护士执行住院医生出具的临时和长期医嘱。

（6）患者用药：患者完成用药操作。

第八章 医疗服务信息化的技术保障

第一节 信息技术与数据库系统

信息是事物运动的状态与方式,信息经过人类的开发与组织构成了信息资源,与物质和能量一起成为人类社会的三大基本资源之一。信息资源管理是对信息资源实施计划、预算、组织、指挥、控制、协调等活动,其范围涉及数据处理、电子通信、记录管理、信息服务等。信息系统使全社会的信息管理、信息检索、信息分析达到了新的水平。学习信息的相关知识,对信息时代的每一个成员而言十分必要。

一、现代信息技术

现代信息技术的核心是计算机技术和网络通信技术。作为信息处理设备的电子计算机,无论在信息存储方面,还是在信息处理速度方面,都有了长足的发展,为计算机广泛应用于信息处理提供了条件。

(一)信息及其载体

信息是人类对现实世界事物存在方式或运动状态的某种认识,人类通过接受信息来认识事物。数据是信息的载体,是描述客观事物的数、字符及所有能输入计算机中被计算机程序识别和处理的符号的集合。例如,数值、文字、图形、声音、图像和动画等都是不同形式的数据。只有经过解析,数据才有意义,才能成为信息。例如,当测量一个患者的体温时,假定患者的体温是 39 ℃，说明这个患者正在发烧，这是通过测量体温获得的信息，而 39 ℃ 则以一种数值数据的形式记录在病历上。

（二）信息处理技术

信息处理是指对获得的信息进行加工、存储、传输和应用。

现阶段的信息处理技术呈现两种发展趋势：一种是面向大规模、多介质的信息，使计算机系统具备处理更大范围信息的能力；另一种是与人工智能进一步结合，使计算机系统更加智能化地处理信息。以互联网应用为主要背景的生物医学信息的智能化处理，主要包括大规模的文本处理、图像信息检索与处理、基于 Web 的数据挖掘等。

（三）信息技术的分类

信息技术是指用来扩展人类信息器官的功能，协助人们进行信息处理的一类技术。人类的信息器官主要有感觉、神经、思维、效应器官，基本的信息技术也可以据此分为以下四种：

（1）扩展感觉器官功能的感测与识别技术。该技术包括传感技术和测量技术，可将人类的感觉延伸到人类力所不及的微观世界和宏观世界，以便从中获取信息。

（2）扩展神经器官功能的通信与存储技术。该技术包括信息的空间传递和时间传递技术。

（3）扩展思维器官功能的计算与处理技术。该技术包括计算机硬件和软件技术、人工智能、专家系统和人工神经网络技术等，可以更好地处理和再生信息。

（4）扩展效应器官功能的控制与显示技术。该技术包括一般的伺服调节技术和自动控制技术，可以更好地应用信息，使之发挥更大的作用。

现代通信技术主要包括数字通信、卫星通信、微波通信、光纤通信等。通信技术的迅速发展，大大加快了多种信息媒体（如数字文本、图形图像、声音、视频等）的传输速度，使社会生活发生了极其深刻的变化。

（四）信息系统

信息系统是一类以提供信息服务为主要目的的数据密集型、人机交互的计算机应用系统。随着信息化的发展，信息系统已经深入人们生活的各个方面。例如，可以网上购物的电子商务系统、运送货物的物流管理系统、无纸化办公的电子政务系统、图书馆的图书管理系统、医院的医院信息系统都是常见的信息系统。

1. 信息系统的基本功能

信息系统的五个基本功能为输入、存储、处理、输出和控制。

（1）输入功能：信息系统的输入功能决定于系统所要达到的目的及系统的能力和信息环境的许可。

（2）存储功能：存储功能指的是系统存储各种信息资料和数据的能力。

（3）处理功能：主要基于数据仓库技术的联机分析处理（OLAP）和时分复用技术（DM）。

（4）输出功能：信息系统的各种功能都是为了保证最终实现最佳的输出功能。

（5）控制功能：对构成系统的各种信息处理设备进行控制和管理，对整个信息加工、处理、传输、输出等环节通过各种程序进行控制。

2. 信息系统的主要技术特点

（1）信息系统涉及的数据量大，数据一般需存放在辅助存储器（外存储器）中。内存储器设置缓冲区，只暂存当前要处理的一小部分数据。

（2）信息系统的绝大部分数据是持久的，即不会随程序运行的结束而消失，能长期保留在计算机系统中。

（3）信息系统中这些持久的数据为多个应用程序所共享，甚至在一个单位或更大范围内共享。

（4）信息系统除具有数据采集、传输、存储和管理等基本功能外，还可向用户提供信息检索、统计报表、事务处理、分析、控制、预测、决策、报警、提示等信息服务。

3. 信息系统的分类

从信息系统的发展和系统特点来看，可分为数据处理系统、管理信息系统、决策支持系统、专家系统和办公自动化与虚拟办公室五种类型。

（1）数据处理系统。一般的数据处理系统（data processing system，DPS）主要完成数据的收集、输入，数据库的管理、查询、基本运算、日常报表的输出等操作。从管理层次的角度看，DPS 是处于企业组织管理层次中最底层的、最基础的信息系统，是支持企业作业层日常操作的系统。对一个生产企业而言，其作业层主要包括生产、销售、采购、库存、运输、财务、人事等日常事务，相应的 DPS 可称为生产信息子系统、销售信息子系统、采购信息子系统、库存信息子系统、运输信息子系统、财务信息子系统和人事信息子系统。

（2）管理信息系统（management information system，MIS）。管理信息系统的主要任务是最大限度地利用现代计算机及网络通信技术加强企业信息管理，通过对企业拥有的人力、物力、财力、设备、技术等资源的调查了解，建立正确的数据，加工处理并编制成各种信息资料及时提供给管理人员，以便进行正确的决策，不断提高企业的管理水平和经济效益。MIS 的最终目的是使管理人员及时了解公司现状，把握将来的发展路径。

（3）决策支持系统（decision support system，DSS）。决策支持系统是辅助决策者通过数据、模型和知识，以人机交互方式进行半结构化或非结构化决策的计算机应用系统。它是 MIS 向更高一级发展而产生的先进信息管理系统，为决策者提供分析问题、建立模型、模拟决策过程和方案的环境，可调用各种信息资源和分析工具，帮助决策者提高决策水平和质量。

（4）专家系统（expert system，ES）。专家系统是一个智能计算机程序系统，属于人工智能的一个发展分支，其内部含有大量的某个领域专家水平的知识与经验，能够利用人类专家的知识和解决问题的方法来处理该领域问题。它应用人工智能技术和计算机技术，根据某领域一个或多个专家提供的知识和经验进行推理和判断，模拟人类专家的决策过程，以便解决那些需要人类专家处理的复杂问题，广泛运用于医疗、军事、地质勘探、教学、化工等领域，产生了巨大的经济效益和社会效益。现在，专家系统已成为人工智能领域中最活跃、最受重视的系统。

（5）办公自动化与虚拟办公室。办公自动化（office automation，OA）与虚拟办公室是指办公人员利用现代科学技术的最新成果，借助先进的办公设备，实现办公活动科学化、自动化，其目的是通过实现办公处理业务的自动化，最大限度地提高办公效率，改进办公质量，改善办公环境，辅助决策，减少或避免各种差错和弊端，缩短办公处理周期，并用科学的管理方法提高管理和决策的科学化水平。在信息技术的支持下，OA 呈现出小型化、集成化、网络化、智能化及多媒体化五大趋势。

二、数据库系统

数据是信息的载体，在信息系统中，数据需要经过组织和管理才能发挥它的作用，而管理数据的有效利器就是数据库和与它相关的数据库管理系统。数据库系统是指具有管理和控制数据库功能的计算机应用系统，是为适应数据处理的需要而发展起来的一种较为理想的数据处理系统，也是一个实际可运行的存储、维护数据和为应用系统提供数据的软件系统，是存储介质、处理对象和管理系统的集合体。

（一）数据库系统的一般组成

除了用户应用程序之外，数据库系统一般由计算机支持系统、数据库、数据库管理系统和有关人员组成。

（1）计算机支持系统。计算机支持系统是指用于数据库管理的硬件和软件支持系统。硬件支持环境主要指计算机硬件设备。软件支持系统除了数据库管理系统（DBMS）之外，还包括操作系统、应用系统开发工具、各种宿主语言等。

（2）数据库。数据库即物理数据库，是指按一定的数据模型组织，长期存放在外存储器上的一组可共享的相关数据的集合。数据库中除了存储用户直接使用的数据外，还存储另一类"元数据"，它们是有关数据库的定义信息，如数据类型、模式结构、使用权限等。这些数据的集合称为数据字典，它是数据库管理系统工作的依据，数据库管理系统通过数据字典对数据库的数据进行管理和维护。

（3）数据库管理系统。数据库管理系统是对数据进行管理的软件系统，是数据库系统的核心软件。数据库系统的一切操作，包括按数据模型来创建数据库的对象、应用程序对这些对象的操作（检索、插入、修改和删除等），以及数据管理和控制等，都是通过 DBMS 进行的。

（4）有关人员。在设计、开发和维护数据库的过程中，有大量的有关人员参与其中。主要人员有四类：数据库管理员、系统分析设计员、系统程序员和用户。

（二）数据库管理系统

数据库有很多种类型，从最简单的存储各种数据的表格到能够进行海量数据存储的大型数据库系统都在各个方面得到了广泛地应用。目前常用的数据库有以下几种：

（1）Oracle。Oracle（甲骨文）是仅次于微软公司的世界第二大软件公司。Oracle Database（简称 Oracle）是甲骨文公司的一款关系数据库管理系统，在数据库市场上占有主要份额。

（2）SQL Server。SQL Server 是由微软公司开发和推广的关系数据库管理系统。

（3）DB2。DB2 是 IBM 公司研制的一种关系型数据库系统。DB2 主要应用于大型应用系统，具有较好的可伸缩性，可支持从大型机到单用户环境，应用于 OS/2、Windows 等平台。

（4）Sybase。Sybase 是美国 Sybase 公司研制的一种关系型数据库系统，是一种典型的 UNIX 或 Windows NT 平台上客户机/服务器环境下的大型数据库系统。

（5）MySQL。MySQL 是一个小型关系型数据库管理系统，开发者为瑞典 MySQLAB 公司，现被 Oracle 收购。对一般的个人使用者和中小型企业来说，MySQL 提供的功能绰绰有余，而且由于 MySQL 是开放源代码软件，可以大大降低总体使用成本。

第二节 数字媒体技术与数据存储技术

数字媒体和数据存储的发展使得计算机所处理的信息可以广泛采用数值、图像、图形、视频、音频等形式，使人类的思维表达有了更广泛的方式，而不仅局限于文本的、线性的、单调的、狭小的范围。

一、数字媒体技术

数字媒体技术是通过现代计算机和通信手段，综合处理文本数据、图形图像、声音视频等信息，使抽象的信息变成可感知、可管理、可交互的一种技术，主要研究与数字媒体信息的获取、处理、存储、传播、管理、安全、输出等相关的理论、方法、技术与系统。数字媒体技术是包括计算机技术、通信技术和信息处理技术等各类信息技术的综合应用技术，其所涉及的关键技术及内容主要包括数字信息的获取与输出技术、数字信息存储技术、数字信息处理技术、数字传播技术、数字信息管理与安全等。

（一）数字媒体技术的分类

（1）文本与文本处理。文本是基于特定字符集的、具有上下文相关性的一个字符流，每个字符均使用二进制编码表示。文本是计算机中最常见的一种数字媒体，其在计算机中的处理过程包括文本准备（如汉字输入）、文本编辑、文本处理、文本存储与传输、文本展现等。根据应用场合的不同，各个处理环节的内容和要求可能有很大的差别。

（2）图像与图形。计算机中的数字图像按其生成方法可以分成：①图像。图像是从现实世界中通过扫描仪、数码相机等设备获取的图像，也称为取样图像、点阵图像或位图图像。②图形。图形是使用计算机制作或合成的图像，也称为矢量图形。使用计算机对数字图像进行去噪、增强、复原、分割、提取特征、压缩、存储、检索等操作，称为数字图像处理。

（3）数字音频。声音是传递信息的一种重要媒体，也是计算机信息处理的主要对象之一，它在多媒体技术中起着重要的作用。计算机处理、存储和传输声音的前提是将声音信息数字化。数字音频是一种连续媒体，数据量大，对存储和传输的要求比较高。

（4）数字视频。视频是指内容随时间变化的一个图像序列，也称为活动图像或运动图像。常见的视频有电视和计算机动画。电视能传输和再现真实世界的图像与声音，是当代最有影响力的信息传播工具。计算机动画是计算机制作的图像序列，是一种计算机合成的视频。与传统的模拟视频相比，数字视频具有很多优点，如复制和传输时不会造成质量下降，容易进行编辑修改，有利于传输（抗干扰能力强、易于加密），可节省频率资源等。

（二）数字媒体技术在医学领域的应用

目前，数字媒体技术广泛应用在以下医学领域：

（1）医学影像。医学影像通过 X 线图像、核磁共振图像、超声图像等方式，获取人体内部组织影像，并利用多媒体图像处理技术对图像进行图像恢复、图像增强、边缘检测、图像分割、图像测量、图像压缩、图像匹配与融合、三维成像等处理，在医学诊断、外科手术、放射性治疗计划设计等方面具有非常重大的意义。目前国内众多医院已完成医院信息化管理，其影像设备逐渐更新为数字化，并配置了 PACS，实现了无胶片放射科和医院数字化。

（2）虚拟解剖台。虚拟解剖台是多媒体技术在医学上的另一重要应用。虚拟解剖台能模拟出一个完整的人体内部三维图像，它的数据来源于磁共振成像和 CT 成像数据，通过机器处理可将这些数据从二维的平面图转变成真实感极强的三维图形，将人体内部的所有细枝末节毫无保留地展示出来。医生可以用手代替解剖刀具，根据需要"解剖"骨骼、肌肉等，通过手指在屏幕上选择图像切面、旋转、缩放，一幅幅形态不同的人体扫描图直接呈现在解剖台上，无须破坏实物医生便可直观便捷地审视患者身体内部。实时的三维影像可以辅助医生尽快作出医疗判断，显著地提高工作效率。

除此之外，数字媒体技术还广泛应用于医学三维模拟仿真人、虚拟手术、病理数字切片库等医学领域。

二、数据存储技术

随着数字媒体技术、大型数据库、网络、电子商务等迅猛发展，数据持续时间的增加、数据的多样性、地理的分散性、数据信息的安全性等都对数据存储管理提出了更高的要求。医院信息系统在医院运作的过程中不断地收集和存储数据，这些数据类型复杂多样，数据量巨大。如何存储海量的不断增长的数据是目前的研究热点。

（一）数据存储介质

（1）磁存储介质。磁存储介质包括软盘、硬盘和磁带等，是最常见的存储介质。硬盘是计算机上最主要的存储设备，具有体积小、容量大、速度快、使用方便等优点。

（2）光存储介质。以 CD、DVD 光盘为代表的光存储介质具有存储密度高、存储寿命长、非接触式读写和擦除、信息的信噪比高、信息位的价格低等一系列优点，特别适用于大量信息的存储和交换。

（3）半导体存储介质。半导体存储介质是以半导体电路作为存储媒体的存储器，具有体积小、存储速度快、存储密度高、与逻辑电路接口容易等优点。例如，内存储器就是由称为存储器芯片的半导体集成电路组成的。闪存由于其便携性，成为近几年发展最快的半导体存储产品，其存储容量从最初的 MB 级已经发展到 GB 级，按种类可分为 U 盘、SD 卡、TF 卡等。

（二）海量数据存储技术

从存储服务的发展趋势来看，一方面，是对数据存储量的需求越来越大；另一方面，是对数据的有效管理提出了更高的要求。数据从 GB、TB 到 PB 量级急速增长，对海量数据的存储技术提出了更高的要求。

（1）磁带库。磁带库是基于磁带的备份系统，存储容量达到 PB（1 PB～

10^6 GB）级，可实现连续备份、自动搜索磁带等功能，并可在管理软件的支持下实现智能恢复、实时监控和统计，是集中式网络数据备份的主要设备。

（2）磁盘阵列。磁盘阵列（redundant array of inexpensive disks，RAID）把多块独立的硬盘（物理硬盘）按不同的方式组合起来形成一个硬盘组（逻辑硬盘），从而提供比单个硬盘更高的存储性能和数据备份技术。对磁盘阵列的操作与单个硬盘一样。不同的是，磁盘阵列的存储速度要比单个硬盘高很多，而且可以提供自动数据备份。

（3）网络存储。通过网络连接各存储设备，实现存储设备之间、存储设备和服务器之间的数据在网络上的高性能传输，其存储容量可达 TB 级，用户可以通过浏览器进行访问和管理，是最具有发展潜力的存储技术方案。

（三）医疗卫生信息数据的存储管理

医疗卫生信息的数据量正在急剧增长，特别是 PACS 影像、B 超、病理分析等业务所产生的非结构化数据。医院每天产生的数据可以达到 GB 级，年数据增量可达数十 TB 级。而患者的各种数据是现在及未来医院为患者服务的基础，统一访问、共享和管理数据可以转化为有利的竞争优势。数据的集中管理与备份已成为 HIS 和 PACS 的重要环节，保护数据并加以合理地利用已成为医院发展的关键因素之一。

目前比较流行的解决方案是采用数据分级存储，将数据存放在不同级别的存储设备（磁盘、磁盘阵列、光盘库、磁带库）中，通过分级存储管理软件实现数据在存储设备之间的自动迁移。数据迁移的规则是可以人为控制的，通常是根据数据的访问频率、保留时间、容量、性能要求等因素确定的最佳存储策略。在分级数据存储结构中，磁带库等成本较低的存储资源用来存放访问频率较低的信息，而磁盘或磁盘阵列等成本高、速度快的设备，用来存储经常访问的重要信息。例如，对于医院历史数据，可进行三级管理机制：第一级当前数据库，可存储最近三个月的门诊业务数据和最近三个月内出院的住院业务数据；第二级在线历史数据库，可存储最近三年的门诊业务数据和最近三年内出院的住院业务数据；第三级离线历史数据库，可存储三年以前的门诊业务数据和三年前出院的住院业务数据。三级数据可根据业务需要在各级之间按一定规则进行数据流转。

第三节 二维条形码与RFID技术

为了提高计算机识别效率,增强其灵活性和准确性,使工作人员摆脱繁杂的统计识别工作,二维条形码与 RFID 技术已成为医疗行业信息化的热点。

一、二维条形码技术

(一)条形码及其识别系统

条形码因条形组成规则不同而形成多种码制,可以标出物品的生产国、制造厂家、商品名称、生产日期等多种信息,因此在许多领域都得到广泛的应用。

1. 条形码的定义与种类

条形码(barcode)是一种可供电子仪器自动识别的标准符号,是由一组黑白相间、粗细不同的线(条)、空符号按一定编码规则排列组成的标记,用以表示一定的信息。

条形码的种类有几百种之多,根据不同的分类规则,条形码可分为不同的类型。按照码制分类,条形码可分为 UPC 码、EAN 码、交叉 25 码、39 码、93 码、库德巴码、ISBT 128 码(血液信息编码)等;按照维数进行分类,条形码可分为一维条形码、二维条形码和多维条形码等。

2. 条形码识别系统的组成及其工作原理

条形码符号是图形化的编码符号,对条形码符号的识读需要借助一定的专用设备,将条形码符号中含有的编码信息转换成计算机可识别的数字信息。条形码识读系统一般由扫描系统、信号整形、译码三部分组成。扫描系统由光学系统及探测器组成,信号整形部分由信号放大、滤波、波形整形组成,译码部分由译码器组成。

条形码识别系统的工作原理:要将按照一定规则编译出来的条形码转换

成有意义的信息,需要经历扫描和译码两个过程。物体的颜色是由其反射光的类型决定的,白色物体能反射各种波长的可见光,黑色物体则吸收各种波长的可见光,所以当条形码扫描器光源发出的光在条形码上反射后,反射光照射到条形码扫描器内部的光电转换器上,光电转换器根据强弱不同的反射光信号,转换成相应的电信号。根据原理的差异,扫描器可以分为光笔、电荷耦合器件、激光扫描器三种。电信号输出到条形码扫描器的放大电路,将信号增强后,再送到整形电路将模拟信号转换成数字信号。白条、黑条的宽度不同,相应的电信号持续时间的长短也不同。译码器通过测量脉冲数字电信号0、1的数目来判别黑条和白条的数目,通过测量0、1信号持续的时间来判别黑条和白条的宽度。此时所得到的数据仍然是杂乱无章的,要知道条形码所包含的信息,还需根据对应的编码规则(如 ISBT 128 码),将条形符号换成相应的数字、字符信息。最后,由计算机系统进行数据处理与管理。

(二)二维条形码及其应用

1. 二维条形码的定义

在水平和垂直方向的二维空间存储信息的条形码,称为二维条形码(2-dimensional bar code),简称二维码。二维码采用某种特定的几何图形按一定规律在平面分布的黑白相间的图形上记录数据符号信息,在代码编制上巧妙地利用构成计算机内部逻辑基础的0、1比特流的概念,使用若干个与二进制相对应的几何形体来表示文字数值信息,通过图像输入设备或光电扫描设备自动识读,以实现信息自动处理。二维码是一种高密度、高信息含量的数据文件,是实现证件、卡片及表单等大容量、高可靠性信息自动存储、便携并可用机器自动识读的理想手段。它与一维条形码技术具有一些共性:每种码制有其特定的字符集,每个字符占有一定的宽度,具有一定的校验功能等。同时,二维码还具有不同于一维条形码的特点,如信息含量比一维条形码高,编码范围广,保密、防伪性能好,译码可靠性高,纠错能力强,容易制作且成本低等。

2. 二维条形码的分类

根据二维码的实现原理及其结构形状的差异，二维码可分为堆积式（层叠式）二维码和矩阵式（棋盘式）二维码两大类。

堆积式二维码的编码原理建立在一维条形码基础之上，按需要堆积成两行或多行。它在编码设计、校验原理、识读方式等方面继承了一维条形码的特点，识读设备与条形码印刷与一维条形码技术兼容。但由于行数的增加，行的鉴定、译码算法与软件和一维条形码不完全相同。有代表性的堆积式二维码有 PDF 417、CODE 16K 等。

矩阵式二维码是在矩阵相应元素位置上，用点的出现表示二进制 1，点的不出现表示二进制 0，点的排列组合确定矩阵码所代表的意义。矩阵式二维码是建立在计算机图像处理技术、组合编码原理等基础上的一种新型图形符号自动识读处理技术，具有代表性的矩阵码如 QR Code、DATA Matrix 等。

3. 二维条形码技术的应用领域

条形码技术广泛应用于交通运输业、商业贸易、生产制造业、医疗卫生、仓储业、银行、邮电系统、公共安全、海关、国防、政府管理、图书馆、办公室自动化等各个领域。随着二维条形码技术的兴起，条形码技术迎来了更加广阔的发展空间。

条形码在医院中主要用于：①物资管理。条形码技术是控制合理库存数量，避免物资短缺或积压浪费的有效工具。据美国心脏协会（AHA）调查，医院物资管理部门使用条形码技术频率最高。②临床化验室及血库。条形码自动识别系统简化了化验工作程序并可有效避免差错事故，同时在血库工作中可以有效地监控与防止配血事故和交叉感染发生。③患者收费系统。条形码技术降低了患者漏费率，提高了患者收费系统的工作效率。④病案管理。⑤其他应用。条形码技术还应用于医院后勤管理、会计事务、图书管理、教学管理、人事管理、医院质量保证、护理工作、各临床及医技科室管理，以及洗衣房、患者膳食供应等工作。

条形码技术在医院的应用范围正逐年扩大，今后将以更快速度发展。

二、RFID 技术

RFID 技术又称无线射频识别技术，可通过无线电信号识别特定目标并读写相关数据，而无需识别系统与特定目标之间建立机械或光学接触。

（一）RFID 技术认知

RFID 技术是 20 世纪 90 年代兴起的一种非接触式自动识别技术。它利用射频方式进行非接触双向通信，以达到自动识别目标对象并获取相关数据的目的。

RFID 技术可根据不同的分类标准而分成不同的类型。根据采用的频率不同，可分为低频系统和高频系统两大类；根据电子标签内是否装有电池为其供电，RFID 技术可分为有源系统和无源系统两大类；根据电子标签内保存信息的注入方式，RFID 技术可分为集成电路固化式、现场有线改写式和现场无线改写式三大类；根据读取电子标签数据的技术实现手段的不同，RFID 技术可分为广播发射式、倍频式和反射调制式三大类。

与传统条形码识别技术相比，RFID 技术具有快速扫描、体积小型化、形状多样化、抗污染能力强、可重复使用、穿透性和无屏障阅读、数据的记忆容量大、安全性高等特点。RFID 技术的电子信息的数据内容可进行密码保护，不易被伪造或变造。

（二）RFID 系统的组成设备

RFID 系统由电子标签（Tag）、阅读器（Reader）和数据交换与管理系统（Processor）三部分组成。

RFID 电子标签由耦合元件及芯片组成，其中包含加密逻辑卡、串行 EEPROM（电可擦除可编程只读存储器）、CPU、射频收发器及相关电路。

RFID 阅读器为读取（有时还可以写入）标签信息的设备，可设计为手持式或定式，主要由无线收发模块、天线、控制模块及接口电路等组成。

数据交换与管理系统主要完成数据信息存储及管理、对卡进行读写控制等。

（三）RFID系统的工作原理

阅读器将要发送的信息，经编码后加载在某一频率的载波信号上经天线向外发送，进入阅读器工作区域的电子标签接收此脉冲信号，卡内芯片中的有关电路对此信号进行调制、解码、解密，然后对命令请求、密码、权限等进行判断（在RFID系统中，阅读器必须在可阅读的距离范围内产生一个合适的能量场以激励电子标签）。若为读命令，控制逻辑电路则从存储器中读取有关信息，经加密、编码、解密后送至中央信息系统进行有关数据处理；若为修改信息的写命令，有关控制逻辑引起的内部电荷泵提升工作电压，提供擦写功能，对带电可擦可编程只读存储器（EEPROM）中的内容进行改写，若经判断其对应的密码和权限不符，则返回出错信息。

（四）RFID技术的应用领域

RFID技术在国内外发展迅速，特别是在国外的应用已呈多元化趋势。根据RFID技术的不同特性，RFID技术应用可分为近距离检测、远距离检测、可读可写型标签，以及通用性方面等应用。近距离检测的应用主要是财产管理、零售业、社会安全、注册、自动生产线和生产过程管理、赝品鉴别、动物识别、物流管理等；远距离检测的应用主要是财产管理、零售业中的库存管理、社会安全方面的敏感物资管理和敏感人员管理、快速空间定位应用、缺席检测应用、仓库与运输过程管理等；可读可写型标签的应用主要是财产管理、零售业中的运输和仓库管理、社会安全方面的敏感物资控制和敏感人员控制、防伪鉴别中的钱币以及药品和食品业的完全可跟踪性；通用性方面的应用有敏感物质控制、敏感人员控制等。

RFID技术在医院的应用主要集中在医院血液管理、供应室RFID管理、母婴RFID管理、医院移动资产RFID管理、病床消毒RFID管理、传染病特殊病区RFID管理、医疗垃圾RFID管理等多个方面。

第四节 云计算与物联网技术

计算机技术正在向人工智能、神经元网络计算机和生物芯片方向发展,其中云计算和物联网技术是高科技的产物,在医院信息化进程中起着十分重要的推进作用。

一、云计算

从2008年起,云计算概念逐渐流行起来,由于它使得超级计算能力通过互联网自由流通成为可能,故被视为"革命性的计算模型"。云计算是一种按使用量付费的模式,这种模式提供可用的、便捷的、按需的网络访问,进入可配置的计算资源共享池(资源包括网络、服务器、存储、应用软件、服务),只需投入很少的管理工作,或与服务供应商进行很少的交流,就可以快速提供这些资源。最简单的云计算技术在网络服务中已经随处可见,如云盘通过互联网为企业和个人提供信息的存储、读取、下载等服务。

(一)云计算的主要服务形式

云计算包括以下几个层次的服务:

(1)基础设施即服务。基础设施即服务(IaaS)通过网络向用户提供计算机、存储空间、网络连接、负载均衡和防火墙等基本计算资源,用户在此基础上部署和运行任意软件,包括操作系统和应用程序。用户无须购买、管理和维护云计算基础设施,而是根据实际使用的存储容量来付费。著名的IaaS平台有Amazon EC2、OPENStack、谷歌GCE、Eucalyptus,以及CloudSwitch等。

(2)平台即服务。平台即服务(PaaS)将操作系统、编程语言的开发环境、数据库、服务器、硬件资源等服务提供给用户,用户在其平台上可以定制开发自己所需要的应用程序和产品,并通过其服务器和互联网传递给其他用户。Google App Engine、Salesforce 的 force.com 平台是 PaaS 的代表产品。

（3）软件即服务。软件即服务（SaaS）是指服务提供商将应用软件统一部署在自己的服务器上，用户根据需求通过互联网向厂商订购应用软件服务，服务提供商根据用户所订软件的数量、时间的长短等因素收费。其优势是由服务提供商负责维护和管理软硬件设施，用户不再像传统模式那样花费大量资金在硬件、软件、维护人员上，只需要支出一定的租赁服务费用，即可通过计算机、手机、平板电脑等智能终端随时随地使用软件。苹果公司的 iCloud、谷歌公司的 Google Apps、微软公司的 Office 365 等都是 SaaS 的代表产品。

（二）云计算技术在医院信息化建设中的应用

在医院信息化建设中，医院一般使用不同的计算机、软件和外存储器来存储数据和图像，但医学影像资料的容量巨大，使得不同的医疗卫生机构如医生办公室、医院和专科门诊等在数据互通性上出现了严重的问题，而以云计算为基础的数据共享技术则很好地解决了这一难题。由于所有的资料都存储在互联网上，该项技术既可以使医疗卫生机构共享如患者化验结果和病史等简单资料，也可以让患者随时查找到他们的资料。

区域卫生信息网络（regional health information network，RHIN）是一个非常复杂的系统，系统处理的信息非常复杂，信息量也很大，要求信息共享具有高度集成性。为了更好地建立区域卫生信息化，云计算平台应运而生。这个平台由三个层次共同组成：第一个层次是服务管理，其最主要的任务是使计算机系统和区域网络系统能够在云平台上统一处理计费；第二个层次是区域应用，即把它变成一个虚拟的应用在平台上运转，而不是要在每一台计算机上应用；第三个层次是虚拟资源，虚拟资源就是要求把服务器、存储器、网络做成后台，能够把更多的资源提供给各种各样的人来用。因此，云计算可以分解成一些不同的应用，如公有云、私有云、社区云等。

二、物联网技术

物联网（the internet of things，IOT）是指通过各种信息传感器、射频识别技术、全球定位系统、红外感应器、激光扫描器等各种装置与技术，实时采集任何需要监控、连接、互动的物体或过程，采集其声、光、热、电、力学、化学、生物、位置等各种需要的信息，通过各类可能的网络接入，实现物与物、物与人的泛在连接，实现对物品和过程的智能化感知、识别和管理。物联网是一个基于互联网、传统电信网等的信息承载体，它让所有能够被独立寻址的普通物理对象形成互联互通的网络。物联网被称为继计算机、互联网之后的世界信息产业的第三次浪潮，具有广泛的应用需求和巨大的产业发展空间。

（一）物联网的层次划分

从技术架构上来看，物联网可分为三层，即感知层、网络层和应用层。感知层由各种传感器以及传感器网关构成，包括二氧化碳浓度传感器、温度传感器、湿度传感器、二维码标签、RFID 标签和读写器、摄像头、GPS 等感知终端。感知层的作用相当于人的眼耳鼻喉和皮肤等神经末梢，它是物联网识别物体、采集信息的基础。

网络层由各种私有网络、互联网、有线和无线通信网、网络管理系统和云计算平台等组成，相当于人的神经中枢和大脑，负责传递和处理感知层获取的信息。

应用层是物联网和用户（包括人、组织和其他系统）的接口，它与行业需求相结合，实现物联网的智能应用。

（二）物联网在医院信息化建设中的应用

目前，国内已有部分医院在信息化建设中使用物联网技术，在医院中使用物联网可以大大提高医院的运作效率，提升医疗质量和服务水平。

（1）移动医生/护士工作站。移动医生/护士工作站具有实时查询患者住院情况、医嘱、药品核对、体征采集、录入、诊疗数据提取、查对、医嘱下达、电子病历查看等功能。

（2）无线门诊输液系统。无线门诊输液系统由条形码、智能识别、无线网络组成。护士采用手持掌上电脑（PDA）标签确认患者身份，扫描输液软带上的标签以确认药品，大大减少了工作隐患。

（3）生命体征采集。在患者身上安装体征传感器，通过无线传感器网络，医生可以随时了解患者的体征变化。

（4）医疗设备管理。每台医疗设备贴上 RFID 标签，记录设备的使用、维修、测试等情况，跟踪设备的位置和去向。

第九章 "互联网+"模式下的医疗服务体系建设

第一节 "互联网+"医疗的内涵

一、"互联网+"医疗的界定

"互联网+"医疗是指以互联网为依托、以信息技术为手段，包括通信（移动）技术、云计算、物联网、大数据、可穿戴设备等，与传统医疗卫生服务深度融合而形成的一种新型医疗卫生服务业态的总称。"互联网+"医疗可在医疗服务、公共卫生、医疗保障、药物管理、个人健康、医学决策管理等医疗卫生各个领域，包括远程医学诊疗、线上医疗支付、在线疾病风险评估和健康信息咨询、网上就诊预约、检验报告查询、电子处方、药品配送、在线健康监测、慢病管理、康复指导、基因检测等多种医疗服务形式进行创新融合，以及通过创新云医院、网络医院等提供医疗健康相关服务。

由此可见，"互联网+"医疗代表着医疗服务领域新的发展方向，有利于解决我国医疗资源分配不均衡和人民日益增长的健康需求之间的矛盾；有利于居民及时、快速、方便地获得医疗健康服务；有利于建立基层首诊、双向转诊、急慢分治、上下联动的分级诊疗模式，引导优质的医疗资源向基层下沉，实现"小病在基层、大病到医院、康复回社区"的就医新格局。

"互联网+"医疗构建了医疗健康服务的新兴产业形态。它涉及广泛，涵盖信息技术、服务模式、政策体系、药品管理、商业投资等多个领域。"互联网＋"医疗通过改变医疗服务管理方式、便捷优化患者就医流程、缓解改善医患关系、节约和降低医疗成本，提高就医效率，为居民提供优质、便捷、高效的医学诊疗管理服务。这种新兴的医疗健康服务业态，以互联网为载体增强线上线下的互动，有利于提升政府和医院管理者的医学决策能力和管理水平。未来，"互联网＋"医疗将渗透到医疗健康服务和医疗健康产业的各个环节，商业模式也将百花齐放。

二、"互联网＋"医疗相关政策

2015年3月5日，李克强总理在十二届全国人大第三次会议上作《政府工作报告》，首次提出制定"互联网＋"行动计划。2015年7月4日，国务院印发《国务院关于积极推进"互联网＋"行动的指导意见》，提出包括"互联网＋"益民服务等11项行动计划，推广在线医疗卫生新模式；发展基于互联网的医疗卫生服务，利用互联网提供在线预约挂号、候诊提醒、基层检查上级远程诊断和诊疗报告查询等便捷服务；促进智慧健康养老产业发展，搭建养老信息互联网平台，提供护理看护、健康管理以及康复照料等服务。

2018年4月28日，国务院办公厅关于促进"互联网＋医疗健康"发展的意见，文件在健全"互联网＋医疗健康"服务体系中，提出发展"互联网＋"医疗服务、创新"互联网＋"公共卫生服务等7项措施。允许依托医疗机构发展互联网医院，支持医疗卫生机构、符合条件的第三方机构搭建互联网信息平台，开展远程医疗、健康咨询等健康管理服务。

2018年6月5日，广东省人民政府办公厅发布《广东省促进"互联网＋医疗健康"发展行动计划（2018—2020年）》，提出大力发展互联网＋医疗服务、完善互联网＋医疗健康价格及医保支付政策、大力发展互联网公共卫生服务、创新互联网＋健康管理服务等10项主要任务，广东"互联网＋医疗健康"要走在全国前列，到2020年，支持互联网医疗健康发展的政策体系基本建立，基础设施支撑体系逐步完善。

2018年7月17日，国家卫生健康委员会、国家中医药管理局发布《互联网诊疗管理办法（试行）》《互联网医院管理办法（试行）》和《远程医疗服务管理规范（试行）》，对网络医疗作出限制，仅限复诊、仅限有实体医院支撑等机构开展，强调网络诊疗的质控问题。

2018年7月17日，国家卫生健康委员会、国家中医药管理局发布《互联网诊疗管理办法（试行）》《互联网医院管理办法（试行）》和《远程医疗服务管理规范（试行）》，对网络医疗作出限制，仅限复诊、仅限有实体医院支撑等机构开展，强调网络诊疗的质控问题。

2019年2月12日，国家卫生健康委员会发布《关于开展"互联网＋护理服务"试点工作的通知》及试点方案，确定在北京市、广东省等6省市进行"互联网＋护理服务"试点，试点时间至12月。

网约护士模式首次在政策层面上迎来支持。从国家、省级政府等层面，2015年以来已经出台了一系列文件，推动"互联网＋"医疗服务的发展，一些医院、企业也进行了积极探索，为"互联网＋"医疗服务积累了宝贵经验。

第二节 "互联网+"与医疗融合的必要性

对我国传统医疗行业来说,"互联网+"医疗的融合之路势在必行。其主要有两方面原因:一是传统医疗行业问题凸显;二是我国社会老龄化日益严重。"互联网+"医疗是改善和解决这些问题便捷、有效的途径。

一、我国传统医疗服务现存问题

第一,医疗资源分布不均。我国医疗卫生资源分配存在较大差异性,在医务人员队伍方面,我国的医务人员配置存在地域分布不均、医务工作人员专业素质水平不均等状况,尤其在农村和城市的社区医疗机构,卫生人才的数量和水平远远无法满足城乡居民的就医需求;在物力和财力方面,大城市的医疗资源配置相对完善,但农村和偏远山区存在较大差异。同时,同在城市中的三级医疗机构的医疗资源配置明显强于社区机构,使得城市居民无论大病小病都大量涌入三级医院就医,不仅造成医疗资源的浪费,还引发看病难、看病贵的现象。

第二,医疗保障缺口较大。在现存的传统医疗体系中,医保基金分担能力弱,医疗费用迅速增长等问题使普通老百姓的医疗负担没有得到减轻,并导致看病贵的现象愈演愈烈。

第三,分级医疗体系效用低。尽管我国分级医疗体系构建已完成,但仍然难以减缓三级大型医疗机构的数目不断增加、规模不断扩大、诊疗人次不断上升的速度。一级医疗机构床位使用率较低,患者大量涌入三级医疗机构就医,造成在三级医疗机构看病难、一级基层医疗机构相对冷清的局面,分级医疗制度体系未充分发挥其效用。

第四,医患关系紧张,医患矛盾频发。由于看病难、看病贵等问题的长期积蓄,引发医患关系紧张,患者对医生产生不信任感。近几年,我国医患矛盾事件不断升级,愈演愈烈。全国医疗卫生机构发生医患纠纷、医患对抗、恶性伤医事件的数量都呈现逐年递增的态势。医患矛盾事件大量、快速地爆发，冲击正常的医疗秩序，已经成为影响我国社会秩序的新问题。

二、我国社会老龄化问题

人口老龄化已成为世界各国普遍面临和关注的社会问题之一。依照联合国最新标准，当一个国家 65 岁以上老年人口超过总人口的 7%，即视为该国家已进入老龄化社会。2001 年，我国 65 岁及以上老年人口占比达到 7.1%，我国正式进入老龄化社会。中国人口老龄化具有绝对数量大、进展速度快、区域不均衡等特点，对我国经济社会发展造成一定压力，并对我国医疗设施提出更高要求。这导致我国在人口老龄化的状况下，没有足够的经济支撑老年人的医疗保障服务。这就要求我国的传统医疗加快"互联网＋"的步伐，从而更好地调配社会资源，最大限度地降低成本和减少浪费，解决老龄化状况下的中国医疗难题。

三、医疗服务体系的必然发展趋势

对传统医疗服务体系本身来说，"互联网＋"模式成为一条便捷、有效的改革必经之路。传统医疗服务体系须借助互联网顺势变革，通过"互联网＋"模式下的大数据、云平台、移动互联网、可穿戴设备等新技术，重新构建新的医疗生态链。"互联网＋"医疗还对于当前医疗资源配置错位，以及医院的管理无法有效、及时服务于各类患者等问题的改善产生积极作用。"互联网＋"医疗将通过改变就医模式、改善就医体验、重构医患生态等方式，达到提高医疗服务效率、降低医疗费用的效果，使患者享受到安全、便利、优质的诊疗服务，改善医患矛盾，从根本上解决看病难、看病贵等问题，保障医疗秩序的和谐稳定。

从全球范围看，现代医学正进入 4P（prevention，预防；prediction，预测；personalization，个性化；particular，参与）时代，强调社会参与、早期预测、个性化与早期治疗，随之而来的是医疗健康服务范围的扩大和人们对医疗保健及增进健康等服务的迫切需求。对我国目前医疗服务领域来说，"互联网＋"医疗正在成为一种发展趋势。

第三节 "互联网＋"医疗服务体系的构建

一、"互联网＋"医疗服务政策体系的构建

建立和制定"互联网＋"医疗配套的相关政策是其健康有序发展的基石。国家和政府要根据当前发展的新形势和多元化需求，逐步修改和制订相关政策，以更好地规范互联网医疗健康服务。

（一）"互联网＋"医疗服务政策体系的结构维度

明确政策体系结构维度是明确框架结构的前提，"互联网＋"医疗服务政策体系框架可从三个维度来确定。

（1）核心要素维度。从发展角度来看，"互联网＋"医疗的核心要素在于使用信息技术对医疗卫生信息资源进行持续性的开发和应用，优化服务流程，提高工作效率，辅助决策支持，实现便民、利民等医疗卫生体制改革的目标。

（2）依存性维度。从支撑角度来看，"互联网＋"医疗工作有序推进，需要除了核心要素之外的众多配套政策作为支撑，其中包括"互联网＋"医疗相关法律法规的完善，与"互联网＋"医疗建设相关的服务体系和技术规范的完善，"互联网＋"医疗核心信息资源管理，信息资源归属权和隐私保护政策等。

（3）水平性维度。从延伸角度来看，"互联网＋"医疗未来发展需要众多新技术、新产品等创新性的产物作为载体，其发挥的作用也不仅仅局限于医疗卫生领域和医疗卫生机构范围之内，将水平延伸到与人口健康相关的各个细化领域。对于"互联网＋"医疗相关的新技术的引进、新产品研发的扶

持、知识产权保护、财政和税收政策的支持等方面需要由国家或地方政府出台配套的产业发展政策。

（二）"互联网＋"医疗政策体系的框架结构

根据"互联网＋"医疗政策体系机构维度涉及的内容，"互联网＋"医疗政策体系应主要包括法律法规（laws and regulations）、人口健康信息管理与应用政策（application and management policy）、服务体系政策（servers systempoliey）、产业发展政策（industry development policy）和技术创新政策（technology inovation）。各类政策的主要建设分析和建设内容如图9-1所示。

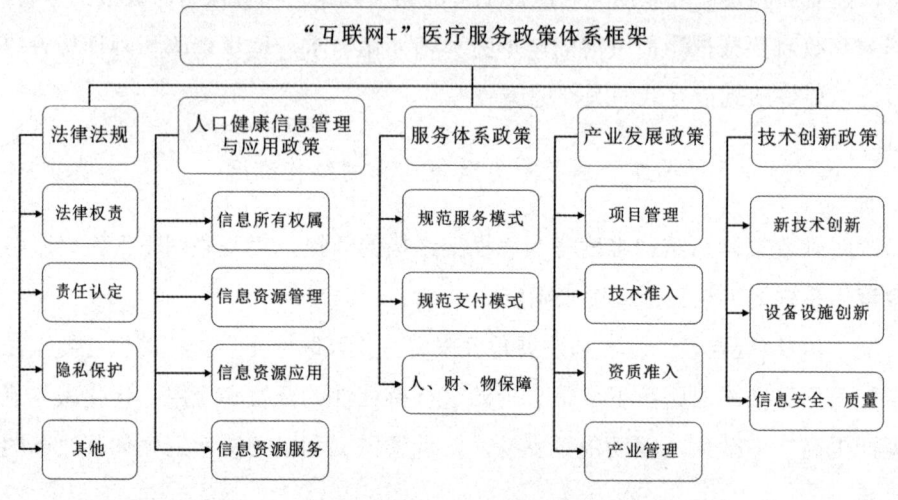

图9-1　"互联网＋"医疗服务政策体系框架

1. 法律法规

在"互联网＋"医疗政策体系中，新技术的应用为传统医疗服务体系带来了巨大的变革。新的技术问题带来诸多新的问题，特别是在"互联网＋"医疗服务的合法合规上，需要对相关法律法规进行完善。

新技术应用的法律权责是对"互联网＋"医疗相关新技术应用带来相关事件、服务的法律权责。如电子病历的法律证据问题，电子病历的电子签名的合法性问题，现在已通过相关政策法规加以明确。但是对网上诊断的合法性、"互联网＋"医疗的伦理问题等法律权责尚未明确。

"智慧医疗"服务的责任认定是对智慧医疗服务相关医疗事务的责任认定规范。针对移动医疗、远程医疗、互联网医疗等医疗服务,对于医疗事故的责任认定涉及服务方、移动方、远程方、网络提供方和设备提供方等诸多责任方,确定各相关责任方的责任,是保障相关服务稳定发展的重要内容。

人口健康信息隐私涉及人口健康信息相关隐私权利、隐私侵害认定、隐私维权主张的相关政策。海量人口健康信息的整合共享支撑了"互联网+"医疗服务优化和管理变革,但各级整合的人口健康信息面临极大的信息安全隐患。一旦出现信息安全事件,隐私权的侵害无可避免。确定人口健康信息的隐私权、保护公民隐私权利主张是维护社会安定的重要组成部分,也是我国依法治国的重要体现。

随着"互联网+"医疗的发展,新的技术和服务将带来更多的新形势和新问题,这些都将需要通过不断优化完善"互联网+"医疗的相关法律法规,确定"互联网+"医疗服务的合法性等来适应和解决,从而保障社会顺利发展和社会秩序的稳定。

2. 人口健康信息管理与应用政策

"互联网+"医疗的核心是人口健康信息的应用。规范合理的人口健康信息资源管理和应用是保障"互联网+"医疗政策保障体系的核心。人口健康信息资源所有权属的政策是明确人口健康信息所有权、管理权、监督权及相关权力管理机构职责的一系列政策。人口健康信息资源管理与应用首先需要明确信息资源是谁的、谁来管、谁来监督等问题。目前《人口健康信息管理办法(试行)》已初步明确了相关权属问题。

人口健康信息资源应用政策是指规范人口健康信息合理、合规应用的相关政策。当前人口健康信息资源应用主要在医疗卫生服务和管理领域。人口健康信息资源对于医药、保险、健康产业等相关产业的科研发展、技术创新和产业发展方面都有着巨大的应用空间。通过相关政策规范引导是推动其发展的重要手段。

人口健康信息资源服务政策是以信息资源作为服务向申请方提供,保障信息安全,监督信息使用的相关管理政策。只有将信息作为社会公开服务,需要相关资源的组织、机构才能够顺利开展相关应用研究。引导社会力量的参与，是发挥人口健康信息资源价值，充分推动"互联网＋"医疗发展的关键途径。信息安全是有效保护隐私权的技术前提和保障。美国的健康保险携带和责任法案（HIPAA）确立了对健康信息进行保护的一系列国家标准。HIPAA要求制定电子医疗保健信息交换的安全标准，指明与电子健康信息管理、技术等相关的安全程序只能由法律规定的授权部门执行，以保护涉及隐私保护的电子医疗信息的安全。该标准还要求为每位患者提供唯一的识别符作为电子签名，从而起到用户认证、一致性、不可抵赖性等重要作用。

3. 医疗服务体系政策

"互联网＋"医疗发展带来服务体系的巨大变革，很多传统的政策不能满足新技术、新服务的管理和保障要求。

规范服务模式政策是指规范"互联网＋"医疗相关服务流程、服务管理、服务激励等一系列保障和促进政策。如服务定价、服务利益分配、网上医院、移动医院规范等。

规范服务支付政策是指"互联网＋"医疗相关涉及支付相关的保障和促进政策。如移动医疗的医保支付、"互联网＋"医疗新服务中机器人手术的医保支付等。

人、财、物保障政策是指为保障"互联网＋"医疗服务管理相关人才队伍、项目建设资金保障和其他相关物资管理和设备保障政策。人、财、物政策的长效保障是"互联网＋"医疗服务体系稳定发展的基础。

4. 产业发展政策

"互联网＋"医疗产业发展政策是通过规范项目管理，保障"互联网＋"医疗项目建设质量；通过技术准入和机构准入的相关政策，规范产业发展市场通过产业监督政策，合理整合信息，对"互联网＋"医疗产业项目和相关方进行监管，保障"互联网＋"医疗整体发展。

规范项目管理是指在"互联网＋"医疗相关项目建设中，应用项目管理相关理论，落实规范项目立项、项目监理、项目管理和项目评价制度，保障"互联网＋"医疗项目建设质量的相关政策。

技术准入政策和机构准入政策，是在"互联网＋"医疗技术与服务过程中，通过科学合理的准入门槛设置，提高产业技术服务质量，保证市场稳定发展的相关政策。

产业监管政策是以政府项目监管为抓手，实现对"互联网+"医疗项目建设相关方的综合监管，通过市场机制条件，引导项目建设相关方合理竞争，实现产业项目信息公平公开的相关政策。

5.技术创新政策

"互联网+"医疗技术创新政策是通过技术层面的建设发展相关政策。其内容主要包括设施设备的创新政策、新技术创新政策和信息安全、质量等标准。设施设备创新政策和新技术创新政策是通过政策引导鼓励，推动我国"互联网+"医疗相关技术自主知识产权研发，保障我国"互联网+"医疗建设核心竞争力的重要政策保障。

信息安全质量等标准包括"互联网+"医疗相关信息安全标准、信息质量标准、业务标准、管理标准和新技术应用标准等。"互联网+"医疗标准体系的完善是对"互联网+"医疗健康发展的重要支撑。

二、"互联网+"医疗服务体系技术的分层架构

拥有一套基于互联网技术的应用架构，是智慧医疗服务体系的主要特征。该架构从技术层面可分为三层：一是应用层，根据医疗实际发生场景和业务类型，可细分为急救、慢性病、院前救治、个人健康等四大类和若干子项。二是网络层，主要为智慧医疗体系提供数据联通、网络通信等技术支持，并对业务终端进行管理控制，其中可设有线网络和无线网络，可以应用当前各大电信运营商提供的基础商用网络服务，也可使用商用加密网络，利用网关在服务器和终端之间进行数据传输、储存和协议转换。三是终端及感知延伸层，指各种智能化的传感器终端设备，如基于联网功能的智能血压计、血糖仪、心电图仪等，通过这些终端，更多的医疗健康监测业务可实现远程操作。

（一）感知类技术在"互联网+"医疗服务体系中的运用

感知类技术具有四个方面的特点：灵活性高、场景适应性强、安全性高、

抗干扰性强。"互联网＋"医疗服务体系场景中的感知类相关技术主要包括无线传感网技术、无线躯体传感网技术、低能耗通信技术、终端直通关键技术、近场定位技术和核心芯片研制技术等。

（1）无线传感技术。无线传感技术的概念来源于一个由美国国防部部署的先进技术研究计划项目，系统管理者可以通过无线传感网来结合感测、运算，以及联结功能不同的传感器，实现监控和侦测在其感测范围之内环境与目标的状态，这些状态信息可以通过无线网络回归到主机，从而使系统管理者据此作出适当的处理。

（2）无线躯体传感网技术。无线躯体传感网技术又称体域网，是无线传感网的一个分支，是通过佩戴各种传感仪器，实现对身体活动信息，如心率、血压、体温等进行长期、持续的监测。这种检测利用传感器的无线传输，无须与固定仪器连线，不会影响人的活动。同时，对连续采集到的数据进行提取、分析和处理，形成长期连续的跟踪报告，达到实时监测身体健康、疾病早期预警的目的。这种健康监测方式是未来加强人对疾病的自预防、自诊断、自监护的发展方向。目前，这种检测方式已经很好地应用到了体育运动（监测运动强度、消耗、运动轨迹及营养摄入搭配等）等人类活动中。

（3）低能耗通信技术。低能耗通信技术主要解决移动健康设备在不同应用场景中的低能耗通信问题。在设计中，可以以现有的近人体信道衰落模型为基础，为近人体设备建立射频前段系统级能效模型，一方面考虑人体组织对无线电波的吸收，另一方面兼顾分析不同组织之间的折射与反射对无线电波产生的影响。

（4）终端直通关键技术。终端直通关键技术主要面向远程医疗，通过小区资源复用、协作中继和网络编码等技术，改善覆盖，增加区域容量，是MT-Advanced未来关键技术之一。

（5）近场定位技术。近场定位技术即室内定位技术，利用无线传感器网络中的定位机制，实现对人的准确定位，包括红外线定位、超声波定位、无线射频识别技术、超宽带技术、Wi-Fi技术、ZigBee技术，以及基于图像分析的定位技术、信标定位技术和三角定位技术等。

（6）核心芯片研制技术。核心芯片研制技术针对低功耗人体监护节点设备的要求，目前采用集医疗健康信号采集、通信、网络协议于一体的低功耗芯片系统，采用高密度 SIP 模块。

随着"互联网＋"医疗应用功能的逐渐丰富，实时检测性更强，使用更为方便，具有智能化、便捷化、低成本等特点的医疗健康感知终端将得到广泛使用，从而使用户享受的医疗服务质量不断提高，使整个医疗卫生的信息管理水平大幅提升，并使医疗主管部门的医疗统计水平和成本控制取得更大的进展。伴随着"互联网＋"医疗的发展，感知类关键技术也越来越受到业内人士的关注和重视。特别是在智能医疗产业链中，科研机构和企业均投入较多资源进行医疗健康感知类技术突破及核心产品研发。

（二）通信类技术在"互联网＋"医疗服务体系中的运用

基于"互联网＋"的大平台下，"互联网＋"医疗体系涉及功能强大的各种医疗信息管理系统（如 HIS，PACS 和 EMR 等），医护人员可以通过网络远程管理这些系统，大幅度提高了工作效率。网络成为医院人员工作中不可或缺的资源。越来越多的无线网络和有线网络关键技术被逐渐引入到智慧医疗应用领域。

1. 无线网络（WLAN）

WLAN 突破了有线网络固有的终端设备移动不方便、部署复杂麻烦和布线凌乱等局限性。WLAN 在医院的医疗器械应用方面，主要部署在病房、急诊室、ICU、手术室和输液室等需要医护人员移动工作的区域，以满足医护人员在患者身边开展各种即时性医疗救护工作需要。

基于移动通信网络的医疗信息架构包括患者及医务人员侧的移动医疗健康设备、移动通信网络、系统支撑平台三个方面。医疗移动支撑平台本质上是一个 IT 平台，该平台使用移动网络产生的数据来提供增强的移动健康业务，具有安全功能，以及 B2B 医疗数据交换、B2B 管理、开通与确认、Web 开户、计费、通知等功能。

2. 有线网络

目前，在我国的"互联网＋"医疗体系中，医疗服务机构之间固定通信网络大多采用电信运营商的电子政务外网。电子政务外网划分为公用网络区、专用网络区和互联网接入区三个业务区域。这三个区域采用 MPLS VPN 逻辑隔离，所有部门的应用按需要部署在这三个区域中。各级政府部门通过公用网络区实行互联互通，部署资源共享和协同类业务；专用网络区为有特定需求的业务部门开辟虚拟专网，为少数部门的敏感数据提供相对隔离的通道；互联网接入区是各部门通过逻辑隔离安全接入互联网的网络区域，政府部门供公众访问的互联网门户网站及相关业务系统均部署在该区域。卫生信息平台还需要与众多的政府部门的其他业务系统进行数据交换，一般的卫生信息平台及相关的业务系统部署在政务外网的公共网络区。对于个别有保密要求的业务系统建立卫生系统 VPN，提供相对隔离的传输通道。

伴随"互联网＋"的切入和发展，智慧医疗对移动通信网络提出更高的要求，不仅要有灵活的组网能力、高效的数据传输、精确的无线定位，还要具备服务质量（Quality of Service，QoS）的保障能力、轻量级的移动性管理、高效和资源调试能力、抗电磁干扰能力和高安全性。

（三）信息类技术在"互联网＋"医疗服务体系中的运用

在"互联网＋"医疗体系中，信息类技术提供的发展支持尤为重要，下面主要研究四个方面的信息类技术：

（1）普适计算相关技术。普适计算是指在普适环境下，人们能够在任意时间、任意地点以任何方式获取网络信息服务的技术。普适计算代表着虚拟技术的反面，它使计算机融入人们的生活空间，形成一个"无时不在，无处不在而又不可见"的计算环境。它将对人们享用"互联网＋"医疗信息服务的方式带来变革。

（2）云计算相关技术。云计算是基于互联网相关服务的增加、使用和交付模式，一般涉及通过互联网来提供动态、易扩展且经常是虚拟化的资源。

（3）标准化、协同化服务管理技术。基于标准化格式提供自治共享的服务管理技术，即面向 Web 服务的目录、安全、资源、SOAP 和 XML 等基础公共服务，以支持服务的高效组织与发现、安全访问控制、资源统一表示、消息传输及数据展现等技术，可以为远程医疗服务平台提供高效、安全的运行支撑机制。

（4）医疗信息数据挖掘技术。基于数据挖掘技术在"互联网＋"医疗辅助决策分析中的应用研究，开展数理统计、聚类、决策树和神经网络等挖掘算法关键技术的研究，通过对海量历史数据的挖掘，发现共性特征和识别关键模式，为诊断提供有效的参考。具体来说，就是利用多元决策树将世界上对同类疾病处理的临床指南与诊断指南结构化为智能的辅助决策系统；该决策系统将作为医疗服务前端的职能控制后台，这样可以让医护人员在使用终端云服务的过程中逐步习惯询证医学意义上的临床规范操作。

在"互联网＋"医疗整体架构体系中，信息类技术的应用呈现出海量数据存储与处理、业务协同、多类型信息并行处理、海量医疗健康数据挖掘等特点。这些宝贵的医疗信息资源对疾病的诊断、治疗和医疗研究都是非常有价值的，利用这些海量的信息资源为疾病的真谛和质量提供科学的决策，总结各种医治方案，可以更好地帮助医院决策管理，做好医疗、科研和教学服务。

（四）安全类技术在"互联网＋"医疗服务体系中的运用

随着移动医疗终端的逐步开放和数字医院业务平台数据交互外延不断扩大，如果信息安全防护的管理技术手段没有及时跟上，那么安全难题将会出现在物联网及智慧医疗承载的网络中，特别医疗健康类数据涉及生命安全和隐私管理，其安全形势将更加复杂。面对"互联网＋"带来的安全挑战，医疗发展需要从以下三个方面增加安全保护：

（1）从医疗网络接入层——网关角度，将自身安全威胁、降低到最小。针对网关，应从硬件和软件结构入手，制定一系列安全策略，以保证其承载业务应用的安全可靠。在软件部分，应着力于用户数据安全机制、应用软件安全机制、操作系统安全机制和通信安全机制；而在硬件部分，应着重关注可信硬件平台和用户识别卡的安全，接入网关的存储芯片应具有完整性和机密性保护机制。除此之外，为用户存储区单独划分一个高安全级别的存储区域，同样采用硬件加密存储的方式对数据进行加密存储，用户可以通过人机界面对用户数据存储区域进行选择，将私人敏感数据存储在该特殊区域。

（2）"互联网＋"医疗在带动大批传统医疗健康垂直业务充分整合的同时，还与移动通信业务（语音、彩信和短信等）充分融合，这都给业务管理平台增加了安全风险。以远程医疗为例，不仅存在用户交易欺诈、钓鱼网站断链等网络安全威胁，甚至还面临着短信交互风险、隐私泄露或滥用风险等特殊安全隐患。这就要求要提高访问控制与数据传输安全要求，完善安全实施方案与相关技术等措施。

（3）加强对移动医疗终端的安全保护。移动医疗终端面临的安全威胁既有移动通信技术固有的问题，如无线干扰、SIM卡克隆和机卡接口窃密等，也有由于医疗终端特殊数据需求带来的新型安全威胁，包括隐私信息泄露和恶意攻击等。

从技术角度来看，安全是对信息与信息系统进行攻击与保护的过程，围绕着信息系统及信息自身的机密性、完整性和可用性等核心安全属性，具体作用于基础设施安全、运行安全和数据安全三个层面。基于此，如何同时保证医学信息资源的外部合法用户访问和内部局域网安全运行，成为建设高性能、高可靠性、安全可管理的"互联网＋"医疗的关键。而安全技术包括加密技术、数字签名技术、审计监控技术、防火墙技术、入侵检测技术和病毒防范技术等。

第四节 "互联网＋"医疗其他服务类支持

"互联网＋"医疗服务体系的建立需要有相应的服务类支持来保障和维护体系的运行，以适应由传统医疗服务体系向智慧型医疗服务体系的过渡。下面主要从支付服务制度、人财物保障、激励支持政策等角度入手，探讨建立"互联网＋"医疗服务体系的服务类支持。

一、"互联网+"医疗服务支付服务制度

（一）统一"互联网+"医疗服务项目的收费标准

随着"互联网+"医疗信息技术的发展，新增了许多医疗服务项目，如远程手术、网上问诊等，但尚未明确各项收费项目和标准。医疗机构自主定价时，由于缺乏较为合理的定价依据，价格调整也较随意，导致患者就诊时对新兴医疗服务项目收费存在疑虑。因此，应统一"互联网+"医疗服务项目的收费标准，出台相关服务项目收费标准，医疗机构严格按照标准收费，同时开具符合相关规定的医疗机构收费票据。除此之外，对于远程医疗等涉及多方医疗机构的服务项目，应制定相应规章，明确医疗机构间对所收费用的分配原则。

（二）将"互联网+"医疗服务项目纳入医保报销范围

政府部门应加大政策引导，逐步将"互联网+"医疗服务项目纳入各级基本医疗机构保险诊疗项目目录内，在政策上将"互联网+"医疗服务项目纳入医保报销或新农合等医疗报销范围，让更多患者可以享受到优质便捷的"互联网+"医疗服务。

（三）实现在线支付平台与医保的对接

线上支付在电子商务领域是成熟的核心技术，然而在医疗卫生领域的应用还存在很多障碍。由于患者类型和就诊流程不同，医疗支付包含很多收费、退费、费用减免、医保支付、新农合支付等内容，特别是医保交易必须使用医保卡安全认证，造成许多线上支付只能以自费形式完成。因此线上支付如何与医保机制有机结合需要进一步政策加以完善。

目前医保线上支付需解决的关键问题有：①医保账户的安全性；②医保支付的身份真实性；③医保数据与网上医院、网上药店系统安全对接等问题。建议组织力量开展通过第三方金融支付平台进行医保支付的政策研究，探讨制定基于移动支付的医保信息安全、医保费用监管、与第三方金融支付平台

的清算方式等方面的政策保障措施。借助第三方金融支付平台开展在线支付诊疗费用服务将是未来移动医疗主要的服务项目之一。

二、"互联网＋"医疗服务人财物保障支持

（一）政府加大政策、资金与技术投入力度

"互联网＋"医疗服务由于涉及更多新技术以及配套硬件软件，其服务成本和售价显然明显高于传统医疗服务。

从社会需求角度，"互联网＋"医疗服务最需要在两种场合下优先推开：一是高端医疗服务，着眼于进一步提高服务水平，满足高端消费需求，高端医疗机构不吝于购买性能较好的"互联网＋"医疗体系所需要的硬件设备、网络和系统支持，但是这样一来"互联网＋"医疗服务价格大幅上升，范围势必进一步收窄。二是农村和偏远地区，由于缺乏医疗设备和优秀医生，这些地区更加需要通过互联网的远程支持来迅速提升医疗卫生事业水平，但是显然这些地区相对更加无法承担设施投入费用。因此，政府相关部门应当对这几类已发展或亟待发展"互联网＋"医疗的地区，加大政策、资金等方面投入，引导和指导新技术实施。

政府有关部门应当注重"互联网＋"医疗发展的引导指导，首先，应当从引导行业发展的角度，前瞻性地出台指导性文件，其次，适时制定相应制度和文件汇编，规范行业发展，缩短政策滞后期。同时，还应当大力鼓励扶持"互联网＋"医疗，出台减税、补贴等优惠政策，加大扶持资金投放，用于技术体系的研发推广和硬件的铺设、维护。应当从公共服务均等化的角度，重点加大对农村和偏远地区财政资金投入力度，在这些地区大力发展村民急需的"互联网＋"医疗，特别提供一些农村多发病，如传染病、寄生虫病等的特色医疗服务，尽快缩小与发达地区医疗卫生服务水平的差距。最后，从我国国情来看，完全由政府买单及医院自行筹资均不现实，"互联网＋"医疗的发展需要积极探索多元筹资模式。各级政府部门和医疗机构应活化投融资渠道，一方面可积极争取上级试点项目，申请专项资金；另一方面，应积

极寻求社会合作，吸引集聚民资、外资等社会资本参与信息化建设。

（二）加强卫生信息专业技术人才队伍建设

人口健康信息化的发展离不开高素质的卫生信息专业技术人才队伍。然而目前并没有相关政策对这批专业技术人员给予相应保障。其存在问题和建议主要有四个方面：一是编制保障政策，事业单位编制管理相关政策比较笼统，并没有具体细致到每个类别专业技术人员需核定多少编制，因此不同医疗机构对于编制的分配也各不相同，具有一定的随意性；二是薪酬保障力度不够，卫生信息专业技术人员的薪酬福利待遇与软件公司工程师的差异巨大，容易造成人才队伍的流失；三是高校人才培养体系有待健全，目前大部分高等院校并未开设卫生信息技术专业，现实中存在学计算机的人员不懂医疗、学医疗的人不懂计算机的问题；四是缺乏规范性的培训，由于主管部门开展的专业培训较少、培训课程的设置相对不够合理，对于卫生信息专业技术人员的培训力度不够。因此，政府应出台医疗卫生机构信息化管理人员和专业技术人员配备标准等相关政策标准，明确各级医疗卫生机构对于信息化管理和技术人员的配备数量、专业和职称要求等。在全国范围内医学院校增加卫生信息化管理必修课程，增设医疗卫生信息化管理专业，建立卫生信息管理和信息化技术人员的规范化培养机制，参考全科医生规范化培养机制，开展考核、验收。

三、"互联网＋"医疗服务激励与支持政策

"互联网＋"医疗的发展必将对现有的医疗服务、卫生管理、医疗保障等领域的传统管理体制和业务模式产生巨大冲击。同时也为医药卫生管理体制改革和管理创新提供了宝贵的机遇。由此而带来的思维模式、服务理念、管理机制、制定规范及医疗服务模式等方面的变革，正在逐步地显现出来。目前在发展"互联网＋"医疗的过程中偏重技术的研究应用，一定程度上忽略了相关激励机制和责任制定的配合，医务人员使用积极性低，项目实际推广困难，出现"建得多、用得少"的现象，导致"互联网＋"医疗项目建设

成效受很大影响。建议制定相应的激励政策，提高"互联网＋"医疗活动中的劳务补偿。建立人力成本与"互联网＋"医疗服务量相关联的绩效考核机制，通过引入标准化工作量概念，综合"互联网＋"医疗服务过程中的各项因素，将不同服务项目的工作量形成标准化，并通过有效的激励机制调动各方参与的积极性。建议参考"互联网＋"其他行业的前期推广模式。

第十章 面向互联网医院的信息体系安全建设与运维管理实践

第一节 医院信息系统安全体系的内涵

一、医院信息系统安全规划

我国医院信息化建设进程不断加速，医院信息化在提高服务水平、促进业务创新、提升核心竞争力等方面发挥着越来越重要的作用，信息系统已成为推动医院发展的重要力量。随着医院信息化工作的推进，医院使用信息系统开展工作的比例越来越大，信息系统安全问题日趋严重，信息系统安全问题也逐渐成为影响业务运行、制约业务发展的重要因素之一。医院信息化的发展将面临信息安全方面的严峻考验。对信息系统安全进行全面的规划以适应形势发展成为人们共同关注的一个保证信息安全的重要环节。

（一）医院信息系统安全规划的目标

医院信息系统安全规划是一个涉及管理、法规和技术等多方面的综合工程。信息系统安全是物理安全、网络安全、数据安全、信息内容安全、信息基础设施安全与公共信息安全的总和，它的最终目的是确保信息的保密性、完整性和可用性。信息系统主体包括医院、用户、社会和国家对于信息资源的控制。

医院信息系统安全规划是以医院信息化战略规划为指导，以医院的信息资源规划为基础，全面完整地规划信息系统应用和相关信息架构，确定信息系统的安全框架、管理模式与建设步骤。医院在信息系统安全规划的指导下建设的信息系统，才可以在信息安全机制的控制与制约下，让各种应用系统和数据都受到保护。信息系统安全规划，不应该只是规划未来几个月，而要规划未来几年，如何达到医院信息化远景规划指导下的安全建设目标的一个过程。信息系统安全规划比单独购买信息安全产品更重要。只有信息系统安全的整体布署有计划、有方向、有目的、有配合，才能构成真正意义上的信息安全。

（二）医院信息系统安全规划的范围

信息系统安全规划是在建和已建的信息系统中必须考虑的重要内容。它主要是根据信息安全风险评估的结果和提取的安全需求，描述实施相应的安全保障的目标、措施和步骤。信息系统安全规划需要从管理和技术等多方面进行综合考虑，所涉及的是综合管理、技术规范、运行维护等多个方面的控制措施。

信息系统安全规划的范围应该是多方面的，涉及技术安全、规范管理、组织结构。技术安全是以往人们谈论比较多的话题，也是以往在安全规划中描述较重的地方，使用最多的是防火墙、入侵检测、漏洞扫描、防病毒、VPN、访问控制、备份恢复等安全产品。但是信息系统安全是一个动态发展的过程，过去依靠技术就可以解决的大部分安全问题，现在仅仅依赖于安全产品的堆积来应对迅速发展变化的各种攻击手段是不会持续有效的。

医院信息系统安全建设是一项复杂的系统工程，要从观念上进行转变，在安全产品的支持下建设全方位的安全策略，使之成为一个可持续的、动态发展的、有安全保障的渐进的过程。目前在安全设备有一定规模的情况下，规范管理成为信息系统安全规划需要关注的核心内容。在信息系统安全规划中，一定要将管理的规划放在首位。管理包括风险管理、安全策略、规章制度和安全教育，这是信息系统安全规划的重要内容。信息系统安全规划需要有规划的依据，这个依据就是医院的信息化战略规划，同时，更需要组织与人员结构的合理布局来保证。如果没有合适的人员配合工作，任何事情都是不可能完成的。因此，在安全规划中不能忽视对组织结构建立和人员合理调配这个关键环节。

（三）医院信息系统安全规划的侧重点

医院信息系统安全规划的侧重点需要围绕技术安全和管理安全两部分来开展。

医院信息系统的技术安全包括物理安全、网络安全、主机安全、应用安全、数据安全与备份恢复五个方面。物理安全主要针对机房建设与管理；网络安全包括网络拓扑结构、网络访问安全、网络安全审计、网络边界、入侵防范、网络设备防护；主机安全包括身份鉴别、访问控制、安全审计、入侵防范、恶意代码防范、资源控制；应用安全包括安全审计、通信完整性、通信保密性、软件容错、资源控制。目前，医院在应用安全方面特别薄弱，主要表现在安全审计、通信完整性、软件容错、资源控制等方面，需要在程序中进行修改补充。数据安全与备份恢复主要包括数据完整性、数据保密性、备份与恢复。

医院信息系统的管理安全包括安全管理制度、安全管理机构、人员安全管理、系统建设管理、系统运行维护五个方面。安全管理制度主要包括管理制度、制定与发布、评审与修订；安全管理机构主要包括岗位设置、人员配置、授权与审批、沟通与合作、审核与检查；人员安全管理主要包括人员录用、人员离岗、人员考核、安全意识教育和培训、外部人员访问管理；系统建设管理主要包括系统定级、安全方案设计、产品采购和使用、自行软件开发、外包软件开发、工程实施测试验收、系统交付、系统备案、等级测评安全服务商选择；系统运行维护主要包括环境管理、资产管理、介质管理、设备管理、监控管理和安全管理中心、网络安全管理、系统安全管理、恶意代码防范管理、密码管理、变更管理、备份与恢复管理安全事件处置、应急预案管理。

（四）医院信息系统安全规划的作用

信息系统安全规划的作用应该体现在对信息系统与信息资源的安全保护方面，规划工作需要围绕着信息系统与信息资源的开发、利用和保护方面进行，主要包括目标、现状、需求、措施四个方面：第一，对信息系统与信息资源的规划需要从信息化建设的目标入手，要知道医院信息化发展策略的总体目标和各阶段的实施目标，制定出信息系统安全的发展目标；第二，对医院的信息化工作现状进行整体的、综合的、全面的分析，找出过去工作中的优势与不足；第三，根据信息化建设的目标提出未来几年的需求，这个需求最好可以分解成若干个小的方面，以便于今后的落实与实施；第四，要写明在实施工作阶段的具体措施与办法，加大规划工作的执行力度。

医院信息系统安全规划服务于医院信息化战略目标。信息系统安全规划做得好，医院信息化的实现就有了保障，信息系统安全规划是医院信息化发展战略的基础性工作，不是可有可无，而是非常重要。因为医院信息化的任务与目标不同，所以信息系统安全规划包括的内容就不同，建设的规模也就有很大的差异。因此，信息系统安全规划无法从专业书籍或研究资料中找到非常有针对性帮助的适用法则，也不可能给出一个规范化的信息系统安全规划的模板。在这里提出信息系统安全规划框架与方法，给出信息系统安全规划工作的建设原则、建设内容、建设思路，具体规划还需要深入细致地进行本地化的调查与研究。

二、医院信息系统安全等级保护体系

（一）医院信息系统安全等级保护体系的主要组成

信息系统安全等级保护体系主要由以下四大类组成：

（1）信息系统安全等级保护的法律、法规和政策依据。信息系统安全等级保护政策、法律、法规的依据是信息系统安全等级保护的基本依据和出发点。

（2）信息系统安全等级保护标准体系。信息系统安全等级保护标准体系，是信息安全等级保护在信息系统安全技术和安全管理方面的规范化标准，是从技术和管理方面，以标准的形式对信息安全等级保护的法律、法规、政策的规定进行的规范化描述。

（3）信息系统安全等级保护管理体系。信息系统安全等级保护管理体系，是对实现信息系统安全等级保护所采用的安全管理措施的描述。该标准对信息系统安全等级保护安全系统工程管理、安全系统运行控制和管理、安全系统监督检查和管理等相关问题进行描述。

（4）信息系统安全等级保护技术体系。信息系统安全等级保护技术体系，是对实现信息系统安全等级保护所采用的安全技术的描述。本标准体系从信息系统安全的基本属性、信息系统安全的组成与相互关系、信息系统安全的五个等级、信息系统安全等级保护的基本框架、信息系统安全等级保护基本技术、信息系统安全等级保护支撑平台技术、等级化安全信息系统的构建技术等方面对相关的技术问题进行了描述。

（二）医院信息系统安全等级保护体系框架

根据《信息安全技术网络安全等级保护基本要求》（GB/T 22239—2019），信息安全体系框架分为技术和管理两大类要求，医疗卫生行业等级保护安全体系规划严格根据技术与管理要求进行设计，并且从过程和PDCA模型的角度组织各项等级保护工作。

图 10-1 信息安全等级保护二级框架示意图

以《信息安全技术网络安全等级保护基本要求》为指导，根据具体的基本要求设计本级系统的保护环境模型，参照最新《信息安全技术信息系统等级保护安全设计技术要求》，保护环境按照安全计算环境、安全区域边界、安全通信网络和安全管理中心进行设计，内容涵盖基本要求的五个方面，同时，结合管理要求，可形成相应信息安全保护体系模型。信息安全等级保护二级框架如图 10-1 所示，信息安全等级保护三级框架如图 10-2 所示。

图 10-2 信息安全等级保护三级框架示意图

第二节　医院信息安全管理与技术体系建设

一、医院信息安全管理体系建设

（一）医院信息安全管理的必要性

医院进行医院信息安全管理体系建设，要以《信息安全技术网络安全等级保护基本要求》（GB/T 22239—2019）为指导，结合本单位的具体情况，从制度、机构、人员、系统建设、系统运维五个方面建立信息安全管理体系。医院信息安全管理体系具体内容包括建立、实施、运行、监视、评审、保持和改进信息安全等一系列的管理活动，表现为制度、组织结构、策略方针、计划活动、目标与原则、人员与责任、过程与方法、资源等诸多要素的集合。它是组织整个管理体系的一部分，通过信息安全管理体系的建设，可以有效解决组织面临的信息安全问题，提高组织的信息安全防护能力。

技术和管理是相辅相成的，信息安全并不是技术过程，而是一个综合防范的过程。信息安全管理是综合防范过程中的一个重要部分，在信息安全保障工作中只有管理与技术并重，进行综合防范，才能有效保障安全。

（二）医院信息安全管理体系主要建设内容

医院信息安全管理涉及安全管理制度、安全管理机构、人员信息安全管理、系统建设管理和系统运维管理五个方面。

1. 医院信息安全管理制度

根据安全管理制度的基本要求，制定各类管理规定、管理办法和暂行规定。从安全策略主文档中规定的各个安全方面所应遵守的原则方法和指导性策略引出的具体管理规定、管理办法和实施办法，是具有可操作性且必须得到有效推行和实施的制度。同时，制定严格的制度与发布流程、方式、范围等；定期对安全管理制度进行评审和修订，修订不足及进行改进。

（1）管理制度。应制定信息安全工作的总体方针和安全策略，说明机构安全工作的总体目标、范围、原则和安全框架等；对安全管理活动中各类管理内容建立安全管理制度；对安全管理人员或操作人员执行的重要管理操作建立操作规程；明确制度具备可操作性，且必须得到有效推行和实施；形成由安全策略、管理制度、操作规程等构成的全面的信息安全管理制度体系。

（2）制定与发布。指定或授权专门的部门或人员负责安全管理制度的制定；组织相关人员对制定的安全管理制度进行论证和审定；安全管理制度应具有统一的格式；安全管理制度应通过正式、有效的方式发布，安全管理制度要注明发布范围，并对收发文进行登记。

（3）评审与修订。单位的信息安全领导小组负责定期组织相关部门和相关人员对安全管理制度体系的合理性和适用性进行审定；应定期或不定期对安全管理制度进行检查和审定，对存在不足或需要改进的安全管理制度进行修订。

2. 医院信息安全管理机构

根据基本要求设置安全管理机构的组织形式和运作方式，明确岗位职责；设置安全管理岗位，设立系统管理员、网络管理员、安全管理员等岗位，根据要求进行人员配备，配备专职安全员；建立授权与审批制度，建立内外部沟通合作渠道；定期进行全面安全检查，特别是系统日常运行、系统漏洞和数据备份等。

（1）岗位设置。设立信息安全管理工作的职能部门，设立安全主管、安全管理各个方面的负责人岗位，并定义各负责人的职责；设置系统管理员、网络管理员、安全管理员等岗位，并定义各个工作岗位的职责；成立指导和管理信息安全工作的委员会或领导小组，其最高领导由单位主管领导委任或授权；制定文件，明确安全管理机构各个部门和岗位的职责、分工和技能要求。

（2）人员配备。配备一定数量的系统管理员、网络管理员、安全管理员等。配备专职安全管理员，不可兼任。关键事务岗位应配备多人共同管理。

（3）授权与审批。根据各个部门和岗位的职责明确授权审批事项、审批部门和批准人等；针对系统变更、重要操作、物理访问和系统接入等事项建立审批程序，按照审批程序执行审批过程，对重要活动建立逐级审批制度；

定期审查审批事项，及时更新需授权和审批的项目、审批部门和审批人等信息；记录审批过程并保存审批文档。

（4）沟通与合作。加强各类管理人员之间、组织内部机构之间及信息安全职能部门内部的合作与沟通，定期或不定期召开协调会议，共同协作处理信息安全问题；加强与兄弟单位、公安机关、电信公司的合作与沟通；加强与供应商、业界专家、专业的安全公司、安全组织的合作与沟通；建立外联单位联系列表，包括外联单位名称、合作内容、联系人和联系方式等信息；聘请信息安全专家作为常年的安全顾问，指导信息安全建设，参与安全规划和安全评审等。

（5）审核与检查。安全管理员应负责定期进行安全检查，检查内容包括系统日常运行、系统漏洞和数据备份等情况；由内部人员或上级单位定期进行全面安全检查，检查内容包括现有安全技术措施的有效性、安全配置与安全策略的一致性、安全管理制度的执行情况等；制定安全检查表格实施安全检查，汇总安全检查数据，形成安全检查报告，并对安全检查结果进行通报；制定安全审核和安全检查制度，规范安全审核和安全检查工作，定期按照程序进行安全审核和安全检查活动。

3. 医院人员信息安全管理

根据基本要求制定人员录用、离岗、考核、培训等几方面的规定，并严格执行；规定外部人员访问流程，并严格执行；规定第三方人员工作范围、工作内容、考核要求，并严格执行。

（1）人员录用。人员管理是指定或授权专门的部门或人员负责人员录用；严格规范人员录用过程，对被录用人的身份、背景、专业资格和资质等进行审查，对其所具有的技术技能进行考核；与录用人员签署保密协议。从内部人员中选拔从事关键岗位的人员，并签署岗位安全协议。

（2）人员离岗。严格规范人员离岗过程，及时终止离岗员工的所有访问权限；在人员离岗时取回各种身份证件、钥匙、徽章等，以及机构提供的软硬件设备；员工调离时要办理严格的调离手续，关键岗位人员离岗须承诺调离后的保密义务后方可离开。

（3）人员考核。定期对各个岗位的人员进行安全技能及安全认知的考核；对关键岗位的人员进行全面、严格的安全审查和技能考核；对考核结果进行记录并保存。

（4）安全意识教育和培训。对各类人员进行安全意识教育、岗位技能培训和相关安全技术培训；对安全责任和惩戒措施进行书面规定并告知相关人员，对违反违背安全策略和规定的人员进行惩戒；对定期安全教育和培训进行书面规定，针对不同岗位制定不同的培训计划，对信息安全基础知识、岗位操作规程等进行培训；对安全教育和培训的情况和结果进行记录并归档保存。

（5）外部人员访问管理。外部人员访问受控区域前必须先提出书面申请，批准后由专人全程陪同或监督，并登记备案；对外部人员允许访问的区域、系统、设备、信息等内容应进行书面的规定，并按照规定执行。

4.医院信息系统建设管理

根据基本要求制定系统建设管理制度，包括系统定级、安全方案设计、产品采购和使用、自行软件开发、外包软件开发、工程实施、测试验收、系统交付、系统备案、等级评测、安全服务商选择等方面。从工程实施的前期、中期、后期三个方面，从初始定级设计到验收评测完整的工程周期角度进行系统建设管理。

（1）系统定级。明确信息系统的边界和安全保护等级；以书面的形式说明确定信息系统为某个安全保护等级的方法和理由；组织相关部门和有关安全技术专家对信息系统定级结果的合理性和正确性进行论证和审定；确保信息系统的定级结果经过相关部门的批准。

（2）安全方案设计。根据系统的安全保护等级选择基本安全措施，并依据风险分析的结果补充和调整安全措施；指定和授权专门的部门对信息系统的安全建设进行总体规划，制定近期和远期的安全建设工作计划；根据信息系统的等级划分情况，统一考虑安全保障体系的总体安全策略、安全技术框架、安全管理策略、总体建设规划和详细设计方案，并形成配套文件。组织相关部门和有关安全技术专家对总体安全策略、安全技术框架、安全管理策略、总体建设规划、详细设计方案等相关配套文件的合理性和正确性进行论证和审定，并且经过批准后，才能正式实施；根据等级测评、安全评估的结果定期调整和修订总体安全策略、安全技术框架、安全管理策略、总体建设规划、详细设计方案等相关配套文件。

（3）产品采购和使用。安全产品采购和使用应符合国家的有关规定；密码产品采购和使用应符合国家密码主管部门的要求；指定或授权专门的部门负责产品的采购；在采购之前预先对产品进行选型测试，确定产品的候选范围，并定期审定和更新候选产品名单。

（4）自行软件开发。确保开发环境与实际运行环境物理分开，开发人员和测试人员分离，测试数据和测试结果受到控制；制定软件开发管理制度，明确说明开发过程的控制方法和人员行为准则；制定代码编写安全规范，要求开发人员参照规范编写代码；确保提供软件设计的相关文档和使用指南，并由专人负责保管；确保对程序资源库的修改、更新、发布进行授权和批准。

（5）外包软件开发。根据开发需求检测软件质量；在软件安装之前对软件包进行检测，以发现其中可能存在的恶意代码；要求开发单位提供软件设计的相关文档和使用指南；要求开发单位提供软件源代码，并审查软件中可能存在的后门。

（6）工程实施。指定或授权专门的部门或人员负责工程实施过程的管理；制定详细的工程实施方案控制实施过程，并要求工程实施单位能正式地执行安全工程过程；制定工程实施方面的管理制度，明确说明实施过程的控制方法和人员行为准则。

（7）测试验收。在软件完成开发投入正式使用之前，委托公正的第三方测试单位对系统进行安全性测试，并出具安全性测试报告；在测试验收前应根据设计方案或合同要求等制订测试验收方案，在测试验收过程中应详细记录测试验收结果，并形成测试验收报告；应对系统测试验收的控制方法和人员行为准则进行书面规定；应指定或授权专门的部门负责系统测试验收的管理，并按照管理规定的要求完成系统测试验收工作；应组织相关部门和相关人员对系统测试验收报告进行审定，并签字确认。

（8）系统交付。在系统正式交付之前，应制定详细的系统交付清单，并根据交付清单对所交接的设备、软件和文档等进行清点；要对负责系统运行维护的技术人员进行相应的技能培训。承建方必须提供系统建设过程中的文档和指导用户进行系统运行维护的文档；应对系统交付的控制方法和人员行为准则进行书面规定；应指定或授权专门的部门负责系统交付的管理工作，并按照管理规定的要求完成系统交付工作。

（9）系统备案。建设方应指定专门的部门或人员负责管理系统定级的相关材料，并控制这些材料的使用；应将系统等级及相关材料报系统主管部门备案；应将系统等级及其他要求的备案材料报相应公安机关备案。

（10）等级测评。对于三级信息系统，在系统运行过程中，至少每年对系统进行一次等级测评，发现不符合相应等级保护标准要求的及时整改；在系统发生变更时应及时对系统进行等级测评，发现级别发生变化的，及时调整级别并进行安全改造，发现不符合相应等级保护标准要求的及时整改；应选择具有国家相关技术资质和安全资质的测评单位进行等级测评；应指定或授权专门的部门或人员负责等级测评的管理。

（11）安全服务商选择。安全服务商的选择符合国家的有关规定；应与选定的安全服务商签订与安全相关的协议，明确约定相关责任；应确保选定的安全服务商提供技术培训和服务承诺，必要时与其签订服务合同。

5. 医院信息系统运维管理

根据基本要求进行信息系统日常运行维护管理，利用管理制度及安全管理中心进行环境管理、资产管理、介质管理、设备管理、监控管理和安全管理中心、网络安全管理、系统安全管理、恶意代码防范管理、密码管理、变更管理、备份与恢复管理、安全事件处置、应急预案管理等，使系统始终处于相应等级安全状态中。

（1）环境管理。由指定的特定部门或人员定期对机房供配电、空调、温湿度控制等设施进行维护管理；由指定的部门负责机房安全，并配备机房安全管理人员，对机房的出入、服务器的开关机等工作进行管理；建立机房安全管理制度，对有关机房物理访问、物品带进、带出机房和机房环境安全等方面的管理作出规定。加强对办公环境的保密性管理，规范办公环境人员行为，包括工作人员调离办公室应立即交还该办公室钥匙、不在办公区接待来访人员、工作人员离开座位应确保终端计算机退出登录状态和桌面上没有包

（2）资产管理。编制并保存与信息系统相关的资产清单，包括资产责任部门、重要程度和所处位置等内容；应建立资产安全管理制度，规定信息系统资产管理的责任人员或责任部门，并规范资产管理和使用的行为；根据资产的重要程度对资产进行标识管理，根据资产的价值选择相应的管理措施；对信息分类与标识方法作出规定，并对信息的使用、传输和存储等进行规范化管理。

（3）介质管理。建立介质安全管理制度，对介质的存放环境、使用、维护和销毁等方面作出规定；确保介质存放在安全的环境中，对各类介质进行控制和保护，并实行存储环境专人管理；对介质在物理传输过程中的人员选择、打包、交付等情况进行控制，对介质归档和查询等进行登记记录，并根据存档介质的目录清单定期盘点。对存储介质的使用过程、送出维修及销毁等进行严格的管理，对带出工作环境的存储介质进行内容加密和监控管理，对送出维修或销毁的介质应首先清除介质中的敏感数据，对保密性较高的存储介质未经批准不得自行销毁。根据数据备份的需要对某些介质实行异地存储，存储地的环境要求和管理方法应与本地相同。对重要介质中的数据和软件采取加密存储，并根据所承载数据和软件的重要程度对介质进行分类和标识管理。

（4）设备管理。对信息系统相关的各种设备（包括备份和冗余设备）、线路等指定专门的部门或人员定期进行维护管理；建立基于申报、审批和专人负责的设备安全管理制度，对信息系统的各种软硬件设备的选型、采购、发放和领用等过程进行规范化管理；建立配套设施、软硬件维护方面的管理制度，对其维护进行有效的管理，包括明确维护人员的责任、涉外维修和服务的审批、维修过程的监督控制等；对终端计算机、工作站、便携机、系统和网络等设备的操作和使用进行规范化管理，按操作规程实现主要设备（包括备份和冗余设备）的启动/停止、加电/断电等操作；确保信息处理设备必须经过审批才能带离机房或办公地点。

（5）监控管理和安全管理中心。对通信线路、主机、网络设备和应用软件的运行状况、网络流量、用户行为等进行监测和报警，形成记录并妥善保存。组织相关人员定期对监测和报警记录进行分析、评审，发现可疑行为，形成分析报告，并采取必要的应对措施。建立安全管理中心，对设备状态、恶意代码、补丁升级、安全审计等安全相关事项进行集中管理。

（6）网络安全管理。指定专人对网络进行管理，负责运行日志、网络监控记录的日常维护和报警信息分析和处理工作；建立网络安全管理制度，对网络安全配置、日志保存时间、安全策略、升级与打补丁、口令更新周期等方面作出规定；根据厂家提供的软件升级版本对网络设备进行更新，并在更新前对现有的重要文件进行备份。定期对网络系统进行漏洞扫描，对发现的网络系统安全漏洞进行及时地修补。现设备的最小服务配置，并对配置文件进行定期离线备份。保证所有与外部系统的连接均得到授权和批准。依据安全策略允许或者拒绝便携式和移动式设备的网络接入。定期检查违反规定拨号上网或其他违反网络安全策略的行为。

（7）系统安全管理。根据业务需求和系统安全分析确定系统的访问控制策略；定期进行漏洞扫描，对发现的系统安全漏洞及时进行修补；安装系统的最新补丁程序，在安装系统补丁前，首先在测试环境中测试通过，并对重要文件进行备份后，方可实施系统补丁程序的安装；建立系统安全管理制度，对系统安全策略、安全配置、日志管理和日常操作流程等方面作出具体规定。指定专人对系统进行管理，划分系统管理员角色，明确各个角色的权限、责任和风险，权限设定应当遵循最小授权原则；依据操作手册对系统进行维护，详细记录操作日志，包括重要的日常操作、运行维护记录、参数的设置和修改等内容，严禁进行未经授权的操作；定期对运行日志和审计数据进行分析，以便及时发现异常行为。

（8）恶意代码防范管理。应增强所有用户的防病毒意识，及时告知防病毒软件版本，在读取移动存储设备上的数据及网络上接收文件或邮件之前，先进行病毒检查，对外来计算机或存储设备接入网络系统之前也应进行病毒检查。指定专人对网络和主机进行恶意代码检测并保存检测记录。对防范恶意代码软件的授权使用、恶意代码库升级、定期汇报等作出明确规定。定期检查信息系统内各种产品的恶意代码库的升级情况并进行记录，对主机防病毒产品、防病毒网关和邮件防病毒网关上截获的危险病毒或恶意代码进行及时分析处理，并形成书面的报表和总结汇报。

（9）密码管理。应建立密码使用管理制度，使用符合国家密码管理规定的密码技术和产品。

（10）变更管理。在实施变更之前，应确认系统中要发生的变更，并制定变更方案。建立变更管理制度，系统发生变更前，向主管领导申请，变更和变更方案经过评审、审批后方可实施变更，并在实施后将变更情况向相关人员通告；建立变更控制的申报和审批文件化程序，对变更影响进行分析并文档化，记录变更实施过程，并妥善保存所有文档和记录；建立中止变更并从失败变更中恢复的文件化程序，明确过程控制方法和人员职责，必要时对恢复过程进行演练。

（11）备份与恢复管理。应确认需要定期备份的重要业务信息、系统数据及软件系统等；建立备份与恢复管理相关的安全管理制度，对备份信息的备份方式、备份频度、存储介质和保存期等进行规范；根据数据的重要性和数据对系统运行的影响，制定数据的备份策略和恢复策略，备份策略须指明备份数据的放置场所、文件命名规则、介质替换频率和将数据离站运输的方法；应建立控制数据备份和恢复过程的程序，对备份过程进行记录，所有文件和记录应妥善保存；定期执行恢复程序，检查和测试备份介质的有效性，确保可以在恢复程序规定的时间内完成备份的恢复。

（12）安全事件处置。建立报告制度，报告所发现的安全弱点和时疑事件，但任何情况下用户均不应尝试验证弱点；制定安全事件报告和处置管理制度，明确安全事件的类型，规定安全事件的现场处理、事件报告和后期恢复的管理职责。根据国家相关管理部门对计算机安全事件等级划分方法和安全事件对本系统产生的影响，对本系统计算机安全事件进行等级划分。制定安全事件报告和响应处理程序，确定事件的报告流程，响应和处置的范围、程度，以及处理方法等。在安全事件报告和响应处理过程中，分析和鉴定事件产生的原因，收集证据，记录处理过程，总结经验教训，制定防止再次发生的补救措施，过程形成的所有文件和记录均应妥善保存。对造成系统中断和造成信息泄密的安全事件应采用不同的处理程序和报告程序。

（13）应急预案管理。在统一的应急预案框架下制定不同事件的应急预案，应急预案框架应包括启动应急预案的条件、应急处理流程、系统恢复流程、事后教育和培训等内容。从人力、设备、技术和财务等方面确保应急预案的执行有足够的资源保障。对系统相关的人员进行应急预案培训，应急预案的培训应至少每年举办一次。定期对应急预案进行演练，根据不同的应急恢复内容，确定演练的周期。规定应急预案需要定期审查和根据实际情况更新的内容，并按照执行。

二、医院信息安全技术体系建设

（一）医院信息物理安全管理

医院信息的物理安全包括物理位置的选择、物理访问控制、防盗窃和防破坏、防雷击、防火、防水和防潮、防静电、温湿度控制、电力供应、电磁防护。

（1）物理位置的选择。物理位置的选择主要是在初步选择系统物理运行环境时进行考虑。物理位置的正确选择是保证系统能够在安全的物理环境中运行的前提，它在一定程度上决定了面临的自然灾难及可能的环境威胁。如果没有正确地选择物理位置，必然会造成后期为保护物理环境而投入大量资金、设备，甚至无法弥补。物理位置选择必须考虑周遭的整体环境及具体楼宇的物理位置是否能够为信息系统的运行提供物理上的基本保证。

（2）物理访问控制。物理访问控制主要是对内部授权人员和临时外部人员进出系统主要物理工作环境进行人员控制。对进出口进行控制，是防护物理安全的第一道关口，也是防止外部未授权人员对系统进行本地恶意操作的重要防护措施。

（3）防盗窃和防破坏。防盗窃和防破坏主要考虑了系统运行的设备、介质及通信线缆的安全性。物理访问控制主要侧重在进出口，这可在一定程度上防止设备被盗。防盗窃和防破坏主要侧重在机房内部对设备、介质和通信线缆进行保护。

（4）防雷击。防雷击主要是考虑采取措施，防止雷电对设备造成的危害，避免引起巨大的经济损失。雷电对设备的破坏主要有两类：直击雷破坏和感应雷破坏。目前，大多数建筑物都设有防直击雷的措施——避雷装置，防雷击主要集中在防感应雷。防感应雷的主要工作是在进入 UPS 的输入配电柜加装防雷击装置，在窗花上加装防雷击地线等。

（5）防火。防火主要是考虑采取各种措施，防止火灾的发生及发生后能够及时灭火。分别从设备灭火、建筑材料防火和区域隔离防火等方面考虑。

（6）防水和防潮。防水和防潮主要是考虑防止室内由于各种原因的积水、水雾或湿度太高而造成设备运行异常。同时，这也是控制室内湿度的较好措施。

（7）防静电。防静电主要是考虑在物理环境里，尽量避免产生静电，以防止静电对设备、人员造成伤害。大量静电如果积聚在设备上，会导致磁盘读/写错误、损坏磁头、对 CMOS 电路也会造成极大的威胁。

（8）温湿度控制。机房内的各种设备必须在一定的温度、湿度范围内才能正常运行。温度、湿度过高或过低都会对设备产生不利影响。

（9）电力供应。稳定、充足的电力供应是维持系统持续正常工作的重要条件。许多因素威胁到电力系统，最常见的是电力波动。电力波动对一些精密的电子配件会造成严重的物理损害。

（10）电磁防护。现代通信技术建立在电磁信号传播的基础上，空间电磁场的开放特性决定了电磁泄漏是危及系统安全性的一个重要因素。电磁防护主要是提供对信息系统设备的电磁信号进行保护，确保用户信息在使用和传输过程中的安全性。

（二）医院信息网络安全管理

医院信息网络安全包括结构安全、访问控制、安全审计、边界完整性检查、入侵防范、恶意代码防范、网络设备防护。

（1）结构安全。在对网络安全实现全方位保护之前，应首先关注整个网络的资源分布、架构是否合理。只有结构安全才能在其基础上实现各种技术功能，达到网络安全保护的目的。

（2）访问控制。对网络而言，最重要的一道安全防线就是边界。边界上汇聚了所有流经网络的数据流，必须对其进行有效地监视和控制。在边界处，重要的就是对流经的数据（或者称进出网络）进行严格的访问控制。按照一定的规则允许或拒绝数据的流入、流出。

（3）安全审计。网络安全审计重点包括对网络流量监测及对异常流量的识别和报警、网络设备运行情况的监测等。

（4）边界完整性检查。在全网中对网络的连接状态进行监控、准确定位，并能及时报警和阻断。

（5）入侵防范。入侵防范主要是监视所在网段内的各种数据包，对每一个数据包或可疑数据包进行分析。如果数据包与内置的规则吻合，入侵检测系统就会记录事件的各种信息，并发出警报。

（6）恶意代码防范。及时自动更新产品中的恶意代码定义，这种更新必须非常频繁，且对用户透明。

（7）网络设备防护。通过登录网络设备对各种参数进行配置、修改等，都直接影响网络安全功能的发挥，网络设备的防护主要是对用户登录前后的行为进行控制。

（三）医院信息主机安全管理

医院信息主机安全包括身份鉴别、安全标记、访问控制、可信路径、安全审计、剩余信息保护、入侵防范、恶意代码防范、资源控制。

（1）身份鉴别。为确保系统的安全，必须对系统中的每一用户或与之相连的服务器或终端设备进行有效地标识与鉴别。只有通过鉴别的用户才能被赋予相应的权限，进入系统并在规定的权限内操作。

（2）入侵防范。基于主机的入侵检测，可以说是基于网络的"补充"，补充检测那些出现在"授权"的数据流或其他遗漏的数据流中的入侵行为。

（3）恶意代码防范。恶意代码通过各种移动的存储设备接入主机，可能造成该主机感染病毒，而后通过网络感染其他主机。

（4）资源控制。为保证资源有效共享和充分利用，操作系统必须对资源的使用进行控制,包括限制单个用户的多重并发会话、限制最大并发会话连接数、限制单个用户对系统资源的最大和最小使用限度、当登录终端的操作超时或鉴别失效时进行锁定、根据服务优先级分配系统资源等。

(四)医院信息应用安全管理

医院信息应用安全包括身份鉴别、安全标记、访问控制、可信路径、安全审计、剩余信息保护、通信完整性、通信保密性、抗抵赖、软件容错、资源控制。

(1)身份鉴别。同主机系统的身份鉴别一样,应用系统同样对登录的用户进行身份鉴别,以确保用户在规定的权限内进行操作。

(2)安全标记。在应用系统层面,在高级别系统中如要实现强度较强的访问控制,必须增加安全标记。通过对主体和客体进行标记,主体不能随意更改权限,权限是由系统客观具有的属性及用户本身具有的属性决定的,因此,在很大程度上使非法访问受到限制,增加了访问控制的力度。

(3)访问控制。在应用系统中实施访问控制是为了保证应用系统受控制地合法使用。用户只能根据自己的权限大小来访问应用系统,不得越权访问。

(4)可信路径。在计算机系统中,用户一般并不直接与内核打交道,通过应用层作为接口进行会话。但由于应用层并不能被完全信任,因此,在系统的安全功能中,提出"可信路径"这一概念。

(5)安全审计。应用系统安全审计的目的是保持对应用系统的运行情况及系统用户行为的有效跟踪,以便事后追踪分析。应用安全审计主要涉及的方面包括:用户登录情况、系统功能执行及系统资源使用情况等。

(6)剩余信息保护。为保证存储在硬盘、内存或缓冲区中的信息不被未授权用户访问,应用系统应对这些剩余信息加以保护。用户的鉴别信息、文件、目录等资源所在的存储空间,应将其完全清除之后,释放或重新分配给其他用户。

(7)通信完整性。为了防止发生意外的信息泄露,并保护数据免受传输时擅自修改,就必须确保通信点间的安全性。

（8）通信保密性。同通信完整性一样，通信保密性也是保证通信安全的重要方面。它主要确保数据处于保密状态，不被窃听。

（9）抗抵赖。通信完整性和保密性并不能保证通信抗抵赖行为，即通信双方或不承认已发出的数据，或不承认已接收到的数据，从而无法保证应用的正常进行。必须采取一定的抗抵赖手段，防止双方否认数据所进行的交换。

（10）软件容错。软件容错技术是提高整个系统可靠性的有效途径，通常在硬件配置上，采用了冗余备份的方法，以便在资源上保证系统的可靠性。在软件设计上，则主要考虑应用程序对错误（故障）的检测、处理能力。

（五）医院信息数据安全、数据备份和恢复

医院信息数据安全、数据备份和恢复包括数据完整性、数据保密性、数据备份和恢复。

（1）数据完整性。数据完整性主要保证各种重要数据在存储和传输过程中免受未授权用户的破坏。这种保护包括对完整性破坏的检测和恢复。

（2）数据保密性。数据保密性主要从数据的传输和存储两个方面保证各类敏感数据不被未授权用户访问，以免造成数据泄露。

（3）数据备份和恢复。对数据进行备份，是防止数据遭到破坏后无法使用的最好方法。

第三节　医院信息系统运维标准与规划

一、医院信息系统运维及其管理

当前，随着信息化进程的加快和深入，网络平台速度不断提升，信息系统应用范围逐步拓宽。信息系统运维工作的对象、内容、技术、方式、手段等各方面都发生了重大变化，从而使信息系统运维工作更加重要和急迫。对信息系统管理者来说，掌握信息系统运维管理是其必须掌握的一个技能。

（一）医院信息系统运维

医院信息系统运维是指医院信息系统的运行和维护，是运维部门结合业务特点并按照相关管理制度内容和流程，采用一定的技术、方法和手段，对医院信息系统、系统设备、运行环境及人员等进行综合管理。其目的是维护医院信息系统的正常运行和使用，保证医疗业务需要，提高医疗业务运作效率，降低医疗业务运作成本。当前的医院信息系统运维工作主要包括以下两个方面：

（1）硬件资源运维，主要包括主机、存储、网络、安全、机房基础环境源等，及时监控和解决各种硬件故障和运行问题，定期检查各硬件设备的运行和性能变化情况，及时解决如件容量不够、设备性能下降、网络带宽延迟等影响系统运行问题及各种潜在故障和隐患，保证硬件设备正常、稳定、可靠、高效地运行。

（2）软件资源运维，主要包括数据库、中间件、操作系统、应用系统等，及时监控和解决各种软件故障和运行问题，定期检查各系统软件的运行和性能变化情况，及时解决数据库空间不足、软件性能下降、系统出现漏洞等各种潜在故障和隐患，针对系统业务需求变化和业务流程的变更，及时升级、更新系统软件，保证软件系统的正常、稳定、可靠、高效运行，满足业务工作需要。

（二）医院信息系统运维管理

医院信息系统运维管理主要包括运维平台和运维手段建设，岗位职责规范，制度及流程的制订、变更和执行，工作监督、检查和绩效考核，人员素质的培养和提高，数据交换及应用，系统安全及容灾管理等。按事件处理规程，做好各种事件的审核审批和处理工作，协调运维各岗位间、部门间、用户间的工作关系和顺畅联系，落实上级下达的运维工作任务，不断提高运维工作质量和效率。医院信息系统运维管理的概念如下：为保障医院信息系统与业务系统正常、安全、有效运行而采取的管理活动，其中包括医院信息系统运行管理、医院信息系统维护管理及医院信息系统运维成本管理。

经过近几年信息化进程的快速发展，医院信息系统运维和医院运维管理工作更加体现出重要性，这种重要性表现在运维阶段既是实现项目效益的关键阶段，也是业务整合真正的开始，原因是只有在运维阶段，应用系统所提供的服务才能更真实地反映业务用户的需求和期望。因此，医院信息系统运维工作的结果直接关系到应用效益的发挥，通过提供安全、稳定、高效的信息系统运维外包服务，才能更好地整合业务，提升医疗行业的行政效能和公众服务水平。

二、信息技术基础架构库运维标准

信息技术基础架构库（Information Technology Infrastructure Library，ITIL）是英国中央计算机和电信局（Central Computing and Telecommunications Agency，CCTA）在20世纪80年代制订的一套IT服务管理标准库。它把各个行业在IT管理方面的最佳实践归纳起来变成规范，旨在提高IT资源的利用率和服务质量。经过多年的完善，这套标准已经趋于成熟，是IT运维领域的国际标准，主要适用于IT服务管理（ITSM）。ITIL为IT服务管理实践提供了一个客观、严谨、可量化的标准和规范。现由英国商务部（Office of Government Commerce，OGC）负责管理。

ITIL被定义为"以流程为导向、以客户为中心，通过整合组织业务与IT服务，提高组织IT服务的提供和支持能力及水平"。ITIL遵循PPT原则，即受到良好培训的人员（people）通过执行明确定义的、以技术（technology）驱动的流程（process），为它所支持的业务提供高质量的服务。

（一）ITIL的发展历程

ITIL目前有四个版本。最初的V1版主要是IT管理者的经验积累，包含40多个流程。此后，CCTA又在HP、IBM、BMC、CA等主流IT资源管理软件厂商近年来所做出一系列实践和探索的基础之上，总结了IT服务的最佳实践经验，形成了一系列基于流程的方法，用以规范IT服务的水平，并推出了新的ITIL V2版本。V2版在V1版的基础上对管理流程进行分类与整理，形成了业务管理、服务管理（ITSM，ITIL 核心模块）、IT 基础架构管理、应用管理、安全管理、IT 服务规划管理与实施 6 个模块。2005 年，ITIL 正式通过国际标准 ISO 20000 认证。V3 版本于 2007 年正式发布，V3 版在 V2 版的基础上首次引入服务生命周期管理理念，强调业务管理驱动和自上而下的实施方式，重点突出 IT 服务与业务管理的集成，提高 IT 服务与业务管理的透明度，分为服务战略、服务设计、服务事务、服务操作管理、服务提高 5 个部分。2019 年更新至 ITILV4 版本，该更新使 ITIL 能够反映人们所处的快节奏和复杂的环境，以及新的工作方式和新兴实践，所有这些，不仅对 ITSM 专业人员，而且对在数字转型领域工作的更广泛的专业人员而言，也是必不可少的。ITIL V4 的目的是为组织提供现代服务经济中信息技术管理的全面指导。ITIL V4 可提供端到端的 IT/数字运营模式，涵盖技术支持的产品和服务的全面交付，指导 IT 如何与更广泛的业务战略接口衔接，引领业务发展。

（二）ITIL 框架的组成模块

ITIL 框架包含 6 个模块，分别为服务管理（包括服务提供、服务支持）、ICT 基础架构管理、IT 服务管理规划、应用管理、业务管理和安全管理，这 6 个模块组成了 ITIL 的核心。ITIL 框架的组成模块如图 10-3 所示。

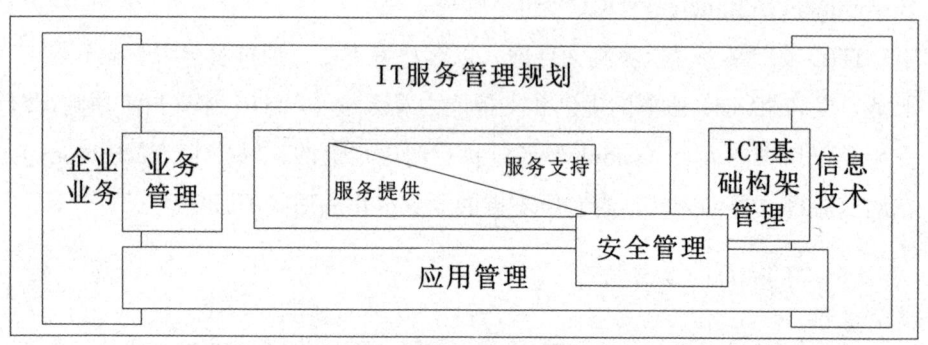

图 10-3　ITIL 框架的组成模块示意图

（1）服务管理。①服务提供。服务提供覆盖了规划和提供高质量 IT 服务所需的过程，并且着眼于改进与所提供的 IT 服务的质量相关的长期过程服务提供包括服务级别管理、IT 服务财务管理、容量管理、IT 服务持续性和可用性管理。②服务支持。服务支持描述了同所提供的 IT 服务日常支持和维护活动相关的过程。这种服务支持组件更多地处理事故管理、问题管理、变更管理、配置管理和发布管理，以及服务台功能的日常支持和维护。

（2）ICT 基础架构管理。ICT 基础架构管理覆盖了标识业务需求到招投标过程、ICT 组件和 IT 服务的测试、安装、部署及后续运行和优化的 ICT 基础架构管理的所有方面。这些方面就是关于管理 4P 的问题——人（people）、过程（process）、产品（product——工具和技术）和合作伙伴（partners——供应商、厂商和外包机构），但 ICT 基础架构管理更集中考虑那些同实际工具和技术紧密相关的 IT 领域。

（3）IT 服务管理规划。IT 服务管理规划检查组织机构内规划、实施和改进服务管理过程中所涉及的问题和任务。它也考虑与解决文化和组织机构变更、开发远景和战略及方案的最合适方法等相关的问题。

（4）应用管理。应用管理描述了如何管理应用，从最初的业务需求到业务设计、建设、部署、运行、优化，直至包括应用废弃的应用生命周期的所有阶段。它将重点放在应用的整个生命周期内确保 IT 项目和战略同业务建立紧密的联系，以确保业务从其投资中获得最佳价值。

（5）业务管理。业务管理提供了建议和指南，以帮助 IT 人员理解他们如何才能为业务目标作出贡献，如何更好地联系和挖掘角色和服务以发掘其最大化的贡献。也就是说，IT 服务提供的业务管理方案主要关注业务机构及其运行的关键原则和需求。这种业务意识将帮助服务管理同业务有效地紧密联系起来，并且使 IT 所提供的业务收益最大化。

（6）安全管理。安全管理详细描述了规划和管理用于信息和 IT 服务的给定安全级别的过程，包括同响应安全事故相关的所有方面。它也包括了风险和脆弱性的评估和管理，以及成本有效控制的对策的实施。IT 安全管理要求应该成为每个 IT 管理人员岗位描述的一部分。管理人员负责采取合适的步骤以将安全事故发生的机会减少至可接受的级别，这也就是风险评估和管理的过程。

（三）ITIL 的运维管理

ITIL 的运维管理包括服务台、事件管理、问题管理、配置管理、变更管理、发布管理、服务级别管理、财务管理、知识管理、供应商管理等标准管理理念，以及值班管理、作业计划管理、考核管理、应急预案管理、培训管理等辅助管理办法。

1. 服务台

服务台是 IT 部门和 IT 服务用户的单一联系点。它通过提供一个集中和专职的服务联系点促进了组织业务流程与服务管理基础架构集成。服务台管理事件和服务请求，实现与用户的沟通。服务台的主要目标是协调客户（用户）和 IT 部门的联系，为 IT 服务运作提供支持，从而提高客户的满意度。服务台应实现以下功能

（1）支持通过电话、网络、电子邮件等方式向用户提供单点联系接口。

（2）支持对所有的故障和服务申请进行预处理，检查用户输入信息的正确性和完整性。

（3）支持用户通过服务台咨询、短信或电子邮件等方式了解投诉或服务申请的处理过程。

（4）支持对故障和服务申请的跟踪，确保所有的故障和服务申请能够以闭环方式结束。

（5）能够提供查询知识库功能。

2. 事件管理

事件管理负责记录、归类和安排专家处理突发事件并监督整个处理过程直至事故得到解决和终止。事件管理应支持自定义事件级别、事件分类，提供方便的事件通知功能，支持对事件进行灵活的查询统计，并可以详细记录事件处理的全过程，便于跟踪了解事件的整个处理过程。事件管理的目的是在尽可能小地影响客户和用户业务的情况下，使 IT 系统恢复到服务级别协议所定义的服务级别。系统应支持以下功能：

（1）支持事件记录的创建、修改和关闭。

（2）支持向事件记录输入描述和解决方案信息，支持创建事件记录时自

动记录创建时间、创建日期和事件流水号。

（3）支持创建、修改和关闭事件记录人员的权限控制。

（4）支持将事件记录自动分派到相应支持组和个人。

（5）提供对事件记录的查询功能。

（6）支持灵活定制相关报表，可利用历史事件记录生成管理报表。

（7）支持与问题管理、配置管理、变更管理等其他管理流程的集成。

3. 问题管理

问题管理是指通过调查和分析 IT 基础架构的薄弱环节、查明事故发生的潜在原因，并制定解决事故的方案和防止事故再次发生的措施，将问题和事故对业务产生的负面影响减小到最低的服务管理流程。与事件管理强调事故恢复的速度不同，问题管理强调的是找出事故产生的根源，从而制定恰当的解决方案或防止其再次发生的预防措施。系统应支持以下功能：

（1）支持问题记录的创建、修改和关闭，创建问题记录时自动记录创建时间、日期。

（2）支持对事件、问题和已知错误的区分。

（3）支持自动分派问题记录到定义的支持组或个人。

（4）支持对问题记录定义严重等级和影响等级。

（5）支持对问题记录的跟踪和监控。

（6）支持生成可定制的管理报表。

（7）支持向问题记录输入描述和解决方案信息。

（8）提供对问题记录的查询功能。

4. 配置管理

配置管理流程负责核实 IT 基础设施和应用系统中实施变更和配置项的关系是否已经被正确记录下来，确保配置管理数据库能够准确反映现存配置项的实际版本状态。其目的是提供 IT 基础架构的逻辑模型，支持其他服务管理流程特别是变更管理和发布管理的运作。系统应支持以下功能：

（1）支持对配置项的登记和管理。

（2）支持对配置项属性的记录，如序列号、版本号、购买时间等。

（3）支持配置项间关系的建立和维护。

(4)支持配置项及其关系的可视化呈现。

(5)支持对配置管理数据库访问权限的控制。

(6)支持对配置项变更的历史审计信息。

(7)支持配置项的状态管理。

(8)支持针对配置项的统计报表。

(9)支持与事件管理、问题管理、变更管理等其他管理流程的集成。

5. 变更管理

变更管理实现所有 IT 基础设施和应用系统的变更。变更管理应记录并对所有要求的变更进行分类，应评估变更请求的风险、影响和业务收益。其主要目标是以对服务最小的干扰实现有益的变更。系统应支持以下功能：

(1)创建并记录变更请求，即系统应支持信息的输入，并确保只有授权的人员方可提交变更请求。

(2)审查变更请求，即系统应支持对变更请求进行预处理，过滤其中完全不切实际的、不完善的或之前已经提交或拒绝的变更请求。

(3)变更请求的归类和划分优先级，即系统应支持基于变更对服务和资源可用性的影响决定变更的类别，依据变更请求的重要程度和紧急程度进行优先级划分。

(4)系统应支持对变更请求的全程跟踪和监控，支持在变更全程控制相关人员对变更请求的读/写修改访问。

(5)系统应支持将变更请求分派到合适的授权人员。

(6)系统应支持对变更请求的审批流程、支持对变更请求的规划，并支持对变更请求的通知和升级处理。

(7)系统应提供可定制的管理报表，如按类型、级别对变更进行统计和分析、变更实施的成功率、失败率等。

(8)支持与事件管理、问题管理、配置管理等其他管理流程的集成。

6. 发布管理

发布管理负责计划、安排和控制到测试和运行环境中的发布，其主要目标是保证运行环境的完整性及被发布组件的正确性。部署负责将新的或变更的硬件、软件、文档、流程等迁移到运行环境中。系统应支持以下功能：

（1）支持发布的分发和安装。

（2）支持与配置管理、变更管理、服务级别管理等流程的集成。

7. 服务级别管理

服务级别管理是为签订服务级别协议（SLA）而进行的计划、草拟、协商、监控和报告，以及签订服务级别协议后对服务绩效的评价等一系列活动所组成的一个服务管理流程。服务级别管理旨在确保组织所需的 IT 服务质量在成本合理的范围内得以维持并逐渐提高。系统应支持以下功能：

（1）服务级别协议（SLA）模板定制功能，即系统应能提供统一创建、浏览、修改和删除 SLA 模板的功能。

（2）SLA 违例通知功能，即一旦发生 SLA 违例情况，系统应及时发送通知给 IT 运维服务的相关各方。

（3）SLA 报告生成功能，即系统应支持 SLA 报告自动生成功能，并支持将生成的报告自动推送给 II 运维服务的相关各方。

（4）支持生成可定制的管理报表。

8. 财务管理

财务管理完成预算编制、审核、批复和下发等功能，实现对费用支出的管理，实时监管每一笔费用的支出，并对超出预算或异常的费用及时给出预警提示，实现从预算到使用，再到考核的闭环管理。IT 服务财务管理流程产生的预算和核算信息可以为服务级别管理、能力管理、IT 服务持续性管理和变更管理等管理流程提供决策依据。财务管理应提供如下功能：费用预算制定、费用申请管理、费用执行管理、费用考核管理。

9. 知识管理

知识管理流程负责搜集、分析、存储和共享知识和信息，其主要目的是通过确保提供可靠和安全的知识和信息以提高管理决策的质量。系统应支持以下功能：

（1）添加知识，提供支持人员提交经验和知识输入的接口或界面，支持 Word、Excel、TXT 等格式文档作为附件的输入。

（2）支持知识库的更新。

（3）查询知识，提供完善的查询功能，如查询关键字、知识列表等。

（4）提供模糊匹配、智能查询、点击统计等增强功能。

10. 供应商管理

供应商管理流程管理供应商及其所提供的服务，系统应支持以下功能：

（1）供应商信息的录入、查询、增删、分类等。

（2）对供应商进行定期评估，并支持对评估结果的查看。

（3）对合同信息的录入、查询、增删、分类等。

（4）对合同执行情况的定期评价和统计汇总。

11. 辅助流程

（1）值班管理。系统应支持对值班的管理，应实现以下功能：值班信息的记录，值班信息应包括班次编号、值班人、记录时间、监控项是否正常、问题及处理等；值班信息的查询和统计。

（2）作业计划管理。系统应支持对作业计划的管理，实现以下功能：提供基于模板的作业计划制定功能，快速完成作业计划（年计划、月计划）的制定；对于待执行的作业计划，系统提供自动提醒功能；对于作业计划的执行情况，系统提供统计分析功能。

（3）考核管理。系统应支持对员工工作量、工作绩效进行考核，并对考核结果进行统计分析，应实现以下功能：支持对工作任务、工时和工作完成情况等信息的收集；综合工作任务类别、工时和任务完成情况对员工的工作量和工作绩效进行量化；对任务类别、工时、任务完成情况、工作量等信息进行分析统计，如分析工时、工作量、工作任务的分布和比例等。

（4）应急预案管理。系统应支持针对重大故障和灾难的应急预案的管理，应实现以下功能：支持应急预案的制定、审批、更新、批准执行等流程；支持应急预案的输入、修改、删除、查询；支持应急预案操作人员的权限控制；支持应急预案执行报告的发布。

（5）培训管理。系统应支持培训管理，应实现以下功能：提供基于模板的培训计划制定功能，帮助用户完成培训计划的制定；对于待执行的培训计划，系统提供自动提醒功能；对于已实施的培训，系统支持培训效果的测评和分析，以及分析结果的发布。

（四）ITIL 服务管理引入医疗卫生行业的作用

ITIL 服务管理引入医疗卫生行业的主要作用如下：

（1）从技术导向转变为运维流程导向。将各种技术管理工作、工作站管理、服务器和存储设备管理、网络管理等进行了适当的梳理，形成了典型的流程，便于将支持工作规范化，提高工作效率。同时工作人员的绩效考核变得简单、直观。

（2）变被动处理为主动预防。由于定义了标准的支持流程，各种支持活动准确记录，可以实现知识共享，并可以进行事件故障的分析，预测可能发生的故障，从而采取适当的措施，预防事故的发生。

（3）对维护的软件和硬件设备实行实时动态的跟踪，便于随时查询获取状态，及时决策。

（4）由于明确定义了各种职责，信息部门内部分工协作，整合各医疗卫生机构的资源，可以对各业务部门提供统一的、集成的服务。

（5）形成了信息共享，为维护管理提供了知识库，便于问题及时处理。新接手人员也能迅速解决问题。

总而言之，ITIL 可为各医疗卫生机构的信息运维流程提供一个客观、严谨、可量化的标准和规范，引进 ITIL 管理标准，参考 ITIL 来规划和制定各医疗卫生机构信息系统的基础架构及信息服务管理流程，将信息服务管理流程化，使信息部门在处理问题时，变被动为主动，从而确保信息服务流程能为业务运作提供更好的技术和服务支持，提高信息部门的服务效率。

三、医院信息系统运维管理规划

（一）医院信息系统的主要特征

医院信息系统具有许多特征，其中的两个主要特征是流程特征和工具特征。

医院信息系统是在手工日常工作步骤的基础上，经过优化形成程序流程。

程序运行过程中,通过程序流程约束医护人员的操作,规范医护人员的操作,这就是信息系统的流程特性。在信息系统建设完成投入运行后,信息系统的程序成为医护人员日常工作的工具,医护人员通过操作程序完成自己的工作,这就是信息系统的工具特性。

由于信息系统的流程特性和工具特性,信息系统成为医院日常工作的支柱之一。这要求信息系统必须长时间地稳定运行。这里所说的长时间是指3~5年,即26 280~43 800小时。要求一个信息系统能够稳定运行几万小时,是一件十分困难的事情。除此之外,医院信息系统与其他行业信息系统相比还有一个特殊之处:医院是全年无休息日运营单位,医院信息系统无法借助休息日进行系统维护或升级改造,这大大增加了信息系统运维难度。信息系统是否能够长时间稳定运行,需要信息系统运行维护的支持。通过信息系统运行维护和管理,可提高系统运行的可靠性、安全性和稳定性。

(二)制定运维管理规划前的准备工作

在制定医院信息系统运维管理规划之前,应该调查医院信息系统运行情况。医院信息系统运行情况包括服务器和存储设备、网络链路、系统软件、应用软件、安全设备等子系统运行状态。调查了解各子系统宕机时间间隔,产生故障的部件,造成的影响范围;目前信息系统运维工作情况(包括日常巡检情况,故障排除情况);参照ITTLISO 20 000,调查了解在信息系统运维过程中事件管理、配置管理、变更管理、发布管理等应用情况;运维制度制定情况、组织机构设置情况、人员配置和工作情况。

在调查的基础上客观描述医院信息系统服务器和存储设备、网络链路、系统软件、应用软件、安全设备等子系统运行情况。统计各子系统宕机时间间隔,统计产生故障的部件及造成的影响范围。客观描述目前信息系统运维工作情况,包括日常巡检情况、故障排除情况。描述信息系统运维过程中事件管理、配置管理、变更管理、发布管理等应用情况。描述运维制度制定情况、组织机构设置情况、人员配置和工作情况。

（三）医院信息系统运维管理对象与内容

医院信息系统运维管理的对象有：①服务器，包括数据库服务器、应用服务器、管理服务器、虚拟服务器。②存储设备，包括存储控制器、光纤交换机、磁盘柜、硬盘等。③网络链路，包括光纤和铜缆。④安全设备，包括防火墙、WAF防火墙、入侵防护（IPS）、入侵检测（IDS）、网络审计、数据库审计、堡垒主机等。⑤系统软件，包括操作系统、数据库、中间件、工具等。⑥应用软件，包括医院运行的各种程序。⑦机房环境，包括温度、湿度、配电柜、UPS等。

信息系统运维内容分为技术部分和管理部分：技术部分是针对信息系统软件和硬件的运维技术工作；管理部分是为保障做好技术工作而做的管理类工作。技术部分的工作包括：机房环境状态监测与故障排除；服务器和存储设备运行状态监测和故障分析与排除；网络运行状态监测和故障分析与排除；安全设备运行状态监测和故障分析与排除；系统软件运行状态检查、参数优化；应用软件BUG排除、操作失误造成数据破坏的查找与纠正、程序调优等。管理部分的工作包括：运维制度的制定与调整，运维机构的组建与调整，运维人员的管理，事件管理、配置管理、变更管理、发布管理、应急体系管理、文档管理等。

第十一章 有线广播网络基础

第一节 相对电量

一、分贝比

在有电视系统和卫星接收系统中各点的电压和功率相差很大。例如，从电视接收天线上得到功率的数量级可小到 $10^{-2}\,\mu W$ 而高输出放大器的输出功率却能达到 $10^4\,\mu W$，两者相差 100 万倍，计算起来相当不方便。

例如设某四端口网络的输入功率为 P_1，输入电压为 U_1 输入阻抗为 Z_1 输出功率为 P_2，输出电压为 U_2，输出阻抗为 Z_2，如图 11-1 所示。

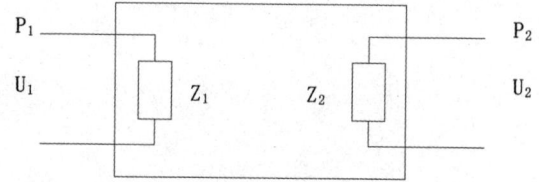

图 11-1 四端网络示意图

当输出、输入功率比 P_2/P_1 可能是一个很大的数，如 10^6，电压比也很大，使用起来很不方便。若将这个功率比取对数，变为 $\lg(P_2/P_1)$，则为一个较小的数 6。人们定义这个对数的单位为贝尔，于是可以说该四端口网络的功率增益为 6 贝尔。但在实际中发现，贝尔这个单位太大，把贝尔的 1/10 作为一个新的实用单位，称为分贝（用 dB 来表示），人们经常采用这个分贝比来表示系统的两个功率（或电压）大小的区别。

两个功率 P_2 和 P_1 分贝比定义为：

$$(P_2/P_1)_{dB} = 10\lg(P_2/P_1) \tag{11-1}$$

其单位用分贝（dB）来表示。利用分贝比可以表示有线电视系统的增益、衰减、交调比、载噪比等。例如功率放大倍数为 10000 的放大器的增益，用分贝比来表示为

$$10\lg P_2/P_1 = 10\lg 10\,000 = 40\text{dB}$$

将一个功率 P 均分成两份的理想分配器，则每一路输出功率为 $P_1/2$，用分贝比来表示该分配器的衰减为

$$10\lg[P_1/(P_1/2)] = 3\text{dB}$$

因为有线电视系统的输入、输出阻抗都为 75 Ω，则 $Z_2 = Z_1$，利用公式

$$P = U^2/Z \tag{11-2}$$

则电压比可用分贝比来表示

$$10\lg P_2/P_1 = 10\lg[(U_2^2/Z)/(U_1^2/Z)] = 20\lg U_2/U_1 \tag{11-3}$$

这时要注意，功率比表示为分贝比时，前边乘的系数为 10；而电压比表示为分贝比时，前边乘的系数为 20。

二、电平

当需要表示系统中的一个功率（或电压）时，不能用分贝比，可利用电平来表示。

系统中某一点的电平是指该点的功率（或电压）对某一基准功率（或基准电压）的分贝比：

$$10\lg(P/P_0) = 20\lg(U/U_0) \tag{11-4}$$

显然，基准功率（即 $P=P_0$）的电平为零。对同一个功率，选用不同基准功率 P_0（或基准电压 U_0）所得电平数值不同，后面要加上不同的单位。

若以 1W 为基准功率，功率为 P 时，对应的电平为 $10\lg(P/1W)$，单位记为分贝瓦（dBW）。例如功率为 1 W 时，电平为 0 dBW；功率为 100 W 时，电平为 20 dBW；功率为 100 mW 时，对应的电平为

$$10\lg(100\text{ mW}/1\text{W}) = 10\lg(0.1\text{ W}/1\text{ W}) = -10\text{ dBW}$$

已知系统中某点的电压，也可用 dBW 来表示该点的电平。例如某输入端

的电压为 200 mV，系统的输入阻抗为 75 Ω，则其输入功率

$$P=U^2/Z=0.2^2/75=5.2\times 10^{-4}\ \text{W}$$

对应的电平为

$$10\ \lg\ (5.2\times 10^{-4}/1)=-32.75\ \text{dBW}$$

若以 1 mW 为基准功率，则功率为 P 时对应的电平为 10 lg（P/1mW），单位记为分贝毫瓦（dBm）。例如功率为 1 W 时，电平为 30 dBm；功率为 1 mW 时，电平为 0 dBm；功率为 1 μW 时，电平为 -30 dBm；电压为 1 mV 时，对应的功率

$$P=U^2/Z=0.001^2/75=1.3\times 10^{-8}\ \text{W}=1.3\times 10^{-5}\ \text{mW}$$

对应的电平为

$$10\ \lg\ (1.3\times 10^{-5}\ \text{mW}/1\ \text{mW})=-48.75\ \text{dBm}$$

若以 1 mV 作为基准电压，则电压为 U 时对应的电平为 20 lg（U/1 mV），单位记为分贝毫伏（dBmV）。例如电压为 1 V 时，对应的电平为 60 dBmV；电压为 1 μV 时，对应的电平头 -60 dBmV；功率为 1 mW 时，电压

$$U=(PZ)^{0.5}=(10^{-3}\times 75)^{0.5}=274\ \text{mV}$$

对应的电平为（基准电压为 1 μV）

$$20\ \lg\ (2.74\times 10^5/1)=108.75\ \text{dBuV}$$

电平的四个单位 dBW、dBm、dBmV、dBuV 之间有一定的换算关系。表 11-1 所示为左边的原单位变换为上边的新单位时需要增加的数值。

表 11-1　电平单位换算表（系统阻抗为 75 Ω）

原单位	新单位			
	dBW（新单位）	dBm（新单位）	dBV（新单位）	dBμV（新单位）
dBW（新单位）	0	30	78.75	138.75
dBm（新单位）	-30	0	48.75	108.75
dBV（新单位）	-78.75	-48.75	0	60
dBμV（新单位）	-138.75	-108.75	-60	0

利用表 11-1 可以方便地把电平由一种单位转换为另一种单位。例如要把 115 dBμV 转换为其他单位表示，可利用表中最后一行：转换为 dBW 时用第

一列数 -138.75,即用原来的数加 - 138.75 得 - 23.75,说明 115 dBμV 相当于 - 23.75 dBW;类似地,115 dBμV 相当于 115－108.75=6.25 dBm;相当于 115－60=55 dBmV。若把 dBmV 转换为其他单位,则应用第三行;若把 dBm 转换为其他单位,则应用第二行;若把 dBW 转换为其他单位,则应用第一行,以此类推。

三、电压的叠加

在有线电视系统分析中,常常需要求出两个或多个交流电压的和。设
$$u_1=U_1\cos(\omega t+\phi_1)$$
$$u_2=U_2\cos(\omega t+\phi_2)$$

式中:U_1、U_2 分别为两个电压的振幅;ω 是其角频率;ϕ_1、ϕ_2 分别是两个电压的初相。可以证明,这两个交流电压 u_1 和 u_2 之和 u 也可用一个余弦函数 $u=U\cos(\omega t+\phi)$ 来表示,其中 U 是总电压的振幅,ϕ 中是总电压的初相。总电压的振幅 U 并不等于两个分电压振幅之和,即 $U\neq U_1+U_2$,U 的大小还与两个分电压的相位差 $\phi_2-\phi_1$ 有关。

在计算总电压时,常用矢量法比较方便。我们知道,交流电压 $u=U\cos(\omega t+\phi)$ 可以用图 11-2 所示的一个沿逆时针方向匀角速旋转的矢量的运动来表示。这个矢量的长度即为该交流电压的振幅 U,这个矢量的旋转角速度即为该 U 交流电压的圆频率 ω,这个矢量与 x 轴的夹角,即为该交流电压的相位 $\omega t+\phi$。两个交流电压相加,可以通过求这两个旋转矢量的矢量和来得到。

图 11-3 中,$u_1=U_1\cos(\omega t+\phi)$ 和 $u_2=U_2\cos(\omega t+\phi)$ 的两个旋转矢量 U_1 和 U_2,其矢量和 U 的模长 U 代表 u_1 与 u_2 之和 u 的振幅,U 与 x 轴的夹角 $\omega t+\phi$ 代表 u 的相位。

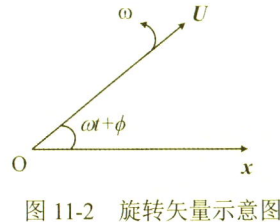

图 11-2 旋转矢量示意图

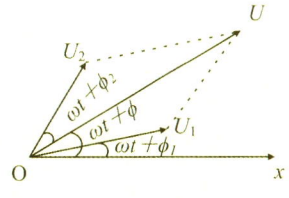

图 11-3 旋转矢量的矢量

显然，U 的模长 U（即 $U=U_1+U_2$ 的振幅）不仅同 U_1 和 U_2 的模长 $\|u_1\|$ 和 $\|u_2\|$ 有关，而且同 U_1 与 U_2 之间的夹角 $(\omega t+\phi_2)-(\omega t+\phi_1)=\phi_2-\phi_1$ 有关。也就是说，两个电压 u_1、u_2 的和不仅决定于 u_1 与 u_2 的电压大小，而且同 u_1 与 u_2 的相位差中 $\phi_2-\phi_1$ 有关。根据余弦定理可以求出

$$U^2=U_1^2+U_2^2+2U_1U_2\cos(\phi_2-\phi_1) \qquad (11\text{-}5)$$

当 $\phi_2-\phi_1=2k\pi$ 时，$U=|U_1+U_2|$，总电压的振幅等于两个分电压的振幅之算术和，这种叠加称为算术叠加。

当 $\phi_2-\phi_1=(2k+1)\pi$ 时，$U=|U_1-U_2|$，总电压的振幅等于两个分电压的振幅之差。若 $U_1=U_2$，则 $U=0$，两个分电压互相抵消，总电压为零。

当 $\phi_2-\phi_1=k\pi+\pi/2$ 时，$U^2=U_1^2+U_2^2$，即 $U=\sqrt{U_1^2+U_2^2}$，总电压振幅为分电压振幅平方和的平方根，这种叠加称为均方根叠加。因为电压平方与功率成正比，故这种叠加又常称为功率叠加。

当 $k\pi<\phi_2-\phi_1<k\pi+\pi/2$ 时，$\sqrt{U_1^2+U_2^2}<U<U_1+U_2$，总电压的振幅介于算术叠加与均方根叠加所得的结果之间，称为减算的算术叠加，减算的算术叠加常常可以用式 $U=\alpha\cdot(U_1+U_2)$ 表示，其中 $0<\alpha<1$。

算术叠加时，因为 $U=U_1+U_2$，则总电平

$$U_{dB}=20\lg U/1=20\lg(U_1+U_2)/1=20\lg(U_1+U_2)$$
$$=20\lg(10^{U_{1dB}/20}+10^{U_{2dB}/20}) \qquad (11\text{-}6)$$

式中：$U_1=10^{U_{1dB}/20}$、$U_2=10^{U_{2dB}/20}$，是将 $U_{1dB}=20\lg U_1$、$U_{2dB}=20\lg U_2$ 两边同除以 20 后再取以 10 为底的指数所得的结果，将式（11-6）推广到有 n 个电压 U_1、U_2、U_3、…U_n 进行算术叠加的情形，这时总电压的振幅

$$U=U_1+U_2+U_3+…+U_n$$

总电平

$$U_{dB}=20\lg(10^{U_{1dB}/20}+10^{U_{2dB}/20}+…+10^{U_{ndB}/20}) \qquad (11\text{-}7)$$

特别地，若 $U_1=U_2=…=U_n$，即 n 个电平都相同时

$$U_{dB}=20\lg(n\cdot 10^{U_{1dB}/20})=U_{1dB}+20\lg n \qquad (11\text{-}8)$$

当多个电压进行均方根叠加（或功率叠加）时，因为 $U^2=U_1^2+U_2^2+\ldots\ldots+U_n^2$，则总电平：

$$U_{dB}=10\lg(10^{U_{1dB}/10}+10^{U_{2dB}/10}+\ldots+10^{U_{ndB}/10}) \quad (11\text{-}9)$$

特别地，若 $U_1=U_2=\ldots=U_n$，即 n 个电平都相同时

$$U_{dB}=10\lg(n\cdot 10^{U_{1dB}/10})=U_{1dB}+10\lg n \quad (11\text{-}10)$$

当多个电压进行减算的算术叠加时，因为 $U^2=U_1^2+U_2^2+\ldots\ldots+U_n^2$，则总电平介于功率叠加电平和算术叠加电平之间，应把式（11-7）中的常数 20 或式（11-9）中的常数 10 改为 10 与 20 之间的某一个数，一般可以取为 15，即

$$U_{dB}=15\lg(10^{U_{1dB}/15}+10^{U_{2dB}/15}+\ldots+10^{U_{ndB}/15}) \quad (11\text{-}11)$$

特别地，若 $U_1=U_2=\ldots=U_n$，即 n 个电平都相同时

$$U_{dB}=15\lg(n\cdot 10^{U_{1dB}/15})=U_{1dB}+15\lg n \quad (11\text{-}12)$$

在有线电视系统中，对不同的技术指标，相应电压之间的相位差不同，它们叠加后所得的电压大小也不同，故对不同的技术指标，其叠加规律不同。

第二节 系统噪声

一、系统噪声的产生和分类

噪声是指能使图像遭受损伤的与传输信号本身无关的各种形式寄生干扰的总称，它是一种紊乱、断续、随机的电磁振动，在电视屏幕上的主观视觉效果表现为杂乱无章的"雪花"状干扰。

噪声按产生来源分为系统外部噪声和内部噪声。外部噪声是由系统外部的各种电磁干扰入侵造成，如空间中各种电磁发射、宇宙噪声、火花放电等，可以通过加强系统屏蔽来消除。内部噪声是指系统内部设备和部件产生的，又可分为两种：一种是可以消除的非固有内部噪声，如电路自激、电源交流声等；另一种则是不可能被消除的，称为固有内部噪声。

二、热噪声

热噪声主要是由导电体（包括电阻等无源器件）内部自由电子无规则的热运动所产生的，自由电子在一定温度下的热运动类似于分子的布朗运动，是杂乱无章的，这种随机的热运动随着温度的升高而加剧。电子的无规则运动便形成了电路的热噪声。任何一个无源网络，不管多么复杂，也不管什么结构，都会产生一个恒定的热噪声功率，它是固定存在的，和外部信号没有关系，称它为基础热噪声功率。基础热噪声功率由下式决定：

$$P_{n0} = \frac{h \bullet f \bullet \Delta f}{e^{hf/kT} - 1} \qquad (11\text{-}13)$$

式中：P_{n0} 为热噪声功率，W；h 为普朗克常数，$h=6.62\times10^{-34}$ J·s；f 为工作中心频率，Hz；k 为玻尔兹曼常数，$k=1.38\times10^{-23}$ J/K；T 为绝对温度，常温 20 ℃时为 293 K；Δf 为等效噪声带宽，Hz。

等效噪声带宽的定义为：噪声功率分布曲线下的总面积除以其最大功率值，如图 11-4 所示。

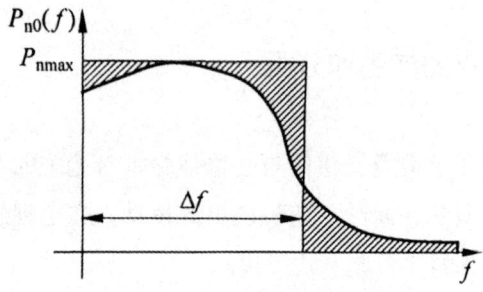

图 11-4 等效噪声带宽示意图

根据我国电视制式 PAL-D 标准，图像调制方式采取残留边带调幅（Vestigial Side-Band Amplitude Modulation，VSB-SAM），接收机图像信道为奈氏滤波器幅频特性，可计算得到等效噪声带宽为 5.75 MHz。

按有线电视系统的频率使用范围（5 MHz～1 GHz），在式（11-13）中，满足 $hf \ll kT$，则 $e^{hf/kT} \approx 1 + hf/kT$，代入式（11-13），可得

$$P_{n0}=kT\Delta f$$

式中：k 是玻尔兹曼常数；T 是绝对温度，为 293 K；Δf 是噪声的频带宽度，取 5.75 MHz。

根据我国的电视制式，$P_{n0}=2.32\times 10^{-14}$ W，如果阻抗为 75 Ω，则可求得热噪声电压为 $U_{n0}=1.32$ μV，用分贝表示时，室温下热噪声电平为

$$(U_{n0})_{dB}=20\lg U_{n0}=2.4 \text{ dB}\mu\text{V}$$

这是一个在工程计算时非常有用的数值。同样的方法，可以计算出 NTSC 制的等效噪声带宽 $\triangle f=3.95$ MHz，对应的基础热噪声电平为 0.8 dBμV。

三、噪声系数

有源器件内部产生的噪声不仅有基础热噪声，还有晶体管等所产生的散弹噪声、分配噪声和闪烁噪声等。下面研究的有源器件的噪声是指它的总噪声。有源设备的总噪声比较复杂，不能像无源器件的热噪声那样直接计算出功率大小，而且有源设备产生的噪声大小因设备而异。因此，需要引入噪声系数的概念，来衡量有源设备的噪声对信号的影响程度。

系统有源器件产生的噪声大小与设备复杂程度有关，通常用噪声系数（F）表示设备输出端相对于输入端载噪比变化的程度，大小跟设备性能有关，所以有线电视系统中每个设备都给出了噪声系数（F）大小。

噪声系数的准确定义：网络输出总噪声功率谱密度 $S_0(f)$（亦即单位频带内的总噪声功率）对仅有信号源内阻产生在输出端的噪声功率 $S_{i0}(f)$（亦即单位频带内仅有信号源内阻产生在输出端的噪声功率）的比值，表示为

$$F(f)=S_0(f)/S_{i0}(f) \tag{11-14}$$

上式称为点噪声系数，它是频率的函数。实际中，为了测量和工程应用的方便，噪声系数的定义有所简化。

设有一台有噪声的有源设备，功率放大量为 G 倍，噪声系数为 F，设输入信号功率仅有基础热噪声功率 P_{n0}（譬如天线上来的信号其伴随着的噪声功率就是 P_{n0}），若放大器不产生噪声，信号经过放大后，在设备的输出应该得到的噪声功率将为 GP_{n0}。由于设备本身有噪声功率产生，输出的噪声功率并

不是 GP_{n0},而变成为 GFP_{n0},即噪声功率变大了 F 倍,此 F 即为设备的噪声系数。该设备自身产生的噪声功率在输出端为 $G(F-1)P_{n0}$,如折算到输入端为 $(F-1)P_{n0}$(此时该设备可视为理想无噪声设备),如图 11-5 所示。

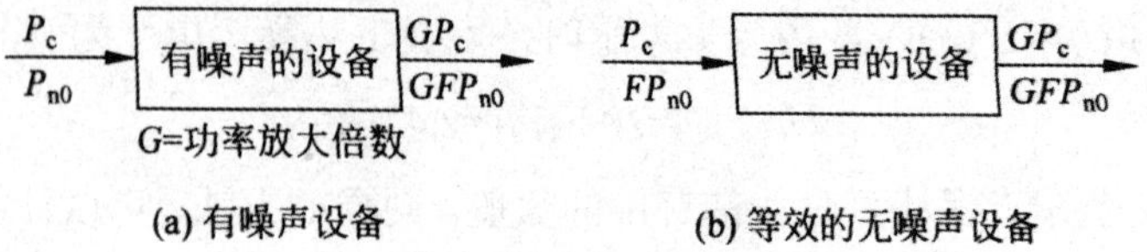

图 11-5 设备噪声系数

如果输入噪声功率不是 P_{n0},而是更普通的噪声功率 P_n,则在输出端噪声功率为 $GP_n+G(F-1)P_{n0}$,折算到输入端为 $P_n+(F-1)P_{n0}$,故某有源设备自身产生的噪声功率大小与该设备输入端输入的噪声大小无关,而由设备本身参数 F 确定,因此,设备所产生的等效输入噪声功率不会随外来噪声功率而变,它永远等于在输入噪声功率上增加 $(F-1)P_{n0}$ 的噪声功率。某设备的 F 越小,其产生的噪声功率越小,性能越好,$F=1$ 的放大器是一个无噪声的理想放大器,实际上 F 的值总是大于 1,这样 F 便有了确定的物理意义。

实际中常常用分贝来表示噪声系数

$$F_{dB}=10\lg F \tag{11-15}$$

在噪声系数较小时,常用噪声温度来表示放大器的噪声系数。因为放大器产生的噪声功率

$$P_n=(F-1)P_{n0} \tag{11-16}$$

可以用噪声温度表示为

$$P_n=kT\Delta f \tag{11-17}$$

则与噪声系数对应的噪声温度

$$T=(F-1)P_{n0}/(k\Delta f)$$
$$=293(F-1)k\Delta f/(k\Delta f)=293(F-1) \tag{11-18}$$

当噪声系数用分贝来表示时

$$T=293(10^{F_{dB}/10}-1) \tag{11-19}$$

反过来,已知噪声温度,也可求噪声系数

$$F_{dB}=10\lg(1+T/293) \quad (11\text{-}20)$$

如噪声温度为 20 K 时,相应的噪声系数为 0.29 dB,噪声系数为 5dB 时,相应的噪声温度为 630 K。

四、SNR 和 CNR

信噪比(Signal Noise Ratio,SNR)与载噪比(Carrier Noise Ratio,CNR)均是衡量系统噪声对信号影响程度的重要参数,它们分别应用于不同的场合。工程上更习惯于用 S/N 和 C/N 分别表示信噪比和载噪比。

(一)信噪比(SNR、S/N)

有线电视系统的好坏,最终要在图像质量上检验,而图像质量则取决于视频输出级的信噪比。

信噪比定义为高频信号解调后所得的视频信号功率与噪声功率之比,即 $S/N=P_s/P_n$ 若用分贝来表示,则上式变为

$$(S/N)_{dB}=10\lg(P_s/P_n)=P_{sdB}-P_{ndB} \quad (11\text{-}21)$$

即信噪比的分贝值为信号电平与噪声电平之差。

信噪比指标的大小对图像声音质量起决定性的作用,它直接反映了图像和声音质量的好坏。世界各国对电视图像质量的主观评价多采用五级记分法,由主观评价的观看员(不少于 15 人)对图像质量进行评价与分析(记分),图像主观等级要达到 4 级,其分级标准参照 GB/T 7401-1987 对图像质量主观评价的 5 级损伤制标准,如表 11-2 所示。

表 11-2 图像质量主管评价 5 级标准

图像等级	主观评价	干扰波造成的伤害	信噪比
5	优	觉察不到杂波和干扰	45.5
4	良	可觉察到但不讨厌	36.6
3	中	有点讨厌	30
2	差	讨厌	25

| 1 | 劣 | 无法收看 | 22 |

经过大量的实验、分析和统计发现信噪比与图像质量之间有如下关系：

$$(S/N)_{dB}=23-Q+1.1Q^2 \qquad (11\text{-}22)$$

式中：Q 为图像质量等级。利用式（11-22）可以由图像等级 Q 计算出相应的信噪比，反过来也可由信噪比算出可以达到的图像等级。例如，为了达到 4 级图像，将 $Q=4$ 代入式（11-22）求出相应的信噪比要达到 36.6dB。

声音质量主观评价方法应符合 GB/T 16463-1996 规定的 5 级评分制，质量等级应不低于 4 分。

（二）载噪比（CNR、C/N）

尽管信噪比直接确定了有线电视系统信号质量，但有线电视系统除前端摄录像机输出信号为视频信号以外，其余部分传输的信号都是高频载波信号（射频信号），故在有线电视系统中常使用载噪比这一概念。它定义为载波功率和噪声功率之比。在有线电视系统中，所有设备的连接阻抗都是 75 Ω，因此，也可以认为是载波电压和噪声电压之比：

$$C/N=P_c/P_n \qquad (11\text{-}23)$$

用分贝表示为

$$(C/N)_{dB}=10\lg(P_c/P_n)=20\lg(U_c/U_n) \qquad (11\text{-}24)$$

载噪比和信噪比都能用来衡量系统的噪声性能，它们之间存在着一定的内在联系。载噪比是解调前高频载波电平与噪声电平之差；信噪比则是解调后的视频信号电和噪声电平之差。对于有线电视采用的残留边带调幅方式，当调制度为 87.5%时，信噪比与载噪比之间满足如下关系

$$S/N=(C/N)\times 0.1924(\Delta f_1+\Delta f)/(\Delta f-\Delta f_1/3) \qquad (11\text{-}25)$$

式中：Δf_1 是残留边带带宽；Δf 是视频等效噪声带宽。对我国电视制式，取 Δf 为 5.75 MHz，Δf_1 为 0.75 MHz，代入式（11-25）得

$$S/N=(C/N)\times 0.2274$$

取对数得

$$(S/N)_{dB}=(C/N)_{dB}-6.4\,(dB) \qquad (11\text{-}26)$$

即载噪比分贝比高于信噪比分贝比 6.4 dB。

如果给用户提供图像质量主观评价不低于 4 分，系统终端信号的信噪比大于 36.6 dB，故系统的载噪比大于 43 dB，也就是功率比大于 20 000 倍，或电压比大于 141 倍。

对于数字电视信号（DVB-C）而言

$$(S/N)_{dB}=(C/N)_{dB}+0.441 \text{（dB）} \tag{11-27}$$

第三节　系统非线性失真

一、非线性失真产物形成的原因

有线电视系统由众多设备和部件组成。一般来说，有源设备中由于包含非线性器件或电路，必定会不同程度地呈现出非线性特性，这些设备包括信号处理设备、调制器和各类放大器等。因此，有线电视系统中存在非线性失真是不可避免的，它们对信号的传输质量有着很大的影响。

通常情况下，有线电视系统中非线性失真最严重、对信号质量影响最大的设备是放大器，下面重点研究放大器的非线性失真特性。

任何一个具有非线性失真的放大器 A，在正常使用情况下，它的输出电压和输入电压的关系可以用下式来近似地表示：

$$u_o = k_1 u_i + k_2 u_i^2 + k_3 u_i^3 \tag{11-28}$$

式中：u_o 为输出电压；u_i 为输入电压；k_1 为放大器 A 对基波的放大倍数；k_2 为放大器 A 对二次谐波的放大倍数；k_3 为放大器 A 对三次谐波的放大倍数。u_i 四次方以上的各项忽略不计，并且放大器工作电平越高，k_1、k_2、k_3 系数越大，失真越严重。

现在假使有两个信号 A 和 B 同时输入，输入信号 u_i 就可以用下式表示：

$$u_i = A\cos\omega_a t + B\cos\omega_b t \tag{11-29}$$

由于电视图像信号是调幅波，所以信号 A 的幅度就随着 A 频道电视信号改变；同样信号 B 的幅度就随着 B 频道电视信号改变。ω_a 和 ω_b 分别为 A、B

两频道的图像载频。当 u_i 输入放大器后,输出电压 u_o 为

$$u_o = k_1(A\cos\omega_a t + B\cos\omega_b t) + k_2(A\cos\omega_a t + B\cos\omega_b t)^2 + k_3(A\cos\omega_a t + B\cos\omega_b t)^3$$

$$= k_1(A\cos\omega_a t + B\cos\omega_b t) + k_2(A^2\cos^2\omega_a t + B^2\cos^2\omega_b t + 2AB\cos\omega_a t\cos\omega_b t) +$$

$$k_3(A^3\cos^3\omega_a t + B^3\cos^3\omega_b t + 3AB^2\cos\omega_a t\cos^2\omega_b t + 3A^2 B\cos^2\omega_a t\cos\omega_b t)$$

式中:k_1 各项是所需要的输出信号,比输入信号放大了 k_1 倍;k_2 各项所产生的产物都称为二阶产物,就是二次失真所产生的产物;k_3 各项所产生的产物都称为三阶产物,就是三次失真所产生的产物。

现在先分析二阶产物的内容。将上面的二次失真展开:

$$k_2[A^2\cos^2\omega_a t + B^2\cos^2\omega_b t + 2AB\cos\omega_a t\cos\omega_b t]$$

$$= k_2[\frac{A^2}{2}(1+\cos 2\omega_a t) + \frac{B^2}{2}(1+\cos 2\omega_b t) + AB\cos(\omega_a+\omega_b)t + AB\cos(\omega_a-\omega_b)t]$$

$$= k_2[\frac{A^2}{2} + \frac{B^2}{2} + \frac{A^2}{2}\cos 2\omega_a t + \frac{B^2}{2}\cos 2\omega_b t + AB\cos(\omega_a+\omega_b)t + AB\cos(\omega_a-\omega_b)t]$$

由此可见,二阶产物有 6 项。第 1、2 项是直流项,通过设备中的隔直电容器就不再出现了,所以它不起作用。第 3、4 项是二次谐波项,按我国电视频道频率看,除第 5 频道的二次谐波会落入 DS6、DS7 频道内以外,其他频道的二次谐波都不会落在正常的频道内(但是有线电视系统中如果使用了 A 和 B 波段的各个增补频道后,二次谐波就有许多能落入工作频道之内,造成干扰)。第 5、6 项是和、差频率项,称为二次互调项,它们可能落入正常使用频道内,且幅度最大,影响最严重。这些二次互调项分量还有集聚性,往往都集中在图像载波频率 0.25 MHz 的频带内,形成簇,产生组合干扰,把这种组合干扰称为组合二次差拍 CSO,干扰现象为电视画面上无规则的网纹或斜纹。例如 DS1(f_v=49.75 MHz),DS6(f_v=168.25 MHz),则和频为 218 MHz,刚好落在 DS12 内(215~223 MHz),与 216.25 MHz 载波差频产生 1.75 MHz 的网纹干扰,在二次失真产物中主要考虑 CSO 的干扰。

下面分析三阶产物的内容,将前面的三次项展开:

$$k_3[A^3\cos^3\omega_a t + B^3\cos\omega_b t + 3AB^2\cos\omega_a t\cos^2\omega_b t + 3A^2B\cos^2\omega_a t\cos\omega_b t]$$

$$=k_3\left[\frac{A^3}{4}(\cos3\omega_a t + 3\cos\omega_a t) + \frac{B^3}{4}(\cos3\omega_b t 3\cos\omega_b t)\right.$$

$$\left.+3AB^2\frac{1+\cos2\omega_b t}{2}\cos\omega_a t + 3A^2B\frac{1+\cos2\omega a t}{2}\cos\omega_b t\right]$$

$$=k_3[\frac{3}{4}A^3\cos\omega_a t + \frac{3}{4}B^3\cos\omega_b t + \frac{A^3}{4}\cos3\omega_a t + \frac{B^3}{4}\cos3\omega_b t + \frac{3}{4}A^2B\cos(2\omega_a+\omega_b)t + \frac{3}{4}A_2B\cos(2\omega_a-\omega_b)t + \frac{3}{4}AB^2\cos(2\omega_b-\omega_a)t + \frac{3}{2}AB^2\cos\omega_a t$$

$$+\frac{3}{2}A^2B\cos\omega_b t]$$

由此可见三阶产物共有 10 项。第 1、2 项还是基本频率项,只是在幅度上增加了一些,如 3/4 k_3A^3 那样的失真;第 3、4 项是三次谐波项;第 5~8 项都是和差频率项。因此,从第 3 项到第 8 项都有可能落入正常频道内形成互调干扰。值得注意的是,如果有多个信号输入,将会产生大量的互调干扰,除上面的 ($2\omega_a+\omega_b$) 形式外,还有 ($\omega_a\pm\omega_b\pm\omega_c$) 形式的干扰,且幅度最大,数量最多,这些差拍分量还有集聚性,往往都集中在图像载波频率或频道内某个频率附近±15 kHz 的频带内,形成簇,产生组合干扰,把这种组合干扰称为组合三次差拍(CTB),干扰现象为电视画面上无规则的网纹或斜纹,最后,第 9、10 两项有些特殊,它们的频率仍然是基本频率,而不是新产生的频率,所以不属于互调。但是它们在幅度上不但有本频道的电视图像信号,而且有其他频道的电视图像信号。

例如,3/2$k_3AB^2\cos\omega_a t$ 项,它是 A 频道的基本频率ω_a,所以在收看 A 频道时肯定能收到这一项的产物。但是它的幅度上存在有 B^2 幅度,因此将出现 B 频道的电视图像信号结果在屏幕上观看 A 频道信号时,同时出现了 B 频道信号,造成两个图像同时出现在屏幕上的串像现象(黑白反转的负像),不严重时为移动的竖条纹(雨刷现象),这两项被称为交扰调制干扰,或简称交调干扰(雨刷+负像)。如果输入信号为多频道,则每两个频道之间都会产生交调干扰,所以对某一频道来说,其他频道的信号都会串入。

二、载波组合二次差拍比

（一）定义和物理意义

（1）定义：图像载波电平与在带内成簇聚集的二次差拍（C/CSO）产物的复合电平之比，以 dB 表示。即：

$$C/CSO=20\lg \frac{图像载波电平}{聚集在载波频率图像载波附近复合二次差拍产物峰值电平} \quad (11\text{-}30)$$

（2）物理意义：该指标是图像载波电平与有线电视系统非线性失真引起的二次互调失真的总和之比。在一般使用的线性范围内，系统输出电平每降低 1 dB，载波复合二次差拍比改善 1 dB。

（二）指标

行业标准 GY/T 106-1999 规定，C/CSO≥54 dB。

（三）对图像质量的影响

载波复合二次差拍比使电视接收机屏幕上产生网纹干扰。

（四）指标劣化的原因和减少影响的办法

有线电视系统的放大器一般采用推挽电路能抑制偶次谐波，故放大器对 C/CSO 指标影响不大。

HFC 光传输链路中，由于光纤色散会产生新的光谱分量，从而增加了光链路的载波复合二次差拍比。因此，在 HFC 中，选光纤时要注意色散问题。

（五）指标计算

C/CSO 与放大器串接数 n 的关系如下：

$$C/CSO=C/CSO_1-15\lg n=C/CSO_0+(S_{0t}-S_0)-15\lg n \quad (11\text{-}31)$$

C/CSO_0（dB）为设备在测试电平 S_{0t}（dBμV）的值；C/CSO_1 为单设备在实际工作电平 S_0（dBμV）的值。

C/CSO 与所传输的频道数是 $10\lg(M/m)$ 的关系（其中 M 是系统传送的最大频道数，m 是实际传送的频道数），即传输的频道数越少 C/CSO 指标越高。

三、载波组合三次差拍比

（一）定义和物理意义

载波复合三次差拍比（C/CTB）是指某个图像载波电平与聚集在该频道的图像载频附近形成簇的复合三次差拍产物之比，用 dB 表示。即：

$$C/CTB = 20\lg \frac{图像载波电平}{聚集在载波频率图像载波附近复合三次差拍产物峰值电平} \qquad (11\text{-}32)$$

该指标是有线电视系统非线性失真引起的三次互调失真的总和。在一般使用的线性范围内，系统输出电平每降低 1dB，载波复合三次差拍比改善 2dB。

（二）指标

行业标准 GY/T 121—1995 和 GY/T 106—1999 规定，载波复合三次差拍比 $\geqslant$54dB。单纯数字电视时，C/CTB$\geqslant$44dB。

（三）对图像质量的影响

多次实验的结果表明，一般情况下，复合三次差拍均表现为在电视接收机屏幕上出现横向差拍噪波，这是一种水平水波纹状的噪波干扰，像是噪波叠加在水波纹上的干扰，是一种具有一定随机性的低频组合差拍干扰。

（四）指标劣化的原因和减少影响的办法

载波复合三次差拍比较低的原因有：①放大器本身非线性指标未达标；②放大器输出电平过高。

（五）指标计算

C/CTB 与放大器串接数 n 的关系如下：

$$C/CTB = C/CTB_1 - 20\lg n$$
$$= C/CTB_0 + 2(S_{0t} - S_0) - 20\lg n \qquad (11\text{-}33)$$

C/CTB_0(dB)为设备在测试电平 S_{0t}(dBμV)的值;C/CTB_1 为单设备在实际工作电平 S_0(dBμV)的值;

C/CTB 与所传输的频道数是 $20\lg(M/m)$ 的关系(其中 M 是系统传送的最大频道数,m 是实际传送的频道数),即传输的频道数越少 C/CTB 指标越高。

四、交流声调制比

交流声调制是在图像电压上出现 50Hz 电源交流声及其谐波干扰电压,在图像上表现为滚道。

(一)定义和物理意义

(1)定义:交流声调制比(HM)是指标准图像调制电压的峰峰值与在 1kHz 以内,50Hz 电源的交流声及其谐波干扰电压峰峰值的比值。用 dB 表示。即:

$$HM = 20\lg \frac{\text{标准图像调制电压峰峰值}}{\text{交流声调制电压峰峰值}} \qquad (11\text{-}34)$$

(2)物理意义:在有线电视系统中,50Hz 及其谐波较大,在电视图像上出现滚道。

(二)指标

行标规定 $HM \geqslant 46$ dB。

(三)对图像质量的影响

交流声调制使电视接收机屏幕上出现上、下滚动的水平黑道或白道。交流声调制干扰严重时会影响同步,使图像垂直方向产生扭动;最严重时会破坏同步,使图像画混乱。

（四）指标劣化的原因和减少影响的办法

（1）交流声调制劣化的原因：①交流电网供电电压过低；②直流稳压电源滤波不好；③有线电视系统地线不好或接地电阻过大。

（2）减少影响的办法：①直流稳压电源要达标，电源纹波小，以减少 50Hz 交流分量；②有线电视系统地线要用宽铜带连接起来，连接处焊接良好，接地电阻要小；③信号线（特别是视频信号线）不能与主电源供应线长距离并行在一起，以免 50 Hz 交流声串进去。

五、交扰调制比

交扰调制是指两个电视频道或多个电视频道之间信号的互相串扰。

（一）定义和物理意义

（1）定义：交扰调制比（CM）是指在被测频道需要的调制包络峰峰值与被测载波上转移调制包络峰峰值之比，用 dB 表示。

$$CM = 20\lg\left(\frac{指定频道上有用调制信号的峰峰值}{交扰调制成分峰峰值}\right) \quad (11-35)$$

（2）物理意义：交扰调制就是串台，其他频道电视节目的图像串到本频道上。

（二）指标

我国行业标准 GY/T106-1999《有线电视广播系统技术规范》规定

$$CM \geqslant CM_1 - 10\lg(N-1) \quad (11-36)$$

式中：N 为频道数；CM_1 是任意频道对测试频道的交扰调制比，$CM \geqslant 46\,dB$。

（三）对图像质量的影响

当串扰信号不失真且与被串信号基本同步时，在一个画面上将看到另一个节目的弱信号；当两个信号不同步时，串入图像将产生漂动，其影响更大；

当串入信号有失真时，画面上会出现杂乱无章的麻点，或不规则移动的花纹。

（四）指标劣化的原因和减少影响的办法

（1）交扰调制产生的原因是有线电视系统中产生了非线性失真

（2）减少交扰调制的办法：选择质量较好的、非线性失真达标的、输出电平不能过高的放大器。在有线电视系统中，频道安排要适当，尽量不用个别容易被串扰的频道

六、微分增益失真

微分增益失真（DG）使图像在不同亮度处彩色饱和度发生变化。

（一）定义和物理意义

（1）定义：微分增益是不同亮度电平下的色度信号幅度的变化，用百分数表示。

（2）物理意义：小幅度的等幅彩色副载波在由黑到白不同亮度电平（亮度五阶梯）上，由于系统的非线性所引起的彩色副载波幅度的变化。

（二）指标

微分增益不大于 10%。

（三）对图像质量的影响

微分增益失真使在不同亮度处饱和度不一样，如在电视画面上，演员从暗处走到亮处肤色和服饰的饱和度不一样，给人很不自然的感觉。

（四）产生的原因和减少影响的办法

（1）产生的原因：产生微分增益失真的器件是调制器，原因是调制特性曲线的非线性或其前边视频放大器的非线性引起失真。

（2）减少影响的办法：采用质量较好的调制器；系统工作一段时间后，发现微分增益失真应先检查调制器是否出了问题。

七、微分相位失真

微分相位应理解为微分相位失真，它使图像在不同亮度处颜色发生变化。

（一）定义和物理意义

（1）定义：微分相位是在不同亮度电平上彩色副载波相位的变化，用度表示。

（2）物理意义：等幅的小幅度彩色副载波，在由黑到白的不同亮度电平上，由于系统的非线性所引起的彩色副载波相位的变化。

（二）指标

微分相位≤10°。

（三）对图像质量的影响

微分相位失真（DP）使图像在不同亮度处颜色发生变化。例如，一个演员由暗处走到亮处，红色服装会由红色变为酱紫色，给人很不协调的感觉。

（四）产生的原因和减少影响的办法

（1）产生的原因：在有线电视系统中，产生微分相位的主要是调制器，因为调制器具有非线性的相位特性，从而造成相位失真。

（2）减少影响的办法：采用质量较好的调制器；系统工作一段时间后发现微分相位失真时，应先检查调制器是否出了问题。

第四节　系统线性失真

一、频道内频响

频道内频响是指从图像载频到图像载频加 6MHz 范围内的射频的幅频特性。

（一）定义和物理意义

（1）定义：频道内频响指系统输出口的电视频道内的幅频特性，以 dB 表示。

（2）物理意义：频道内频响是指从图像载频到图像载频加 6MHz 范围内的幅率特性，即频道内的平坦度。

（二）指标

我国行业标准规定，在 8 MHz 的范围内，对有线模拟/数字电视系统，其带内的频响为＋2 dB；对 HFC 数据传输系统，其下行的带内频响应为 2.5 dB（其上行的频响要求为 5～65 MHz，任意 2 MHz 带内 2.5 dB），

在 HFC 数据传输系统中，考虑系统幅频特性对数据信号传输质量的影响，规定在整个下行频带（85～862 MHz）内，其信号电平的斜率不大于 12 dB；在整个上行频带（5～65 MHz）内，其信号电平的斜率也不大于 12 dB，即要求系统任意点的指定信号之间或信号群之间的电平差均不大于 12 dB。

（三）对图像质量的影响

幅频特性下降过多，使高频分量幅度变小，图像清晰度下降。而幅频特性抬升过高，高频分量增加，使图像变得比较生硬（类似勾边电路产生的现象）。

（四）产生的原因和减少影响的办法

（1）产生的原因：在有线电视系统中，频道内频响不好主要是调制器幅频特性欠佳引起的。

（2）减少影响的办法：采用质量较好的调制器。系统工作一段时间后，发现某个频道幅频特性不好应检查该频道调制器的幅频特性。

二、色度/亮度时延差

色度/亮度时延差使图像中色度信号与亮度信号不重合而产生彩色镶边。

（一）定义和物理意义

（1）定义：电视信号中色度和亮度分量通过有线电视系统后，它们的延时不同称为色度/亮度时延差，用 ns 表示。

（2）物理意义，色度/亮度时延差是把色度分量和亮度分量的调制包络作比较，如果两个波形相应部分在时间关系上输出端与输入端不同，则称为色度/亮度时延差。

（二）指标

色度/亮度时延差≤100 ns。

（三）对图像质量的影响

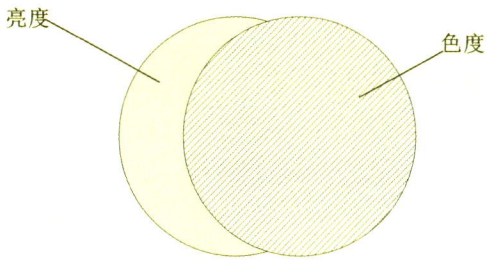

图 11-6　色度/亮度时延对图像的影响

当色度信号和亮度信号传输时间不一致时,产生时延差。它使图像在水平方向上产生彩色镶边,严重时使彩色和黑白轮廓分家,类似画报中出现的套色不准现象,使清晰度下降,如图11-6所示。

(四)产生的原因和减少影响的办法

(1)产生的原因:在有线电视系统中,产生色度/亮度时延差的主要原因是调制器中频滤波器做得不好,幅频特性下降过陡使相位特性起伏较大;次要原因是频道处理器中的中频滤波器做得不好。

(2)减少影响的办法:系统中选用性能较好的调制器。

三、回波值

(一)定义和物理意义

(1)定义:回波值是指在规定测试条件下测得的系统中由于反射而产生的滞后于原信号并与原信号内容相同的干扰信号的值,即被测系统对2T正弦平方脉冲的响应。

(2)物理意义:传送电视信号的高频载波在传输过程中,当传输介质不均匀或发生变化时,都会产生反射波。反射波的大小用来衡量所造成的影响,此反射波也称回波。

(二)指标

回波值≤7%

在测量有线电视系统的回波值时,它可以定义为被测系统对2T正弦平方脉冲的响应(T等于或近似等于电视制式标称视频带宽上限频率倒数的1/2,例如PAL-D制式,T=83 ns)。

(三)对图像质量的影响

回波会在图像右边出现一个反射波的重影或幻象。当重影与正常信号延时不大时，两个图像接近；当重影与正常信号延时较大时，幻影就很明显，使清晰度下降，严重影响图像质量，如图11-7所示。

图11-7 回波对图像画面的影响

（四）产生的原因和减少影响的办法

（1）产生的原因：电缆质量不好、反射损耗低或接头匹配不好。

（2）减少影响的办法：在有线电视系统中，选用优质的电缆作传输线；传输电缆与放大器中间的接头（电缆头）要选用合乎标准的优质产品；电缆接头应安装牢固以保证接触良好。

第五节　信道编码及调制技术

一、信道编码

信道编码又称差错控制编码或纠错编码，其基本原理是为了使信道对信源具有检错和纠错能力，按一定的规则对信源编码再额外增加一些冗余码元，使这些冗余码元与被传信息码元之间建立一定的关系，发送端完成这个任务的过程称为纠错编码。在接收端，根据信息码元与冗余码元的特定关系实现检错和纠错，输出原信息码元，完成这个任务的过程称为纠错解码。

信道编码的实质是提高信息传输的可靠性，或者说增加整个系统的抗干扰能力。对信道编码的要求主要有两条：一是要求编码器输出码流的频谱特性适应信道的频谱特性，从而使传输过程中能量损失最小，提高信道能量与噪声能量的比例，减小发生差错的可能性；二是增强纠错能力，使得即使出现差错，也能得以纠正。

典型的数字电视系统结构如图 11-8 所示。由图可知，在发送端，数字电视节目源（主要由视频、音频等数据组成）先经过信源编码处理，得到压缩编码后的视频、音频码流，随后进行信道编码，这里需要辅助数据与控制数据的支持。信道编码实现检错、纠错功能，以提高数字电视传输信号的抗干扰能力，使之适应信道传输特性，再进行载波调制以实现频谱搬移，最后送入传输信道。在接收端，信号处理流程与发送端正好相反，先进行载波解调，然后是信道解码、信源解码，以还原出数字电视视频、音频节目信息，最后送入数字电视显示设备，将图像与伴音等信息呈现给数字电视用户。

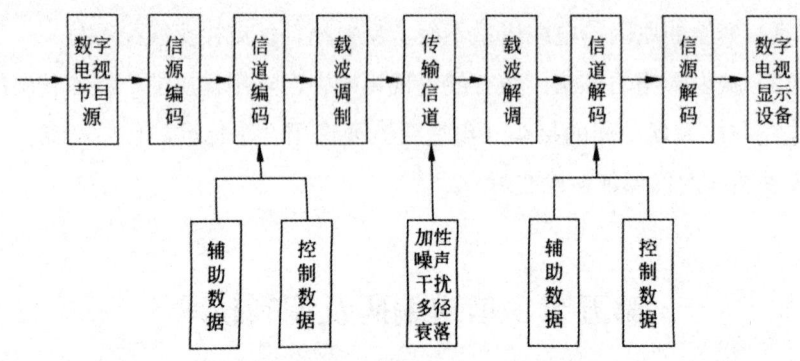

图 11-8 数字电视系统结构

虽然与模拟电视系统相比，数字电视系统具有较强的抗干扰能力，但当干扰较大时仍然可能发生信息失真，并出现误码，要减少失真与误码，必须提高信噪比。由于信道带宽及信号功率均受到限制，信噪比的提高也受到限制，因此必须进行纠错编码，以进一步提高传输系统的可靠性。只有信号传输过程中出现的失真与误码在一定限度之内，接收端才能正确地解调信息。

传输信道是数字电视信号的物理传输信道，其特性将直接影响信源编码与信道编码的效果。信道容量有限，我国电视信道的带宽为 8 MHz，在这有限的带宽中如何实现传送更多的比特，属于信源编码研究的范畴。此外，还必须考虑信号传输的可靠性问题，这属于信道编码研究的范畴。有效性与可靠性是信号传输中的一对矛盾，有效性以信息传输速率衡量由于传输信道有不同的带宽,因此有效性可用"谱效率"衡量,即每赫兹能够传送多少信息速率,可靠性通常用误比特率 P_b 与误码元率 P_s 表示,具体为:P_b=错误比特数/传送总比特数,P_s=错误码元数/传送总码元数(对于 M 进制来说,每一码元的信息含量为 $\log_2 M$ 比特)。

二、差错控制系统

差错控制系统实现两部分功能,即差错控制编码和解码,其中差错控制编码是指在信源编码数据的基础之上增加一些冗余码元(又称监督码元),使监督码元与信息码元之间建立一种确定关系,而差错控制解码是指在接收端,根据监督码元与信息码元之间已知的特定关系,来实现检错及纠错。在数字通信系统中,利用纠错检错码进行差错控制的基本方式可分为三类:前向纠错(Forward Error Correction,FEC)、反馈重发(Automatic Repeat Request,ARQ)与混合纠错(Hybrid Error Correction,HEC)。

(一)前向纠错

信息在发送端经纠错编码后送入信道,接收端通过纠错解码自动纠正传输中的差错,这种方式称为前向纠错,其基本原理及结构分别如图 11-9 所示,前向表示差错控制过程单向,不存在差错信息反馈。前向纠错具有无须反向信道、时延小、实时性好等优点,它既适用于点对点通信,又适用于点对多点组播或广播式通信,其缺点是解码设备比较复杂、纠错码必须与信道特性相匹配、为提高纠错性能必须插入更多监督码元致使码率下降。FEC 纠错能力有限,因而 FEC 通常应用在容错能力较强的语音、图像通信方面,如数字电视领域。

图 11-9 前向纠错的基本原理和结构

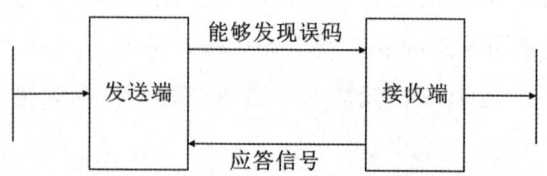

图 11-10　反馈重发的基本原理和结构

（二）反馈重发

发送端发送检错码，接收端通过解码器检测接收码组是否符合编码规律，从而判决该码是否存在传输差错，若判定码组有错，则通过反向信道通知发送端重发，如此反复直至接收端认为正确为止，这种方式称为反馈重发。其基本原理和结构如图 11-10 所示。

（三）混合纠错

混合纠错是前向纠错与反馈重发二者的结合，发送端发送的码字兼具检错及纠错两种能力，接收端解码器收到码字后首先校验错误情况，如果差错不超过误码纠错能力，则自动进行纠错，如果差错数量已超出误码纠错能力，则接收端通过反馈信道给发送端一个要求重发的信息。其基本原理和结构如图 11-11 所示。

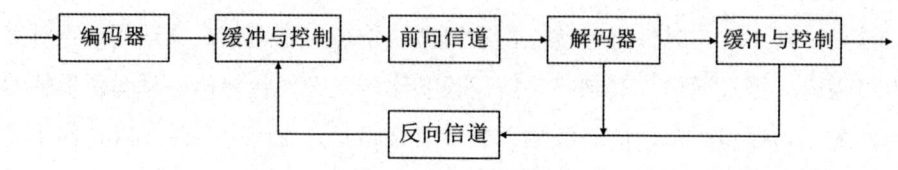

图 11-11　混合纠错的基本原理和结构

三、纠错码分类

根据信道噪声干扰的性质，可将差错分成随机错误、突发错误和混合错误三类。

第一，随机错误。由信道中的随机噪声干扰所引起，由于噪声具有随机性，因而误码的发生相互独立，不会出现成片错误。

第二，突发错误。由突发噪声干扰引起，如电火花等脉冲干扰，会使差错成群出现，通常用突发持续时间与突发间隔时间分布来描述。

第三，混合错误。既包括随机错误又包括突发错误，因而既会出现单个错误，也会出现成片错误。

与差错种类相对应，可对纠错码进行分类，每一类又可按照其划分标准进一步细分，如图11-12所示。

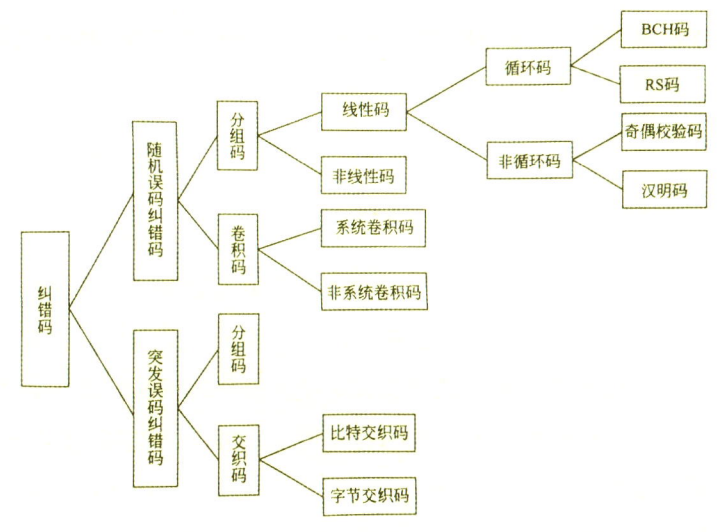

图11-12　纠错码分类

（一）RS编码技术

RS码由Reed和Solomon两位研究者发明，故称为里德-所罗门（Reed-Solomon）码，简称RS码，它是广泛应用在数字电视传输系统中的一种纠错编码技术。RS码以字节为单位进行前向误码纠正（FEC），它具有很强的随机误码及突发误码纠正能力。

从结构上看，RS码是一种码元长度为n、信息位长度为k的(n, k)型线性分组码，其中分组码是指在h位信息码元的后面按编码规则附加t位校验码元而构成码长为n的码字，并用(n, k)表示，而线性分组码是指分组码中的校验码元与信息码元之间满足线性变换关系。

RS 编码是一种非常有效的块编码技术，与其他以单个码元为基础的块编码技术不同，RS 码以码组为基础，码组又称为符号，RS 码只处理符号，即使符号中只有一个比特出错也认为是整个符号出错。

在 DVB 系统中，信道编码采用（204，188，t=8）的 RS 码，即 n=204 字节，k=188 字节即每 188 个信息符号要用 16 个监督符号，总码元数为 204 个符号，m=8 比特（1 字节），监督码元长度为 2t=16 字节，纠错能力为一段码长为 204 字节内的 8 个字节，此 RS 码的长度在原理上应为 $n=2^{m-1}$=255 字节，实施上述 RS 编码时，先在 188 字节前加上 51 个全 0 字节，组成 239 字节的信息段，然后根据 RS 编码电路在信息段后面生成 16 个监督字节，即得到所需的 RS 码。

（二）数据交织技术

RS 码具有强大的抵御突发差错的能力，但对数据进行交织处理，则可进一步增强抵御能力。数据交织是指在不附加纠错码字的前提下，利用改变数据码字传输顺序的方法，来提高接收端去交织解码时的抗突发误码能力，通过采用数据交织与解交织技术，传输过程中引入的突发连续性误码经去交织解码后恢复成原顺序，此时误码分散分布，从而减少了各纠错解码组中的错误码元数量，使错误码元数目限制在 RS 码的纠错能力之内，然后分别纠正，从而大大提高 RS 码在传输过程中的抗突发误码能力。

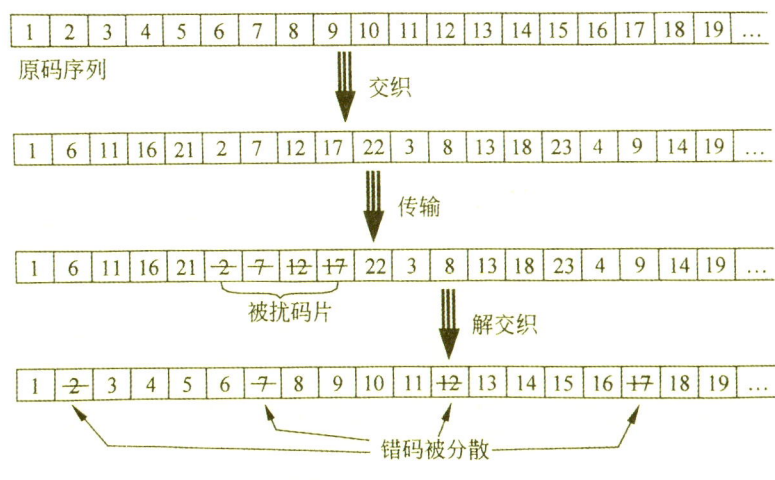

图 11-13 数据交织原理（交织深度 5）

数据交织技术纠正突发误码的原理如图 11-13 所示。由图可见，mn 个数据为一组，按每行 n 比特，共 m 行方式读入寄存器，然后以列的方式读出用于传输，接收端把数据按列的方式写入寄存器后再以行方式读出，得到与输入码流次序一致的输出，由此实现了交织与解交织。当在传输过程中出现突发差错时，差错比特在解交织寄存器中被分散到各行比特流中，从而易于被外层的 FEC 纠正。在上述数据交织中，每行的比特数 n 称为交织深度，交织深度越大则抗突发差错能力越强，但交织的延迟时间也越长，因为编解码都必须将数据全部送入存储器后才能开始。ATSC 标准中交织深度为 52，DVB-T 标准中交织深度为 12。

数据交织技术在数字电视信道编码中应用广泛，例如在数字电视有线传输系统中，为提高系统抗干扰能力，必须进行 RS 编码，但是信道突发干扰会造成连续码元错误，会超出 RS 编码的纠错能力，致使大量误码无法纠正。在这种情况下，必须使用数据交织技术对抗突发差错，以使错误码元能够分散分布，使错误码元数量控制在 RS 编码纠错范围之内，再利用 RS 编码技术进行纠错。

（三）卷积编码

卷积编码又称内码或循环码，它是一种非分组码，其前后码字或码组之间有一定的约束关系。卷积编码器可有 k_0 个输入，n_0 个输出，通常 $k_0 < n_0$，且皆为小整数。在任意给定的时间单元内，编码器的 n_0 个输出不仅与本时间单元的 k_0 个输入有关，还与前面 m 个输入单元有关。一个典型的（2，1，2）卷积编码器结构如图 11-14 所示。

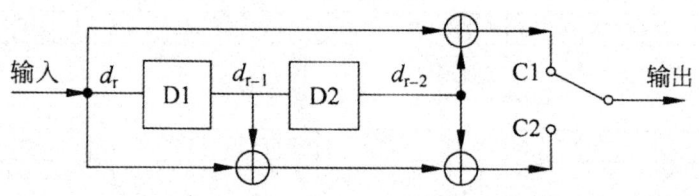

图 11-14　卷积编码器结构

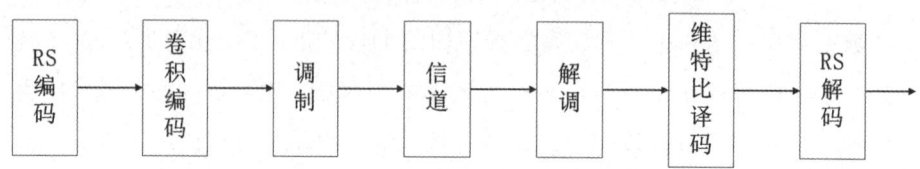

图 11-15　RS 码与卷积码级联的形式

在数字电视信道编码系统中，卷积编码是 RS 编码与数据交织的有效补充，当信道质量较差时，通常采用 RS 码与卷积码级联的形式作为信道编码方案，如图 11-15 所示。

四、数字调制

数字电视信道编解码及调制解调的目的是通过纠错编码、网格编码均衡等技术提高信号的抗干扰能力，通过调制把传输信号放在载波或脉冲串上，为传输做好准备。

为了使数字信号在带通信道中传输，必须用数字信号对载波进行调制，把数字基带信号的频谱搬移到高频处，如图 11-16 所示。基本的数字调制方式有三种：幅度键控（Amplitude Shift Keying，ASK）、频移键控（Frequency Shift Keying，FSK）和相移键控（Phase Shift Keying，PSK）。

图 11-16　数字调制

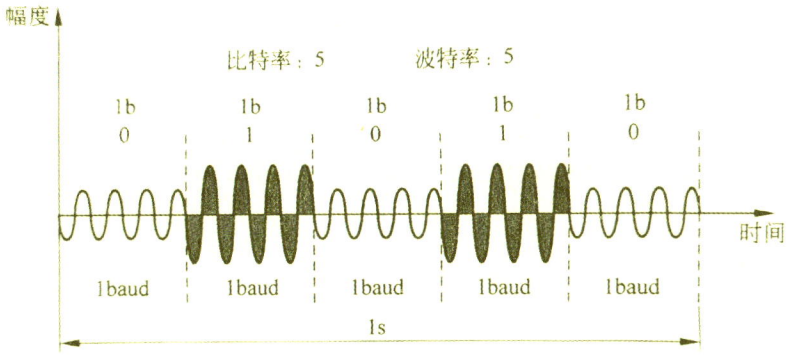

图 11-17　幅移键控调制

（1）ASK。又称幅移键控，载波幅度是随着调制信号而变化，如图 11-17 所示。其最简单的形式是载波在二进制调制信号控制下通断，这种方式还可称作通-断键控或开关键控（OOK），也可以用相乘器实现调制。虽然多电平 MASK 调制方式是一种高效率的传输方式，但由于它的抗噪声能力较差，尤其是抗衰落的能力不强，因而一般只适应于恒参信道。ASK 的解调方法主要有相干法和非相干法。

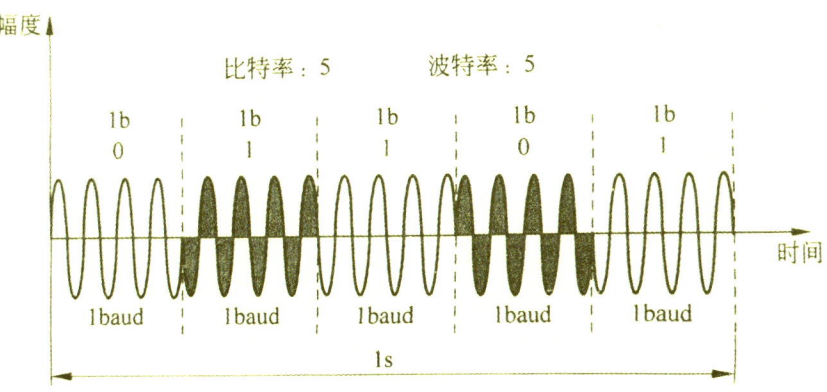

图 11-18 相移键控调制

（2）PSK。又称相移键控，载波相位随着调制信号而变化，如图 11-18 所示。产生 PSK 信号的两种方法如下：

①调相法：将基带数字信号（双极性）与载波信号直接相乘。

②选择法：用数字基带信号去对相位相差 180 的两个载波进行选择，两个载波相位通常相差 180°，此时称为反向键控（PSK）。

PSK 的类型有二进制相移键控（2 PSK）和多进制相移键控（MPSK），其中四进制 QPSK 应用比较广泛。

（3）FSK。又称频移键控，其载波频率随着调制信号而变化，如图 11-19 所示，是信息传输中使用得较早的一种调制方式。它的主要优点是：实现起来较容易，抗噪声与抗衰减的性能较好。FSK 在中低速数据传输中得到了广泛地应用。其类型有二进制频移键控（2 FSK）和多进制频移键控（MFSK）。2 FSK 可看作是两个不同载波频率的 ASK 已调信号之和。其解调方法为相干法和非相干法。

（4）QAM（Quadrature Amplitude Modulation，正交幅度调制法）。在二进制 ASK 系统中，其频带利用率是 1 b/s.Hz，若利用正交载波调制技术传输 ASK 信号，可使频带利用率提高一倍。如果再把多进制与其他技术结合起来，还可进一步提高频带利用率，能够完成这种任务的技术称为正交幅度调制（QAM），它是利用正交载波对两路信号分别进行双边带抑制载波调幅形成的，如图 11-20 所示。其中，二进制 4-QAM、四进制 16-QAM、八进制 64-QAM 等，在数字电视调制中应用广泛。

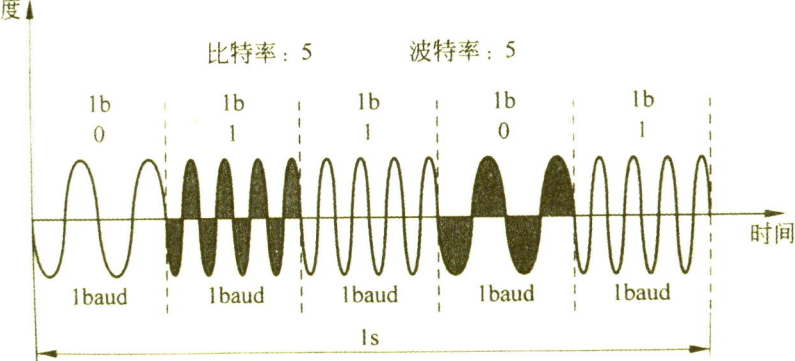

图 11-19 频移键控

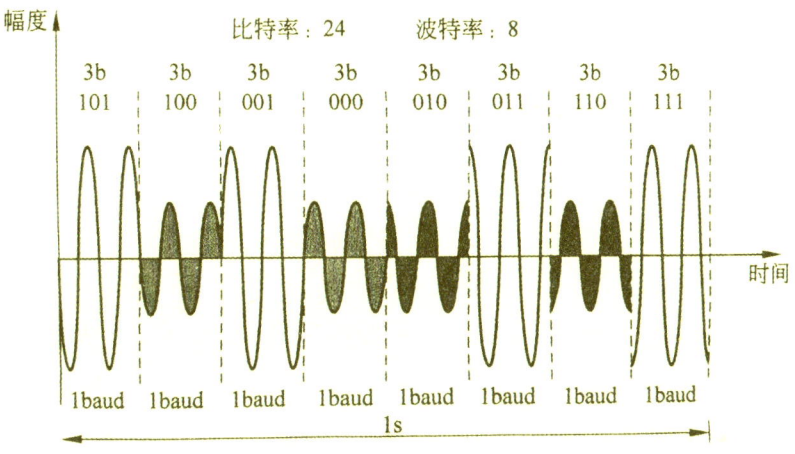

图 11-20 8-QAM 调制

ASK、PSK、FSK 和 QAM 的关系如图 11-21 所示，其中 QAM 可以看成 ASK 与 PSK 结合的产物。表 11-3 列出几种不同形式的调制的具体参数和特性。

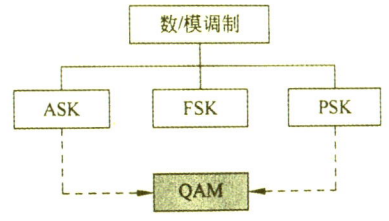

图 11-21 几种基本数字调制的关系

表 11-3 几种不同形式的调制的具体参数和特性

调制方式	单位	比特/波特	波特率	比特率
ASK，FSK，2-PSK	1b	1	N	N
4-PSK，4-QAM	2b	2	N	2N
8-PSK，8-QAM	3b	3	N	3N
16-QAM	4b	4	N	4N
32-QAM	5b	5	N	5N
64-QAM	6b	6	N	6N
128-QAM	7b	7	N	7N
256-QAM	8b	8	N	8N

五、数字电视信号的调制

目前，各国数字电视的制式标准不能完全统一，主要是指各国在调制方式方面的不同，具体包括纠错、均衡等技术不同，带宽不同，尤其是调制方式不同。

（1）正交振幅调制：调制效率高，要求传送途径的信噪比高，适合有线电视电缆传输。

（2）相移键控调制（Quadrature Phase Shift Keying，QPSK）：调制效率高，要求传送途径的信噪比低，适合卫星广播。

（3）残留边带调制（Vestigial Side-Band，VSB）：抗多径传播效应好（即消除重影效果好），适合地面广播。

（4）编码正交频分复用调制（Coded Orthogonal Frequency Division Multiplexing，COFDM）：抗多径传播效应和同频干扰好，适合地面广播和同频网广播。

目前的数字电视信道带宽基本与每个国家原来的模拟电视信道标准带宽一致，这个带宽基本是由其原来广播电视采取的模式决定的。

六、QAM 调制的星座图

在 QAM 调制方式中,不仅利用了载波的幅度,而且利用了载波的相位来表示被调制数据。纵轴矢量"I"串流和横轴矢量"Q"串流可描绘为 90 相位差形成的格子,代表"I"乘"Q"数的可能状态,此格子通常称为"星座图",亦可想象为方框的数组。星座图中反映了 QAM 调制技术的两个基本参数:载波的幅度和相位。图 11-22 以、64-QAM 调制方式为例,给出了星座图和星座点的示例。

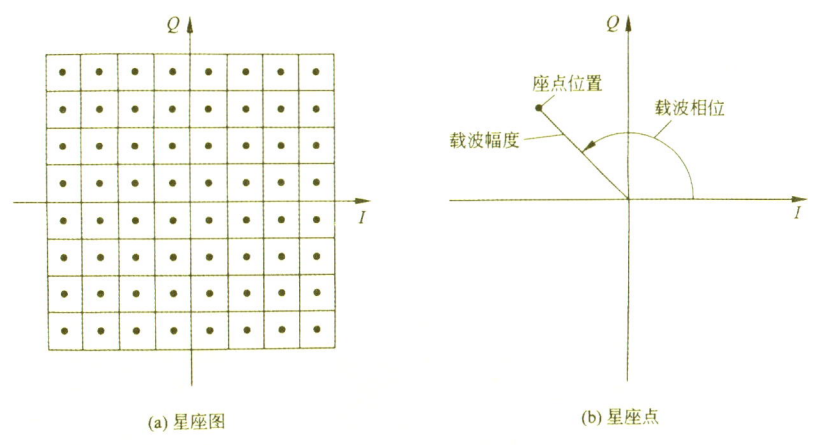

图 11-22 64-QAM

图 11-22 中每个星座点在星座图中都有一个判定边界,相邻方框之间的分界线称为"判断门槛",在理想的数据传输情况下每个被接收的传送码应会落在它方框的几何中心点,但实际上只要信号落进边界内,就表示收到正确的数据。实际上噪声的侵入干扰与反射信号会推挤传送码离开理论的中心点移往相邻方框的边界,若干扰不足以推挤传送码跨越门槛则被理解为属于正常的,反之,落在相邻区域内就会被错误地理解为属于相邻方框的符号,因此造成一个错误码,如图 11-23 所示。因为星座点在星座图上的位置依赖载波的幅度和相位,所以幅度与相位的噪声将对群集上的位置有影响。幅度噪声将改变原来的距离,相位噪声将改变旋转位置。其他类型的噪声和干扰将影响各个方向的符号。星座图表是一个很好的故障排除辅助工具,在测试仪器

分析得到的星座图的形状及分布特点能够反映出信号的良好程度和存在的问题，并可提供关于干扰的来源与种类的线索。对于 QAM，通常用它来判断其调制方式的误码率等，有很直观的效用。

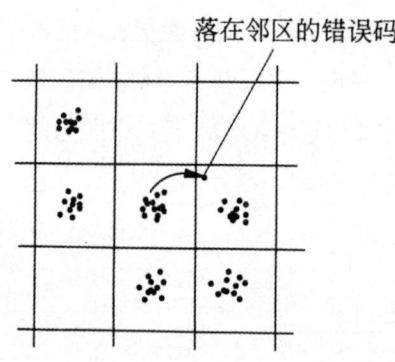

图 11-23　落入邻区的点形成误码

对于同一种 QAM，也可能有多种不同的表现形式，图 11-24 为几种不同形式的 16-QAM 星座图。

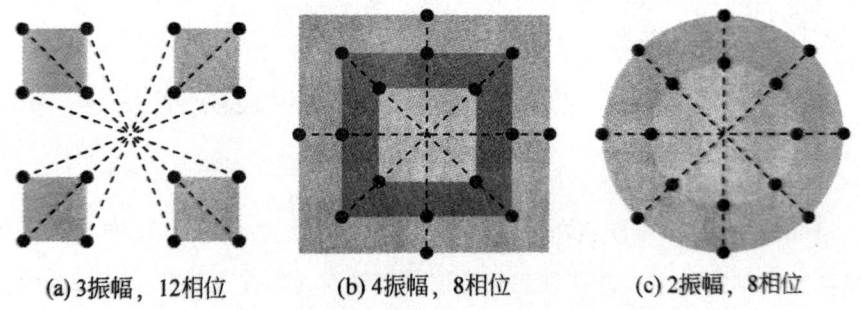

(a) 3振幅，12相位　　(b) 4振幅，8相位　　(c) 2振幅，8相位

图 11-24　几种不同形式的 16-QAM 星座图

（一）良好的星座图

在测试仪器上，星座点被很合理地定义和定位在正方形内，表明系统有良好的增益、相噪及调制差错比，如图 11-25 所示。

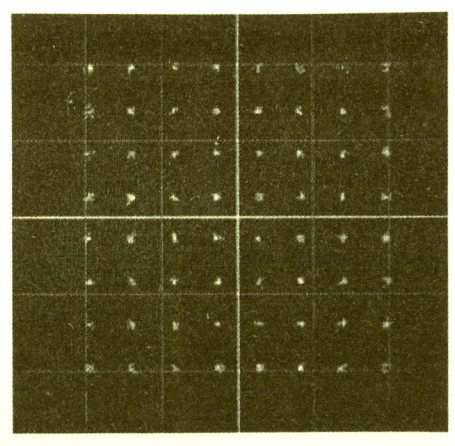

图 11-25 良好的 64-QAM 星座图

(二) 非连续无规律的噪声干扰形成云雾状星座图

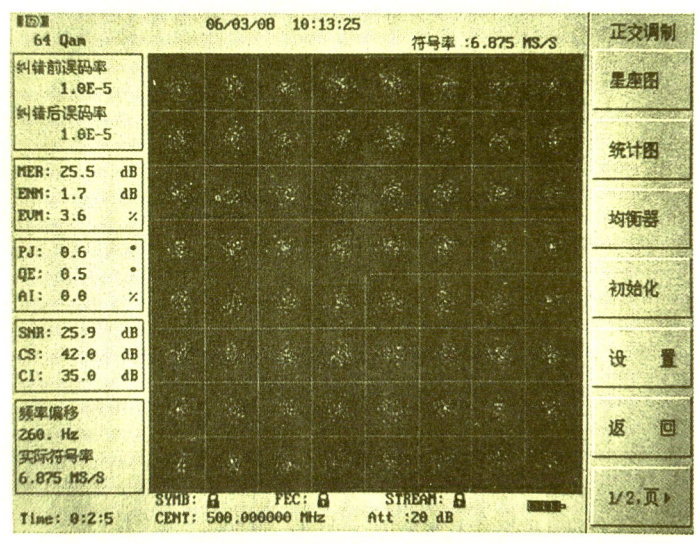

图 11-26 网络中存非连续无规律的噪声干扰

在实际的网络系统中,QAM 信号一直遭受一些如电机、继电器、电力设备与分配网络上的传输装置所产生的随机性噪声干扰。噪声导致所显示的符号落在星座图方框内正常位置的周围,经累积一段时间后,统计一特定方框内所有符号的落点就会形成如云雾状的星座点分布,每个符号表示噪声干扰的细微差异，如图11-26所示。

（三）连续有规律性噪声的干扰

内调制设备、计算机设备的时基电路以及广播的发射机都可能是连续周期性有规律噪声的干扰来源，在特定方框内所显示的符号形成明显的圆圈图形，表明网络存在相干干扰源，如图11-27所示。

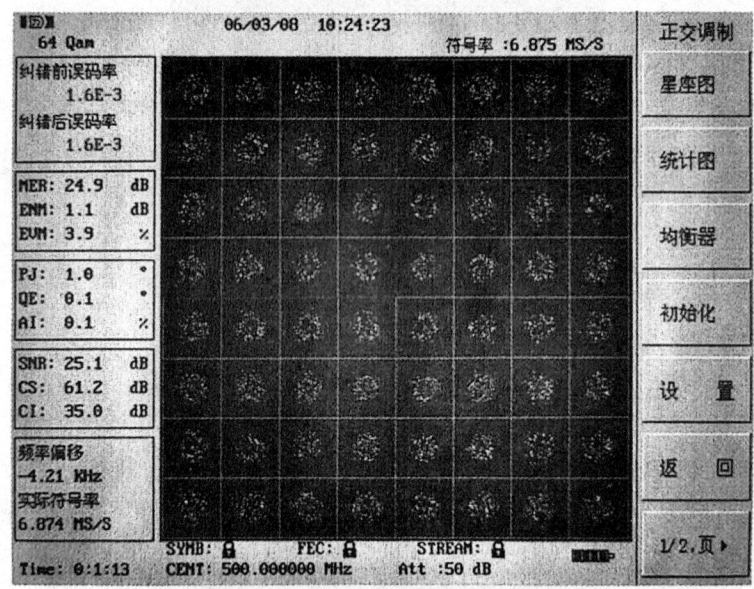

图11-27　连续有规律性噪声的干扰

（四）相位噪声形成旋转型星座图

相位噪声是一段期间振荡器其相对的相位不稳定的表现，如果此振荡器是用于信号处理（例如本地振荡器），则这些相位不稳定会影响到信号上，结果在星座图上显示出绕着图形中央旋转的现象，如图11-28所示。相位噪声可能是由下/上变频器造成的。

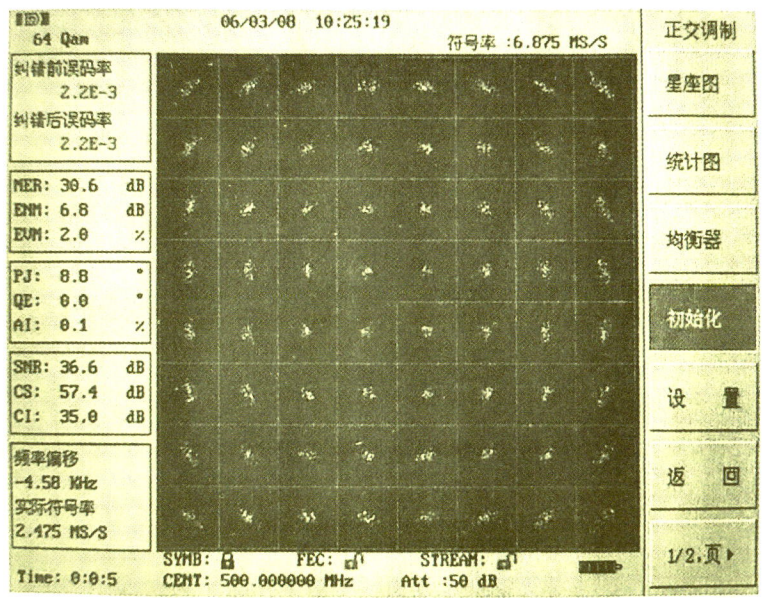

图 11-28 相位噪声干扰

（五）增益压缩形成压缩型星座图

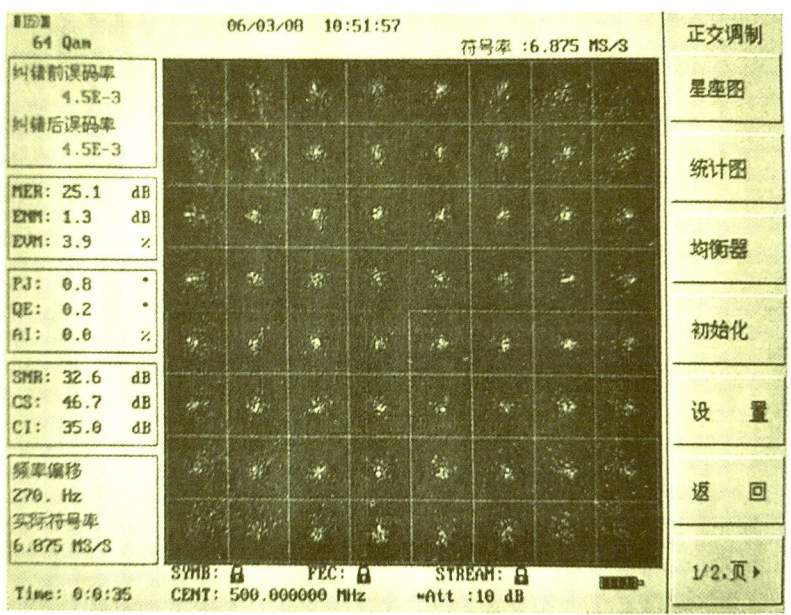

图 11-29 增益压缩时的星座图

增益压缩是在信号传送路径上因有源器件（放大器或信号处理器）过度驱动或不良的有源器件所导致的信号失真，结果在星座图上显示外部的点被拉进中心而中间的点不受影响，四个角落被扭曲造成四边弯成如弓形的现象，如图 11-29 所示。系统中的增益压缩可能是由 IF 和 RF 放大器或是上/下变频器不良等造成的。

七、孤立点星座图

星座图上出现一些孤立远离主簇的点表明干扰是周期性的，如图 11-30 所示。引起周期性干扰可能的因素如下：激光削波，由于模拟同步脉冲的排队造成激光的偶尔过载；松散的连接，被破坏或松散的连接；颤噪声效，头端设备的数字抖动也能够造成周期性错误。

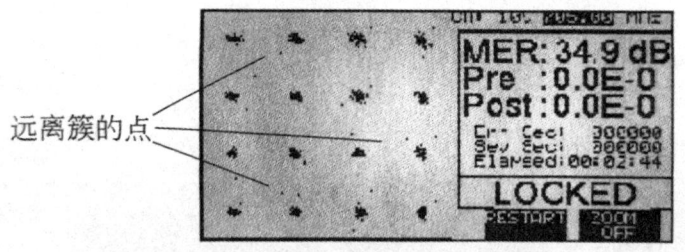

图 11-30　周期干扰引起的孤立点星座图

第六节 数字有线电视的指标

数字有线电视系统中的数字信号包括 DVB 数字电视广播信号、2-11 数字有线 CMTS 下行信号以及用于其他功能的 QAM 及 QPSK 信号。数字信号更能够容忍信噪比的劣化,但对系统相位噪声、相干干扰、周期性干扰和增益压缩等更加敏感。

数字系统最基本的测量是传输错误率,用 BER(Bit Error Rate,比特误码率)表示。此外还有信号电平、EVM(Error Vector Magnitude,矢量幅度误差)、MER(Error Rate,调制误码比)、信噪比(SNR)等。

一、数字电平

数字电平测量引入平均功率的概念,并用它来表征频道信号功率强弱,也称信道功率,与模拟电视峰值电平概念和测量手段完全不同。对数字信号来说,信号电平就是指有效带宽内射频或中频信号的平均功率电平。

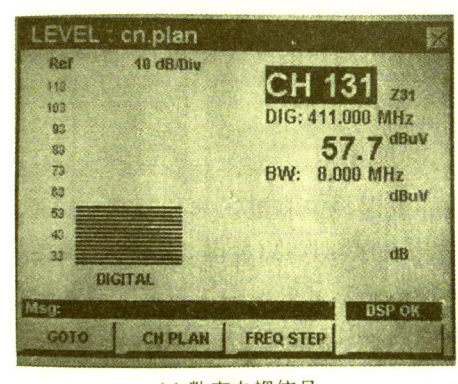

(a) 数字电视信号

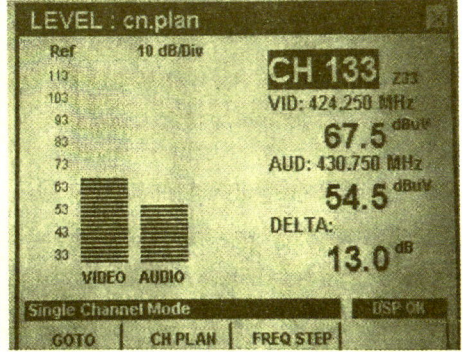

(b) 模拟电视信号

图 11-31 场强仪测显示数字电视信号与模拟电视信号

测量时可以直接用专用数字信号场强仪或频谱仪测量,用数字信号场强仪测量比较方便,与通常的模拟信号场强仪使用方法一样,但测量结果显示上会有一定的不同,如图 11-31 所示,从图中可以看出,对于数字电视信号只有一个信号电平,而对于模拟信号而言,可以测到视频电平和音频电平。

用频谱仪测试时要先连接系统,校准仪器;接着做好测试准备,确保阻抗匹配;调节频谱仪中心频率到被测频道,选择合适的扫宽和电平显示,使频谱仪能够显示整个频道;设定频谱仪的分辨率带宽 RSBW 为 100kHz,视频带宽 VBW 为 1kHz,测量频道中心附近平顶包络的电平(平均值)LM;在频谱上找出比 LM 低 3dB 的两个频率点 f_1 和 f_2,这两个频率之差就是频道带宽 CHBW;最后用以下公式计算出数字信号载波信号的电平:

$$LS = LM + 10\lg\frac{CHBW}{RSBW} + K \qquad (11\text{-}37)$$

式中:LS 表示数字信号载波电平,dBμV 或 dBμV;LM 表示中心频点附近的平顶包络的电平,dBμV 或 dBμV;CHBW 表示数字调制信号的频带宽度,kHz;RSBW 表示频谱分析仪分辨率带宽,kHz;K 表示校准系数,不同设备值会有所不同。

用 TRILITHIC 860DSP 的频谱分析模块测得:当 RSBW=100 kHz 时,LM=34.2 dBμV,CHBW=6.81 MHz,经计算结果为 52.5 dBμV,与数字信号场强仪测出结果基本一致,无须修正。

测量中应注意,多数频谱仪的输入阻抗一般为 50 Ω,DVB-C 系统的阻抗为 75 Ω,需要加 50/75 Ω阻抗转换器,否则,阻抗不匹配会增加测量误差。对阻抗转换器的插入衰减还应加以修正。

数字电视频道平均功率和带宽有关,带宽越宽信道平均功率越高。模拟电视场强仪只对分辨率带宽 300 kHz 内的窄带峰值信号进行采样,完全不能表征在宽带(如数字电视 8 MHz)内的能量,仅当该数字频道的带内平坦度相当好时可以近似换算。

对于 64-QAM 调制,通常建议其数字频道平均功率要调整为比同系统的模拟频道峰值电平低 10 dB;对于 256-QAM 要低 6 dB。产生这样的要求,是基于以下原因:

(1)数字信号抗干扰能力强,对载噪比要求比模拟信号低,所以数字电视信号可用比模拟信号低得多的幅度进行传送,这样每个数字频道的传送功率降低，整个通带内总传送功率就降低，干线放大器的总体输入功率就会降低，因此在同一个线路中可以传送比原来更多信号，更多内容。

（2）为避免放大器失真，产生互调干扰，干扰其他频道信号。

（3）模拟电频实际上测的是峰值功率，而数字电频测的是平均功率，在模拟电平平均功率比峰值功率一般低 6～10 dB，为了每频道功率平均，所以数字比模拟至少低 6 dB，当然若希望数字信号完全无削波失真传输，最好低 12 dB，不过用户电平就太低了。

二、比特误码率

BER 是符号被推挤进入相邻符号范围从而导致那些符号被误解的概率。可用误比特率 P_e 或误符号率 P_s 表示。通常以 10 的 n 次方来表示，例如测量得 3×10^{-7} 表示在一千万次传送码有 3 个误码，此比率是采用少数的实际传送码来分析和统计并进行推算的值，越低的 BER 值代表越好的效能表现。误码数目在阈值内，可以通过信道编码来纠错，达到 10^{-11} 以下。

尽管较差的 BER 表示信号品质较差，但 BER 不只是单纯测量 QAM 信号本身的情况，因为 BER 要侦测并统计每个被误解的码，它是一个可反映出问题是由瞬间的或者突然发生的噪声干扰的灵敏指标。

此外 QAM 系统包含纠错算法可修正一些经由传送而形成的误码，前向纠错数据包 FEC 含在 QAM 传送的数据内，它可供 QAM 接收器修复被误解的码。因为未纠错（Pre-FEC）和已纠错（Post-FEC）数据质量可能相差极大，BER 测量通常会指示出未纠错（Pre-FEC）的数据质量或已纠错（Post-FEC）的数据质量来区分哪个数据已被 FEC 纠错过。

我国行业标准规定，在 HFC 数据传输系统中，上/下行均要求 $BER\leqslant 10^{-8}$，而在有线数字电视传输中，则 $BER\leqslant 10^{-11}$，才达到准确无误码。

三、调制误码比

数字系统中的调制误码比（MER）类似于在模拟系统中使用的信噪比或

载噪比,是指传送码由其正常值被取代的一个平均总数,被表示为因噪声功率导致取代 QAM 信号功率的比率,结果以 dB 表示,MER 的值越大代表越好,如图 11-32 所示。

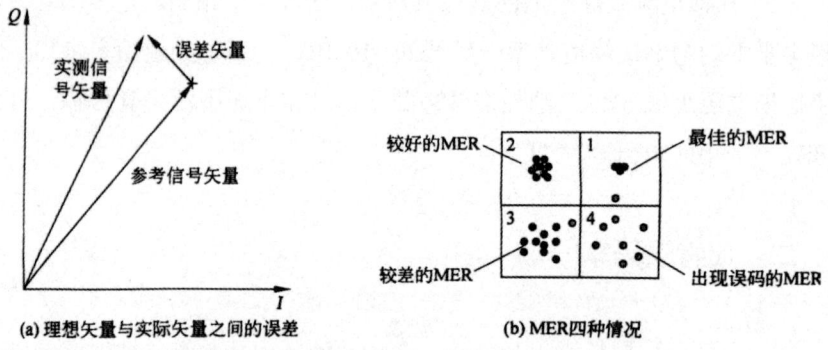

图 11-32 MER 矢量定义图与 MER 四种情况

MER 的定义式为

$$MER = 10\lg\frac{\frac{1}{N}\sum_{j=1}^{N}(I_j^2+Q_j^2)}{\frac{1}{N}\sum_{j=1}^{N}(\Delta I_j^2+\Delta Q_j^2)} = 20\lg\frac{\sqrt{\frac{1}{N}\sum_{j=1}^{N}(I_j^2+Q_j^2)}}{\sqrt{\frac{1}{N}\sum_{j=1}^{N}(\Delta I_j^2+\Delta Q_j^2)}}$$

$$= 20\lg\frac{C_{rms}}{\sqrt{\frac{1}{N}\sum_{j=1}^{N}(\Delta I_j^2+\Delta Q_j^2)}} \quad (11\text{-}38)$$

式中:I_j^2、Q_j^2 是各星座点的矢量坐标;ΔI_j^2、ΔQ_j^2 是到对应理想星座点的矢量偏差;C_{rms} 是星座点矢量模的均方根值。

MER 不仅考虑到幅度噪声,也考虑到相位噪声。测量信号的 MER 值是判定通路失效边界(系统失效容限)的关键部分。它不像在模拟系统中图像质量会随着载噪比性能的下降明显降低,通常情况下较差的 MER 对数据传输的影响并不显著,只有在低于系统 MER 门限值的情况下,才严重影响数据传输。64-QAM 调制信号的 MER 门限值为 23 dB,考虑误差及设备老化,工程上取大于 25 dB；256-QAM 调制信号的 MER 门限值为 25 dB，工程上取大于 23 dB。通常有线电视 HFC 网络中的 MER 典型值大约是 30～34 dB。

MER 是一个统计测量，其主要局限是不能捕捉到周期性的瞬间的测量。在周期性的干扰下测得的 MER 可能很好，但 BER 值却很差。但总的来说 MER 还是一个很好地反映 QAM 信号的指针，同时也是一个相当有用的故障排除辅助工具，MER 是一个很多传送码的平均值，所以它不像 BER 是一个判断数据错误的好工具。

我国行业标准规定，64-QAM 数字电视信号的 MER≥26 dB。在系统设计中通常取：MER=C/N－6。

四、误差矢量幅值

误差矢量幅值（EVM）的定义式为

$$EVM = \sqrt{\frac{\frac{1}{N}\sum_{j=1}^{N}(\Delta I_j^2 + \Delta Q_j^2)}{C_{\max}^2}} \qquad (11\text{-}39)$$

式中：I_j^2、Q_j^2 是各星座点的矢量坐标；ΔI_j^2、ΔQ_j^2 是到对应星座点的矢量偏差；$C_{\max}$ 是最大最远星座点的矢量的模。

EVM 表征平均误码量值与最大符号量值的比值，EVM 和 MER 是有一定关系的但又表达同一个信息的两个量，MER 比较容易地理解成是一种类似S/N 的参数，而 EVM 则可以理解成类似模拟电路中的波形失真率的一个参数。EVM 则经常被用于诸如 DVB，EDGE（Enhanced Data rates for Global Evolution，增强型数据传输的全球演进技术）以及 UMTS（Universal Mobile Telecommunications System，通用移动通信系统）标准中，特别是无线数据传输中。

第十二章　广电有线传输与接入网

有线广播电视广播信道借助光缆进行主干传输，借助电缆分配接入网的模式在 NGB 网络中仍然会占据一定地位，并在一定的时间里还会长期存在，并对广电的运营模式产生较大影响。

第一节　广电有线网络拓扑

有线（广电）网络拓扑结构，概括起来有树形、星形、星-树形和环形等四种结构形式。

一、树形网络拓扑结构

树形网络拓扑结构在有线电视网络中应用最为广泛，其网络拓扑图如图 12-1 所示。它有干线星形十分配网树形和光纤主干树形两种具体应用形式。

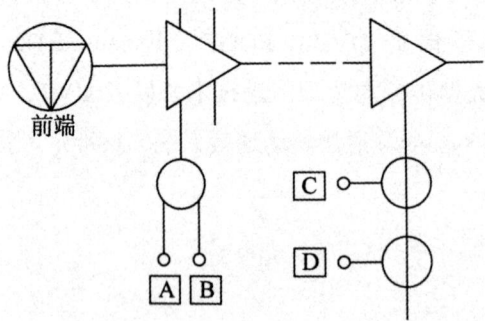

图 12-1　树形网络拓扑结构

（一）干线星形十分配网树形

在有线电视 HFC（Hybrid Fiber-Coaxial，光纤同轴电缆混合网）网络中，应考虑其性价比、商业价值及实用推广性，国内外普遍推荐干线采用星网络拓扑结构的光纤传输，最后一级的同轴电线分配网采用树形网络拓扑结构，既克服了电缆干线由于多级放大器引起指标下降的缺点，又提高了指标和可靠性，同时还降低了成本。

（二）光纤主干树形

在光纤主干中采用多路光分路器级联，优点是光纤量较省，缺点是光纤主干经多级分光器分配后插入损耗较大，而且由多个光分路器和熔接点造成的多重反射将使光链路的噪声增加，非线性失真变大，系统指标劣化。另外，树形结构的光纤主干断裂，或光分路器损坏，都会影响后续分支光纤的光接收，这种形式的网络可靠性较低，一般多用在小型光纤系统中。

二、星形拓扑结构

从有线电视总前端输出的广播电视信号，经辐射状的光纤干线馈送到各小区光节点，再经电缆分配网分送到用户终端；各光节点的位置相对于总前端呈星形分布，点到点传输，与电话网络相似，其网络拓扑如图 12-2 所示。其主要优点是：光分配一次到位，覆盖面广，传输容量大，可靠性高，易于实现双向多功能业务的传输。缺点是光缆需求量大。

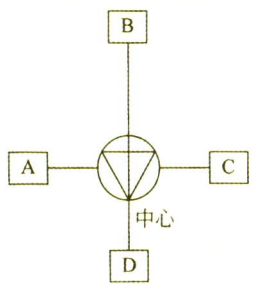

图 12-2　星形拓扑结构

此外，在超大规模系统网络中，利用光缆干线将总前端信号传送到与之联网的县市或其他独立网络的分前端，构成双星形网络拓扑结构形式。

三、环形拓扑结构

由于造价昂贵，环形结构在有线电视系统中使用较少，但随着信息产业的飞速发展，有线电视的容量和可靠性要求越来越高，LAN（Local Area Network，计算机通信光纤局域网）的环形网络结构逐步被引进有线电视 HFC 网络中，它促进了有线电视网络的发展和建设。环形网络具有一主一备两条相反方向传输的双数字光纤环作为整个网络的光纤主干，故可靠性更高、覆盖面更大，其拓扑结构如图 12-3 所示。

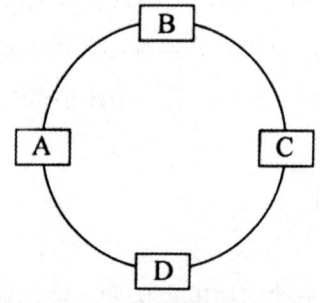

图 12-3　环形拓扑结构

当双光纤环中的某一环发生断裂时，可自动倒换到另一环上，信号不会中断。这种环形光纤网一般多用于特大型有线电视宽带综合信息网中，特别是数字光纤环上的 SDH 高速信息传输平台中。建立一个由总前端中心管理和监控的网络，实现有线广播电视视频、数据、语音的综合传输应用，已成为 HFC 网的发展方向。

四、复合型拓扑结构

除了以上拓扑结构以外，在有线电视网络中还有一些复合型拓扑结构，如图 12-4 所示。

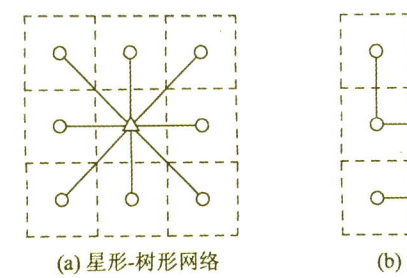
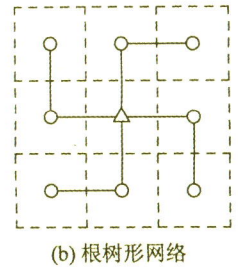
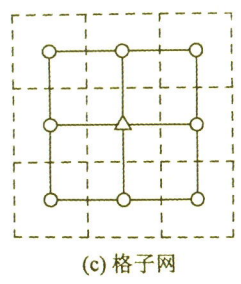

(a) 星形-树形网络　　　(b) 根树形网络　　　(c) 格子网

△ 端前；○ 光节点；—— 光缆；--- 分界

图 12-4　复合型拓扑结构

其中星-树形是星形网络与树形网络相结合的结构形式。总前端与各光节点之间为光纤主干，采用星形网络结构，小区用户同轴电组分配网络采用树形网络结构。这种结构既满足网络的技术性能要求，又保证其经济效益和实用价值。它集星形和树形结构两者的优点于一身，在因成本高而难以全面推广 FTTH（Fiber To The Home，光纤到户）的情况下，它是目前流行的一种网络拓扑结构形式。

此外还有根树形网络和格子网等。

第二节　光传输网络

一、光纤与光缆

光纤即光导纤维，是一种利用光在玻璃或塑料制成的纤维中的全反射原理而达成的光传导工具。前香港中文大学校长高锟和 George A.Hockham 首先提出光纤可以用于信息传输的设想，高银锟因此获得 2009 年诺贝尔物理学奖。

（一）光纤

1. 光纤的结构

光纤的结构如图 12-5 所示，自内向外分为纤芯、包层及涂覆层等几部分，纤芯是由折射率(n_1)较高透明材料做成,在它周围采用比纤芯折射率稍低(n_2)的材料做成的包层所被覆,这样,当一定角度之内的入射光射入纤芯后会在纤芯与包层的交界处发生全反射,经过这样多次全反射后,光线就能损耗极少地达到了光纤的另一端。在包层外还有涂覆层,如果在光纤芯外面只涂一层包层,光线从不同的角度入射,角度大的高次模光反射次数多,从而行程长,角度小的低次模光反射次数少,从而行程短。这样在一端同时发出的光线将不能同时到达另一端,就会造成尖锐的光脉冲经过光纤传播以后变得平缓(这种现象被称为"模态散射"),从而可能使接收端的设备误操作。为了改善光纤的性能,人们一般在光纤纤芯包层的外面再涂上一层涂覆层,内层的折射率高(但比光纤纤芯折射率低),外层的折射率低,形成折射率梯度。当光线在光纤内传播时,减少了入射角大的光线行程,使得不同角度入射的光纤大约可以同时到达端点,就好像利用包层聚焦了一样。为保护光纤,有时还在涂覆层外包有二次涂覆层(又称塑料套管)。光纤具有宽带、抗干扰和高保真等特性。

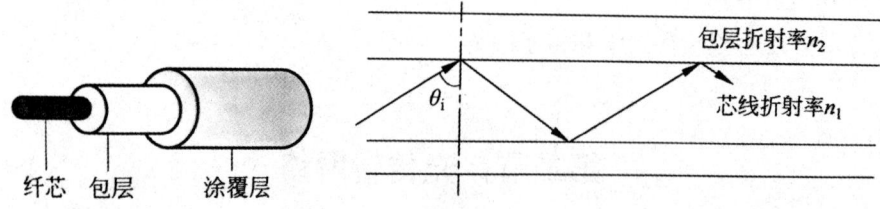

图 12-5 光纤的结构与传输机理

包层的外径一般为 $125\ \mu m$,在包层外面是涂覆层,涂覆层的材料是环氧树脂或硅橡胶:直径约 $250\ \mu um$。纤芯和包层是不可分离的,纤芯、包层和涂覆层合起来组成裸光纤。用光纤工具剥去外皮和塑料层后,暴露在外面的是涂有包层的纤芯,纤芯和包层结构上是一个完整体,无法独立分割,涂覆层的主要作用是为光纤提供保护。光纤有以下优点:

(1) 光纤通信的频带很宽,理论可达 3×10^9 MHz;

(2) 电磁绝缘性能好,光纤通信不带电,可用于易燃、易爆场所;

(3) 衰减较小,在较大范围内基本是一个常数值;

(4) 建设光中继器的成本降低;

(5) 重量轻, 体积小, 适用的环境温度范围宽, 使用寿命长;

(6) 抗化学腐蚀能力强, 适用于一些特殊环境下的布线。

当然, 光纤也存在着质地脆, 机械强度低, 切断和连接技术要求较高等缺点。

2. 光纤的分类

光纤的种类很多, 可从不同的角度对光纤进行分类, 比如可从构成光纤的材料成分、光纤的制造方法、光纤的传输模数、光纤横截面上的折射率分布和工作波长等方面来分类。

(1) 按纤芯折射率分布, 可以分为阶跃折射率分布和渐变折射率分布, 这主要针对多模光纤而言。

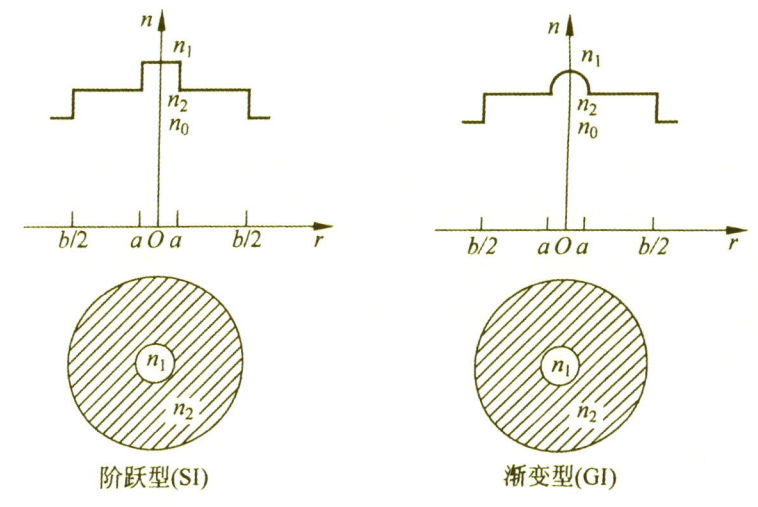

图 12-6 阶跃折射率分布和渐变折射率分布的光纤

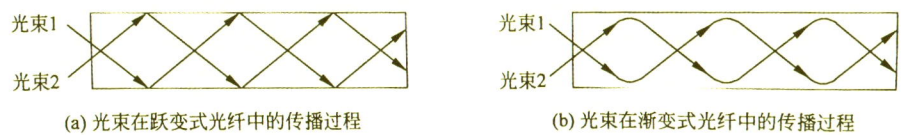

(a) 光束在跃变式光纤中的传播过程　　(b) 光束在渐变式光纤中的传播过程

图 12-7 光在折射率分布不同的光纤中传播过程

阶跃折式光纤纤芯的折射率和保护层的折射率都是常数。在纤芯和保护层的交界面折射率呈阶梯形变化。渐变式光纤纤芯的折射率随着光纤半径的增加而按一定规律减小，到纤芯与保护层交界处减小为保护层的折射率。纤芯的折射率的变化是近似抛物线型的。阶跃折射率分布和渐变折射率分布如图 12-6 所示，光在折射率分布不同的光纤中传播过程如图 12-7 所示。

（2）按光纤主要材料可以分为玻璃光纤（SiO_2）、塑料光纤和氟化物光纤。其中 SiO_2 是目前最主要的光纤材料，玻璃光纤：纤芯与包层都是玻璃，损耗小，传输距离长。塑料光纤；纤芯与包层都是塑料，损耗大，传输距离很短，氟化物光纤：氟化物光纤是由舥化物玻璃制成的光纤。

（3）按光纤中的传导模式可以分为单模光纤和多模光纤。

光纤中传播的模式类似于无线电波在波导中的传播，光在光纤中传播时也会激发出一定的电磁波模式，就是光纤中存在的电磁波场型或者说是光场型（HE）。各种场型都是光波导中经过多次的反射和干涉的结果。各种模式是不连续的、离散的。由于驻波才能在光纤中稳定地存在，它的存在反映在光纤横截面上就是各种形状的光场，即各种光斑。若是一个光斑，称为单模光纤；若为两个以上光斑，称为多模光纤。这种模式同光纤的粗细有关。芯径太细难以形成确定的传输模式，芯径太粗则使传输模式增多，使色散严重。按照光纤中容许传输的电磁波模式多少的不同，可以把光纤分为只能传输一种电磁波模式的单模光纤（Single-Mode，SM）和有多个电磁波模式同时传播的多模光纤（Multi-Mode，MM），如图 12-8 所示。单模光纤采用固体激光器做光源，多模光纤可采用 LED 做光源。

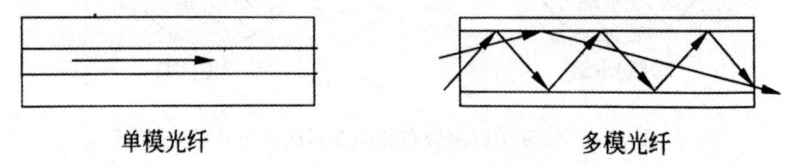

单模光纤　　　　　　　　　　多模光纤

图 12-8　单模光纤和多模光纤光轨迹图

单模光纤只传输主模，也就是说光线只沿光纤的内芯进行传输。单模光纤的纤芯直径很小，芯径在 $8.3\sim10~\mu m$ 之间，包层的直径为 $125~\mu m$。由于完全避免了模式散射使得单模光纤的传输频带很宽因而适用于大容量、长距离的光纤通信，通常在建筑物之间或地域分散时使用，单模光纤使用的光波长为 1 310 nm 或 1 550 nm。有线电视系统大量采用单模光纤。

多模光纤的纤芯较粗（50 μm 或 62.5 μm），但包层也是 125 μm，它在一定的工作波长下（850 nm 或 1300 nm）有多个模式在光纤中传输，形成模分散，限制了多模光纤的带宽和距离（2～5 km）。由于过去成本比单模光纤低，一般用于建筑物内或地理位置相邻的环境，目前单模光纤的成本已经与多模光纤相差不多甚至还要低一些，因此现在多模光纤使用范围越来越小。单模光纤和多模光纤的特性比较见表 12-1。

表 12-1　单模光纤和多模光纤的特性比较

单模光纤	多模光纤
用于高速、长距离场合	用于低速、短距离场合
光纤成本不高，光端机成本较高	光纤成本不高，光端机成本较低
窄纤芯，需要激光源	宽纤芯、普通 LED
传输损耗小，高效	传输损耗大，低效

（4）按工作波长分为短波长窗口光纤、长波长窗口光纤和双窗口光纤。短波长窗口光纤指工作波长在 850 nm 附近的多模光纤；长波长窗口光纤包括工作波长在 1300 nm 附近的多模光纤和工作在 1310 nm 和 1550 nm 附近的单模光纤；双窗口光纤，对于多模光纤，指既能工作在 850 nm 附近，又能工作在 1300 nm 附近；对于单模光纤，指既能工作在 1310 nm 附近，又能工作在 1550 nm 附近。

3.光纤型号

目前 ITU-T 规定的光纤代号有 G.651 光纤（多模）、G.652 光纤（常规单模）、G.653 光纤（色散位移）、G.654 光纤（低损耗）、G.655 光纤（非零色散位移）和 G.657 光纤（室内皮纤）。

根据国家标准规定，光纤类别的代号应如下规定：光纤类别应采用光纤产品的分类代号表示，即用大写 A 表示多模光纤，大写 B 表示单模光纤，再以数字和小写字母表示不同种类光纤。

（1）G.652 光纤是通信网中应用最广泛的一种单模光纤，又可以分为：

G.652A 光纤，支持 10 Gbps 系统传输距离超过 400 km，支持 40 Gbps 系统传输距离达 2 km；G.652B 光纤，支持 10 Gbps 系统传输距离 3000 km 以上，

支持 40 Gbps 系统传输距离 80 km 以上；

G.652C 光纤，基本属性同 G.652A，但在 1550 nm 处衰减系数更低，且消除了 1380 nm 附近的水吸收峰，即系统可以工作在 1360～1530 nm 波段；

G.652D 光纤，属性与 G.652B 基本相同，衰减系数与 G.652C 相同，即系统可以工作在 1360～1530 nm 波段。

图 12-9 显示的为 G.652x 光纤的色散和衰减情况。

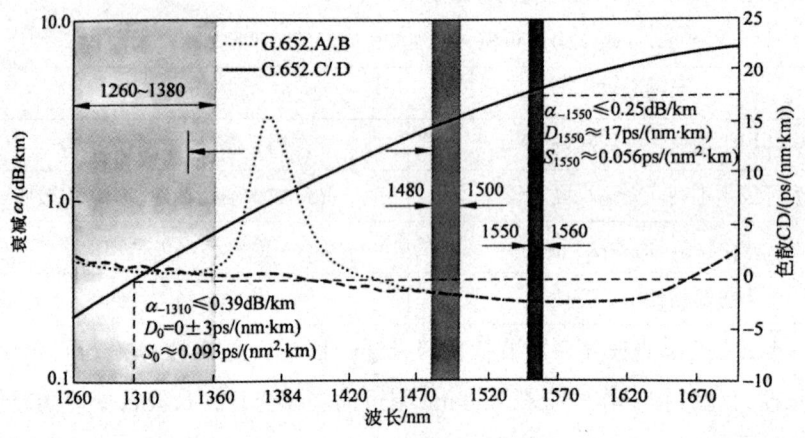

图 12-9　G.652x 光纤的色散和衰减

（2）G.653 色散位移单模光纤，零色散波长在 1550 nm 附近。工作在 1550 nm 波长，这种光纤实现了石英系光纤的最低损耗（0.2～0.25 dB/km）和最小色散的统一，是长距离光传输介质的理想选择。

另外还有一种色散补偿光纤（DC-SM），它在 1550 nm 附近有很高的负色散，色散常数达 -500～-80 ps/(nm·km)。这种光纤的衰减较大，一般为 0.5～1.0 dB/km。选择一段合适长度的色散补偿光纤，接入 1310 nm 单模光纤链路中，使 1550 nm 处总的色散为零，就可以实现在 1310 nm 单模光纤中传输 1550 nm 光信号。

表 12-2 分别给出常规单模光纤 G.652 和色散位移光纤 G.653 的性能指标。

表 12-2　常用单模光纤的技术参数

主要参数	G.652	G.653
模场直径/μm	7～8.3，变化不超过±10%	9～10，变化不超过±10%

模场同心度误差/μm	<1	
2m 光纤截止波长/nm	1 100～1 280	—
20m 光纤截止波长/nm	<1 270 或 1 260	<1 270

续表

主要参数	G.652	G.653
零色散波长/nm	1 300～1 324	1 500～1 600
零色散斜率/(ps/(nm²·km))	≤0.093	≤0.085
(1288～1339nm)最大色散常数/(ps/(nm·km))	<3.5	—
(1525～1575 nm)最大色散常数/(ps/(nm·km))	<20	<3.5
包层直径/μm	125±2	
1310 nm 典型衰减系数/(dB/km)	0.3～0.4	
1550 nm 典型衰减系数/(dB/km)	0.15～0.25	0.19～0.25
适用工作窗口/nm	1 310 和 1 550	1 550

（3）G,657 光谱（接入网用抗弯损耗单模光纤）

G.657A 光纤为"弯曲提高"光纤，要求与 G.652D 的标准兼容，最小弯曲半径 10 mm。G,657B 光纤为"弯曲冗余"光纤，不要求与 G.652D 的标准兼容，最小弯曲半径可降低到 7.5 mm。G.657 光纤可以以接近铜缆敷设方式在室内进行安装，降低了对施工人员的技术要求，同时有助于提高光纤的抗老化性，已在 FTTH 工程中得到推广和应用。

4. 光纤的特性

（1）光纤的损耗成因

光纤的损耗是光纤最重要的特性之一，包括与器件的耦合损耗、吸收损耗、散射损耗、弯曲损耗和连接损耗等。造成光纤损耗的主要因素有本征、弯曲、挤压、杂质、不均匀和对接等。

(2)单位长度光纤的损耗

单位长度光纤的损耗表示光在光纤中传输一定距离后其能量损失的程度,用单位长度的光鲆对光信号损失的分贝数来表示(dB/km),不同波长的光波在光纤中的传输损耗是不一样的,对于常用的 G.652 光纤,就目前所掌握的数据而言,1310 nm 波长的损耗是 0.28~0.3 dB/km(工程实验数据),但工程上考虑冗余和熔接损耗按 0.4 dB/km 计算,1550 nm 波长的损耗是 0.18~0.21 dB/km(工程实验数据),但工程上考虑冗余和熔接损耗按 0.25 dB/km 计算。850 nm 波长损耗约为 2.3~3.4 dB/km,工程上可按 4 dB/km 计算,如图 12-10 所示。

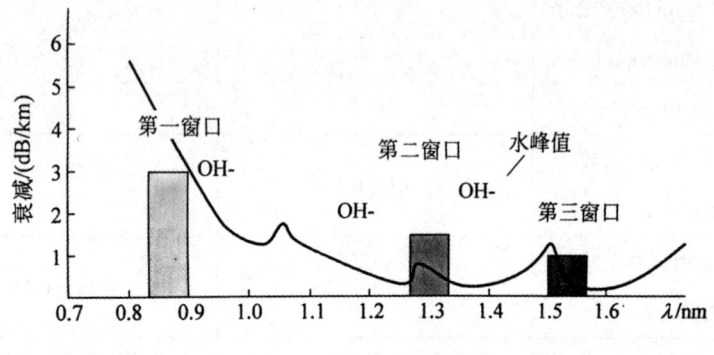

图 12-10 光纤的衰减图

光纤在熔接时也会产生一定的损耗,通常平均每 2 km 会有一个熔接点(0.2 dB/个),这是由施工产生的。

(3)色散

光脉冲沿着光纤行进一段距离后造成频宽变粗,称为色散,它是限制传输速率的主要因素,分模间色散、材料色散和波导色散。

模间色散:只发生在多模光纤,因为不同模式的光沿着不同的路径传输。

材料色散:不同波长的光行进速度不同。

波导色散(内部色散):发生原因是光能量在纤芯及包层中传输时,会以稍有不同的速度行进。在单模光纤中,通过改变光纤内部结构来改变光纤的色散非常重要。

(4)散射

由于光纤的基本结构不完美，引起的光能量损失，称为散射，此时光的传输不再具有很好的方向性。

（5）光纤的其他特性，如模场直径、同心度误差和截止波长等。

5. 光纤的色谱标识

在松套结构的光缆中，每根松套管最多可以容纳12芯分立光纤。为了便于光缆线路施工人员在光纤接续时能够快速识别出每根松套中的各根光纤，工厂要对涂覆紫外光固化着色涂料的本色光纤进行着色处理。可供本色光纤着色选用的12种颜色顺序（全色谱）如表12-3所示。

表12-3 分立光纤全色谱

序号	1	2	3	4	5	6	7	8	9	10	11	12
颜色	蓝	橙	绿	棕	灰	白	红	黑	黄	紫	粉红	粉蓝

光纤带是一种包含有4、6、8、10或12甚至16、24芯光纤的矩阵。鉴于光纤带是由光纤黏接而成的，故光纤带包含的光纤有全色谱和领示色两种识别方法。

在光纤带全色谱识别方法中，光纤带中每根光纤采用全色谱识别，对于光纤带矩阵中的每根光纤带采用在光纤带上喷数字或条纹标志识别序号。具体的识别方法是，面对光缆A端看，转动光缆使光纤带调整到水平方位。

喷在各个光纤带上的数字序号由上至下依次增加。在领示色识别方法时，各个光纤带采用领示色谱子带循环方式进行识别。

6. 1550 nm光纤技术的特点

（1）损耗极低；

（2）可以利用光纤放大器对光信号直接进行放大；

（3）色散较大：1.55 μm波长的光在光纤中传输时，光纤的色散较大，达17 ps/（nm·km），比传输1.31 μm波长时光纤的色散（3.5 ps/（nm·km））要大得多；

（4）受激布里渊散射（SBS）的影响不容忽略：在1310nm直接调制的光发射机中，谱线宽度达1 GHz量级，SBS阈值在100 mW以上，受激布里渊散射影响小。对于1550 nm，谱线宽度很小，SBS阈值也小，必须通过采取一些特殊措施，才可以使SBS阈值提高到50 mW（17 dBm）。对于那些输出功率大于 50 mW 的系统,则应先通过光分路器分成几束光,使每一束光的功率在 50 mW 以下,再输入光纤传输。

(二)光缆

1. 光缆及其结构

在远程通信中直接使用的是光缆而不是光纤,光缆是以光纤为主要通信元件,通过加强件和外护层组合成的整体。

光缆的典型结构一般可以分为缆芯、护层和加强芯三大部分,光缆的结构设计必须保证其中的光纤具有稳定的传输特性。

(1)缆芯:缆芯是光缆构造的主体,为保证光纤正常工作,对缆芯有一定的要求,即光纤在缆芯内的排列位置合理,保证在光缆受外力作用时,光纤不受影响。

缆芯由光纤的芯数决定,可以分为单芯型和多芯型两种,多芯型有 2 芯、4 芯、6 芯甚至更多(48 芯、96 芯、576 芯等多种),一般单芯光缆和双芯光缆用于光纤跳线,多芯光缆用于室内室外的布线。

(2)护层:像电缆一样,在光缆的外层有一层保护层。它使光缆能适应在各种场地敷设(如架空、管道、直埋、室内、过河、跨海等)而不受外界因素的影响。护层可分为内护层(多用聚乙烯或聚氯乙烯等)和外护层(多用铝带和聚乙烯组成的 LAP 外护套加金属铠装等)。

(3)加强芯:一般采用金属或玻璃钢材料,主要承受敷设安装时所加的外力,用来保护光纤。

2. 光缆的分类

(1)按物理结构可分为中心束管、层绞和带状光缆。如图 12-11 所示为几种常见光缆结构。

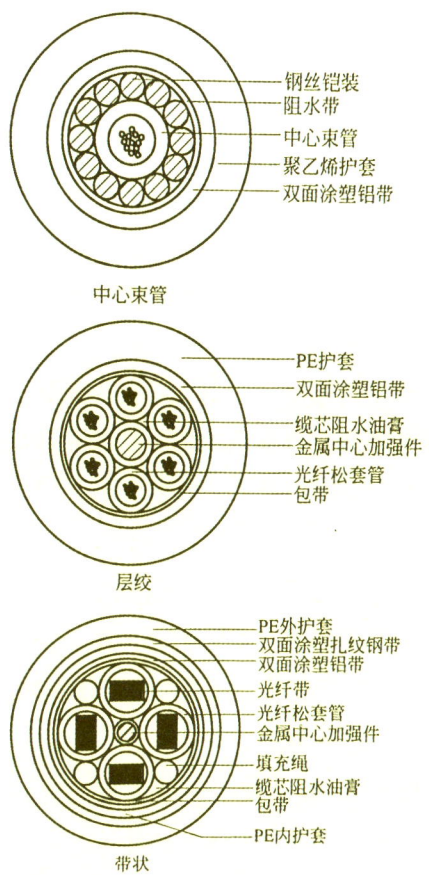

图 12-11 中心束管、层绞和带状光缆的结构

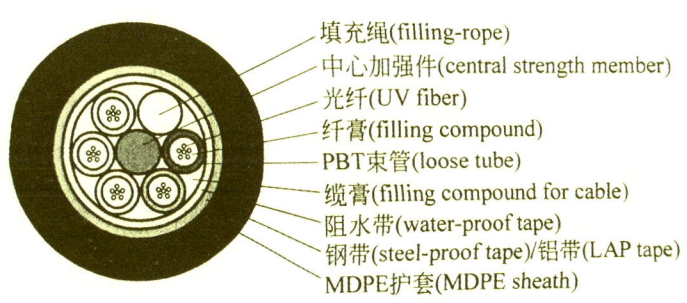

图 12-12 铠装光缆结构

（2）按成缆光纤类型可分为多模光纤光缆和单模光纤光缆。

（3）按加强件和护层可分为金属加强件、非金属加强件、铠装光缆，如

图 12-12 所示。

（4）按使用场合可分为长途/室外、室内光缆等。

（5）按敷设方式可分为架空、管道、铠装直埋和水下光缆等。

（6）按二次涂敷层结构可以分为紧套光缆和松套光缆，紧套光缆的二次涂敷（即塑料套管）与一次涂敷是紧密接触的，光纤在套管中不能松动。松套光缆的二次涂敷与一次涂敷是留有空间的（一般充油膏），光纤在套管中可以松动。

紧套光缆在外径为 $250\mu m$ 的涂敷光纤直接紧套一层材料制成 $900\mu m$ 紧套光纤，以紧套光纤为单元，在单根或多根紧套光纤四周布放适当的抗张力材料，挤制一层阻燃护套料制成单芯或多芯紧套光缆。尾纤和跳线中就是采用紧套光纤

松套光缆对机械力有完好的隔离（当然在一定范围内），同时有较好的防水防潮能力这类光缆不能垂直安装而且连接（接合和端接）的端准备很费力。它广泛安装在户外，因它在很大的温度、机械压力范围和其他环境条件下，能够提供稳定可靠的传输。

紧套光缆的连接很容易，可垂直安装。紧套光缆比松套光缆对温度、机械压力和水更敏感，因此它们大多用于室内。

3. 广电网络中常用的光缆

（1）室内光缆：抗拉强度较小，保护层较差，但重量较轻，且较便宜。

（2）室外光缆：与室内光缆相比，室外光缆的抗拉强度较大，保护层较厚重，并且通常为铠装（即金属皮包裹）。室外光缆主要适用于建筑物之间的布线。根据布线方式的不同，室外光缆又分为直埋式光缆、架空式光缆和管道式光缆 3 种。

4. 光缆的型号

光缆型号由它的型式代号和规格代号构成，中间用"—"分开，即光缆的型号=型式代号—规格代号。

（1）型式代号

光缆型式组成由 5 个部分构成。第一部分为分类代号，第二部分为加强

件代号,第三部分为派生特征代号,第四部分为护套代号,第五部分为外护套代号。光缆型式命名规则如表 12-4 所示。

表 12-4 光缆型式命名规则

I	II	III	IV	V	—	VI	VII
分类	加强构件	光缆结构特征	护套	外护层	—	光纤芯数	光纤类别

(2)规格代号

表 12-5 光纤类别的代号

代号	光纤类别	对应 ITUT 标准
A1a 或 A1	50/125μm 二氧化硅系渐变型多模光纤	G.651
A1b	62.5/125μm 二氧化硅系渐变型多模光纤	G.651
B1.1 或 B1	二氧化硅普通单模光纤	G.652
B4	非零色散位移单模式光纤	G.655

光纤规格由光纤数和光纤类别代号组成。光纤数用光缆中同一类别光纤的实际有效数目的数字表示,也可用光纤带(管)数和每带(管)光纤数为基础的计算加圆括号来表示。光纤类别的代号如表 12-5 所示。

示例 GYFTY04 24B1,代号构成说明:松套层绞填充式、非金属中心加强件、聚乙烯护套加覆防白蚁的尼龙层的通信用室外光缆,包含 24 根 B1,1 类单模光纤。

二、无源光器件

在广电网络中,形成一条光纤链路,除了光纤外还需要各种不同的其他部件,其中一些用于光纤连接,另一些用于光纤的整合和支撑

光纤连接包括:光缆敷设至配线间后连至光纤配线架(光纤终端盒),光缆与光纤尾纤熔接,尾纤的连接器插入光纤配线架上的光纤耦合器的一端,耦合器的另一端用光纤跳线连接,跳线的另一端连接光端机等设备的光接口。

(一)常用连接器

光纤连接器是光纤系统中使用最多的光纤无源器件,用来端接光纤。光纤连接器的首要功能是把两条光纤的芯子对齐,提供低损耗的连接。光纤连接器按连接头结构可分为 FC(Ferrule Connector,螺纹连接式)、SC(Square Connector,直插式)、ST(Standard Connector,卡扣式)、LC(Line Connector,线路连接器)、D4.DIN、NM、MT 等几种。传统主流光纤连接器是 FC 型、SC 型和 ST 型,它们的共同特点是都有直径为 2.5 mm 的陶瓷插针,这种插针可以大批量进行精密磨削加工,以确保光纤精准连接。插针与光纤组装非常方便,经研磨抛光后,插入损耗一般小于 0.2 dB。如果按光纤芯数分还有单芯型光纤连接器和多芯(如 MT-RJ)型光纤连接器。

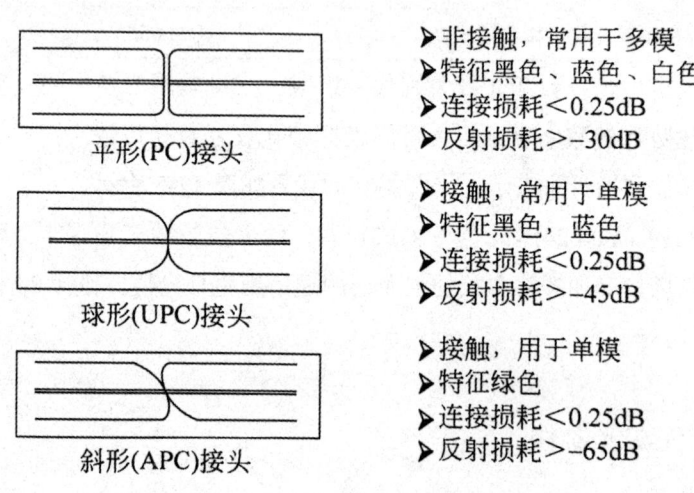

图 12-13 几种常见接头的剖面图及特性

按接头端面形状分有 PC,UPC 和 APC 型,如图 12-13 所示,这几种类型端面的光学特性差别主要表现在回波损耗(回损)上:PC>30 dB,UPC>45 dB,APCZ60 dB,前两个在数据传输网络中使用比较广泛,后者多用在有线电视网络。

PC 型:插针端面为球面,端面曲率半径最大,近乎平面接触,回损可达 30 dB,特征黑色、蓝色、白色,非接触常用于多模,插入损耗可以做到小于 0.25 dB。

UPC：插针端面也是球面，但抛磨更加精细，端面光洁度比 PC 要好，回损可达 45 dB，特征黑色、蓝色，接触常用于单模，

APC：反射损耗最高，除了采用球面接触外，还把端面加工成斜面，倾斜角度一般为 8 以使反射光反射出光纤，避免反射回光发射机，接触，用于单模，特征绿色，回损可达 60 dB 以上。

这样综合来说光纤连接器主要就有 FC/APC、FC/UPC，FC/PC，SC/APC，SC/UPC，SC/PC，ST/UPC，ST/PC 等几种，

随着光缆在布线工程中的大量使用，光缆密度和光纤配线架上连接器密度不断增加，目前使用的连接器已显示出体积过大、价格太贵的缺点。小型化光纤连接器应运而生，它压缩了整个网络中面板、墙板及配线箱所需要的空间，使其占有的空间只相当于传统 ST 和 SC 连接器的一半。SFF 光纤连接器已越来越受到用户的喜爱，大有取代传统主流光纤连接器 FC、SC 和 ST 的趋势。

目前最主要 SFF 光纤连接器有 4 种类型：美国朗讯公司开发的 LC 型连接器、日本 NTT 公司开发的 MU 型连接器、美国 Tyco Electronics 和 Siecor 公司联合开发的 MT-R 型连接器以及 3M 公司开发的 Volition VF-45 型连接器等。

1. FC 光纤连接器

FC 光纤连接器外部加强采用金属套，紧固方式为螺丝扣。其中插针的端面有 PC、UPC 或 APC 型研磨方式。此类连接器结构简单，操作方便，制作容易。

2. SC 型光纤连接器

SC 光纤连接器外壳呈矩形，所采用的插针与耦合套筒与 FC 型完全相同，插针端面有 PC，UPC 或 APC 型研磨方式；紧固方式是采用插拔销闩式，不需旋转。此类连接器价格低廉，插拔操作方便，抗压强度较高，安装密度高。

3. ST 型光纤连接器

ST 型光纤连接器外壳呈圆形，所采用的插针与耦合套筒 FC 型完全相同，插针端面有 PC，UPC 或 APC 型研磨方式。紧固方式为螺丝扣。此类连接器适用于各种光纤网络，操作简便，且具有良好的互换性，

4. LC 型光纤连接器

LC 型光纤连接器是为了满足客户对连接器小型化、高密度连接的使用要求而开发的一种新型连接器。它压缩了整个网络中面板、墙板及配线箱所需要的空间，使其占有的空间只相当于传统 ST 和 SC 连接器的一半。陶瓷插芯仅为 1.25 mm，有单芯、双芯两种结构可供选择，具有体积小、尺寸精度高、插入损耗低和回波损耗高等特点。

5. MT-RJ 型光纤连接器

MT-RJ 带有与 RJ-45 型局域网连接器相同的门锁机构,通过安装于小型套管两侧的导向销对准光纤，为便于与光收发信机相连，连接器端面光纤为双芯（间隔 0.75 mm）排列设计，它主要用于数据传输的高密度光连接器。MT-RJ 设计成与 UTP 插座同一尺寸，因此 MT-RJ 特别适用于安装在工作区的标准面板上。

（二）光纤跳线

光纤跳线是两端带有光纤连接器的光纤软线，有单/双芯、多模/单模之分。光纤跳线主要用于光纤配线架到交换设备或光纤信息插座到计算机的跳接，根据需要，跳线两端的连接器可以是同类型的，也可以是不同类型的，其长度可根据需要定制。

（三）光纤尾纤

光纤尾纤一端是光纤，另一端连光纤连接器，用于与布绞工程的主干光缆和水平光缆组接，有单芯和双芯两种，一条光纤跳线剪断后就可成为两条光纤尾纤。

（四）光纤适配器

光纤适配器是实现光纤活动连接的重要器件之一，它通过尺寸精密的开口套管在适配器内部实现了光纤连接器的精密对准连接，保证两个连接器之间有一个较低的连接报耗、它实质上是带有两个光纤插座的连接件，同类型或不同类型的光纤连接器插入光纤耦合器、从而形成光纤的连接，主要用于光纤配线设备和光纤面板。

（五）耦合器

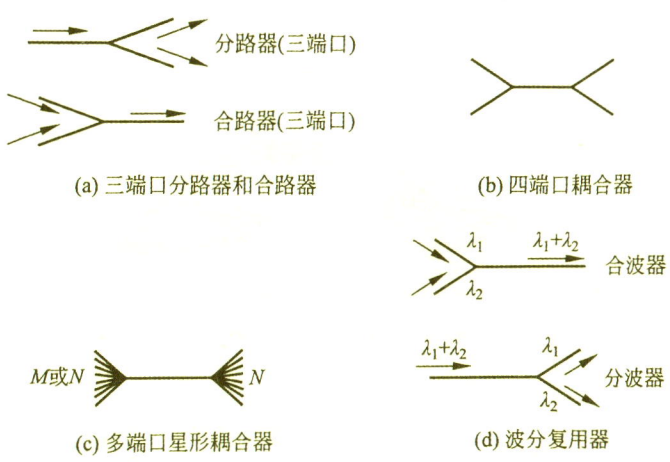

图 12-14　几种典型光纤耦合器的结构示意图

耦合器的功能是把一个或多个光输入分配给多个或一个光输出。光耦合器有各种不同的分类方法，从制造技术上分，可以分为轴向对准技术和横向对准技术。从使用功能角度上分，则可以有更广泛的分类方法，即可以划分为三端口和四端口光纤耦合器、星形耦合器和波分复用器，如图 12-14 所示。光纤耦合器按其应用可以分为光分路器、波分复用器等。

1. 光分路器

光分路器是一种从一根光纤中分出一部分能量到另一根光纤中的无源光器件，按分光原理可以分为熔融拉锥型（Fused Fiber splitter）和平面波导型（PLC Splitter）。熔融拉锥型光分路器的结构和外形如图 12-15 所示，由于成本较低，在单向广电网络中大量使用。平面波导型光分路器由于可以提供反向通路，可在 PON 网络中使用。

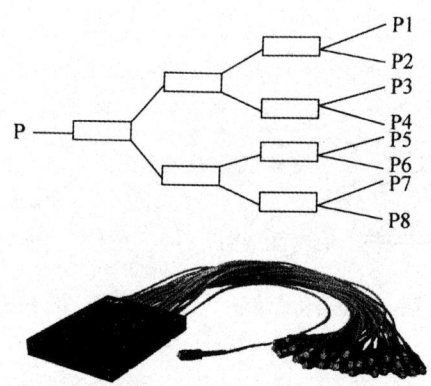

图 12-15 熔融拉锥型光分路器内部结构与外形

光分路器的主要技术指标如下。

（1）插入损耗：光纤分路器的插入损耗是指每一路输出相对于输入光损失的分贝数，其数学表达式为

$$L_n = -10\lg P_{outn}/P_{in} \tag{12-1}$$

式中：L_n 是指第 n 个输出口的插入损耗；P_{outn} 是第 n 个输出端口的光，mW；P_{in} 是输入端的光功率值，mW。

（2）附加损耗，附加拟耗定义为所有输出端口的光功率总和相对于输入光功率损失的分贝数。

$$A = -10\lg(\sum P_o / P) \tag{12-2}$$

式中：$\sum P_o$ 是各路输出光功率之和，mW；P 是总输入光功率，mW。

分路器的附加损耗主要由两个方面引起，一是耦合区光散射产生的；二是熔接损耗。对于光纤耦合器，附加损耗是体现器件制造工艺质量的指标，反映的是器件制作过程的固有损耗，这个损耗越小越好，是制作质量优劣的考核指标。而插入损耗则仅表示各个输出端口的输出功率状况，不仅有固有损耗的因素，更考虑了分光比的影响。因此不同的光纤耦合器之间，插入损耗的差异并不能反映器件制作质量的优劣。

（3）分光比：分光比定义为光纤分路器各输出端口的输出功率比值，在系统应用中，分光比的确是根据实际系统光节点所需的光功率的多少，确定合适的分光比（平均分配的除外），光纤分路器的分光比和传输光的波长有关，例如某光纤分路器在 1 310 nm 波长时两个输出端的分光比为 50∶50；在 1 550 nm 波长时，则变为 70∶30。所以在定做光纤分路器时一定要注明波长。

（4）隔离度：隔离度是指光纤分路器的某一光路对其他光路中的光信号的隔离能力。在以上各指标中，隔离度对于光纤分路器的意义更为重大，在实际系统应用中往往需要隔离度达到 40 dB 以上的器件，否则将影响整个系统的性能。

（5）稳定性：稳定性是指在外界温度变化或其他器件的工作状态变化时，光纤分路器的分光比和其他性能指标都应基本保持不变，实际上光纤分路器的稳定性完全取决于生产厂家的工艺水平。

此外，均匀性、回波损耗、方向性、偏振损耗都在光纤分路器的性能指标中占据非常重要的位置

2. 波分复用器

在同一根光纤中同时让两个或两个以上的光波长信号通过不同光信道各自传输信息称为光波分复用技术（Wavelength Division Multiplexer，WDM）。

光波分复用一般应用波长分割复用器和解复用器（也称合波/分波器）分别置于光纤两端，实现不同光波的耦合与分离，这两个器件的原理是相同的。主要有以下几种类型。

（1）熔融拉锥式光纤耦合型

熔融拉锥式结构则是将两根或多根光纤扭在一起用火焰对耦合部分加热，在熔融的同时拉伸光纤，从而熔融部分就形成双锥区，在双锥区内各条光纤的包层合并成同一包，而各条光纤的纤芯靠近且变细，由于纤芯变细的程度不同，就形成不同的耦合程度。熔融拉锥式器件常用于单模系统，如 1 310 nm/1 550 nm 复用系统，还广泛用于光纤放大器泵浦源与信号的复合。

（2）干涉滤波器型（包括多层介质膜滤波器和马赫-曾德干涉滤波器型）

WDM 器件是利用光的干涉效应选择波长，使某一波长的光通过，而其他波长的光被阻止。干涉滤波器型波分复用器由每层厚度为 $\lambda/4$ 高折射率与低折

射率的薄膜相间多层叠置而成,见图12-16。

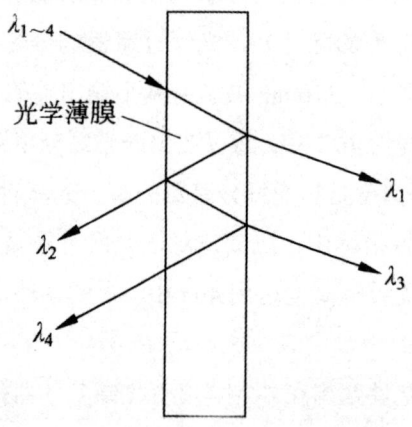

图12-16 四信道多层介质膜干涉滤波型波分复用器原理示意图

(3)光栅型(包括块状体光栅、集成平面波导光栅和光纤光栅型)

光栅就是在一块能透射或反射光的平面上刻画平行24且等距的槽痕形成许多间隔相同的狭缝,沿此槽痕的地方,会明显地改变其光的透射率或反射率。图12-17是两种平面光栅WDM器件。其原理是当输入的多波长复合光信号聚焦在反射光栅上,利用反射光栅的衍射作用,即光栅对不同波长的光的衍射角的不同,把各个波长的光信号从多波长的复合光信号中分离出来,然后经透镜将各个波长的光信号聚焦在各自的输出光纤上,从而实现多波长光信号的解复用。如果采用渐变折射率棒透镜,则可简化装置的校准。

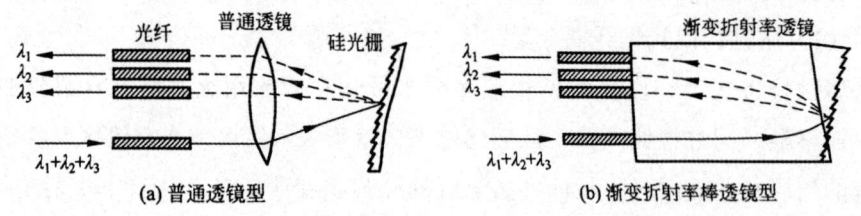

图12-17 衍射光栅原理图

波分复用器主要特性指标为插入损耗、中心波长、信道间隔、信道带宽、信道内起伏、信道插损均匀性、波长稳定度和隔离度。通常,由于光链路中使用波分复用设备后,光链路损耗的增加量称为波分复用的插入损耗。当两波长通过同一光纤传送时，在某一指定波长输出端口所测得的另一非选择波长的功率与被选择波长功率之比的对数称为隔离度。

目前，WDM产品主要有CWDM（Coarse Wavelength Division Multiplexing，稀疏波分复用）和DWDM。CWDM系统的波长间隔宽，达到20 nm，光复用器/解复用器的结构大大简化同时对激光器的技术指标要求较低，因此系统成本较低。

（六）光衰减器

光衰减器是一种非常重要的纤维光学无源器件，它可按用户的要求将光信号能量进行预期的衰减，常用于吸收或反射掉光功率余量、评估系统的损耗及各种测试中

光衰减器可分为固定型衰减器、分级可调型衰减器、连续可调型衰减器、连续与分级组合型衰减器等。按照其原理可分为薄膜光衰减器、熔融型光衰减器和掺钴光纤型光衰减器。薄膜光衰减器利用光在金属薄膜表面的反射光强与薄膜厚度有关的原理制成。熔融型固定光衰减器是把两根光纤熔接在一起，控制两根光纤的横向错位到某一数值后再进行熔接，即可得到不同衰减的光衰减器。同光纤放大器配合使用的光衰减器是掺钴光纤型固定光衰器。

（七）光开关

为了保证光纤有线电视系统的不间断工作，应配备备份光发射机。当正在工作的光发射机出故障时，利用光开关可以在极短的时间（<1 ms）内将备份光发射机接入系统，保证其正常工作，

光开关按照工作原理可以分成机械光纤式和集成波导式两类。机械光纤式光开关中，输入光纤由机械驱动器驱动，可以上下移动，分别将光信号送入输出光纤A或B。机械光纤式光开关的插入损耗较小（小于1 dB），寿命大于20万次，开关时间小于1 ms，但体积较大，也不抗振动，如图12-18所示。此外还有采用旋转反射镜来实现光开关倒换功能的。

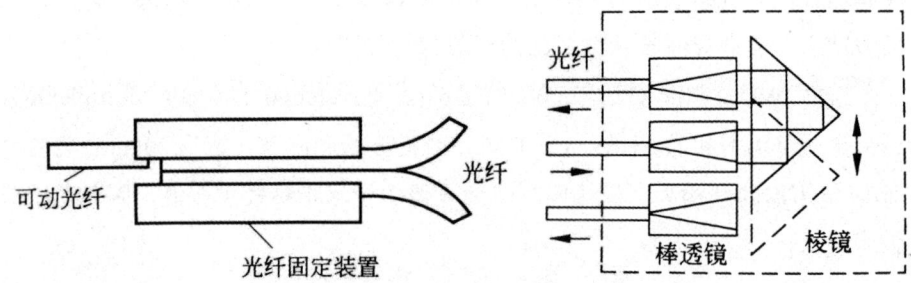

图 12-18 机械光纤式光开关结构

集成波导式光开关中，在 LiNbO。基片上用钛扩散的方法制成两条靠得很近的光导，并在上面蒸发上电极，在电极上加 10 V 左右的控制电压。通过改变控制电压的大小，使输入端口的入射光分别耦合进两个输出端口，起到开关的作用。但插入损耗较大，在分贝数量级。

三、光纤光缆的识别与故障判断

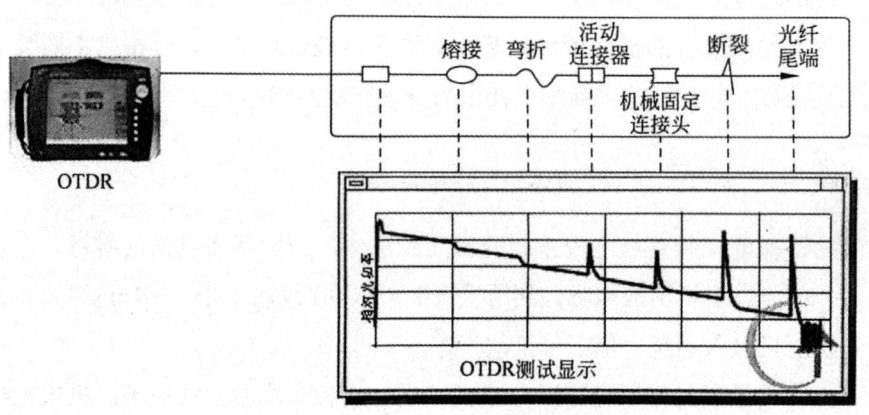

图 12-19 用 OTDR 测量光缆

室外长距离光纤的故障判断主要是通过 OTDR（Optical Time Domain Reflectometer，光时域反射器）来实现，它发射的光脉冲在光纤内传输会因光纤本身的性质、连接器接合点、弯曲或其他类似的事件而产生散射、反射，其中一部分的散射和反射就会返回到 OTDR 端口，通过测量返回的位置上的时间或曲线片段信息，再结合发射信号到返回信号所用的时间及光在玻璃物质中的速度，就可以计算出总体路径损耗，估测故障点的位置，ODTR 有测量盲区，小于盲区距离的无法测量。其测量过程如图 12-19 所示。

室内光纤的识别和故障判断可以通过可视红光源（俗称红眼），它配置了一个波长为 650 nm 的红色可见激光二极管，可在连续或频闪模式下操作，通常用于光纤识别、单模或多模光纤的故障定位及光纤识别，是对 OTDR 测试盲区的有力补充，能帮助确定断点、有故障的接头等故障。

四、光发射机

光发射机是广电网络传输系统中一个重要的有源器件，其主要功能是将有线电视的电信号转换为光信号，并输出相应的功率，以满足网络中各光节点对光功率的要求。VSB-AM 光发射机是广电网络系统重要的光设备。

（一）光的调制与复用

（1）光的调制方式有调幅-光强度（AM-IM）、调频-光强度（FM-IM）和脉码调制-光强度（PCM-IM）。

AM-IM 方式是先采用残留边带调幅的方法把不同的视音频信号调制到不同的高频载波上，经混合器混合后得到宽带高频信号，再用它去调制光信号的强度。这种方式的优点是可以传输更多的电视节目，缺点是对激光器的要求较高。

FM-IM 方式是先让各个视频、音频信号对 70 MHz 的中频副载波进行调频，并上变频至不同的频道，再利用混合后的宽带高频信号去调制光信号的强度。它的优点是对激光器线性的要求不高，现在一般采用功率小、谱线宽、价格便宜的法布里-珀罗（F-P）激光器来作训顺光发射机。它的缺点是所占频道较宽（频道间隔 35～40 MHz），一根光纤只能传输 16～18 套电视节目，而且输出的信号不能被电视机直接接收，还需经过 FM/AM 转换后，才能送入用户分配系统

PCM-IM 方式是先把视音频信号经过取样、量化、编码等步骤变为数字信

号,再经过时分复用后得到由多个频道信号组成的脉冲串(数字信号),再用它去调制光强度,输出光脉冲。这种方式的优点是失真小,无噪声积累,经过多级传输后载噪比仍可达 60 dB,载波组合三次差拍比和载波组合二次互调失真比可达 70 dB。不加中继可传输 100 km 以上,若利用中继,则可传输数千千米。PCM-IM 方式成本高,不经压缩时,每纤只能传输 16 套节目。经过数字压缩,可传输数百套节目,但成本更高。

(2)光的复用有空分复用、时分复用、频分复用和波分复用。

光发射机根据光的调制和复用方式可分为调幅频分复用、调频频分复用等。

(二)光调制器

光调制器根据原理不同,可分为直接调制、内调制和外调制三种。

直接调制又称电源调制,因为半导体激光器的输出光功率与注入电流成正比,因此可以利用待调制信号来控制注入半导体激光器 PN 结的电流,使激光器输出光强度随信号而变。直接调制的技术简单,损耗小,易于实现,

内调制和外调制都是通过专门的调制器来实现的。调制器作用是能使透射光强度随外加信号电压而改变。内调制和外调制的区别在于内调制把调制器放在谐振腔内部,其调制效率较高。外调制则是在激光输出后,使其通过电光器件来进行调制。在光通信中一般使用半导激光器和固体激光器,所以只能采用电源调制和外调制,

外调制无啁啾效应,使 CSO 指标较高,但调制损耗较大(大于 5 dB),且调制线性范围较小,调制度小于 3.5%,使载噪比指标降低。

(三)直接调制光发射机

直接调制光发射机的原理框图如图 12-20 所示。它采用 DFB(Distributed Feed Back,分布反馈)式激光器作为光源,用射频(VSB-AM)信号直接对激光器进行强度调制。为减少光发射机输出的非线性失真,在 DFB 激光器前设置了预失真补偿电路对调制器的非线性进行补偿,为了激光器能稳定可靠

地工作,采用功恒定和温度恒定控制电路。

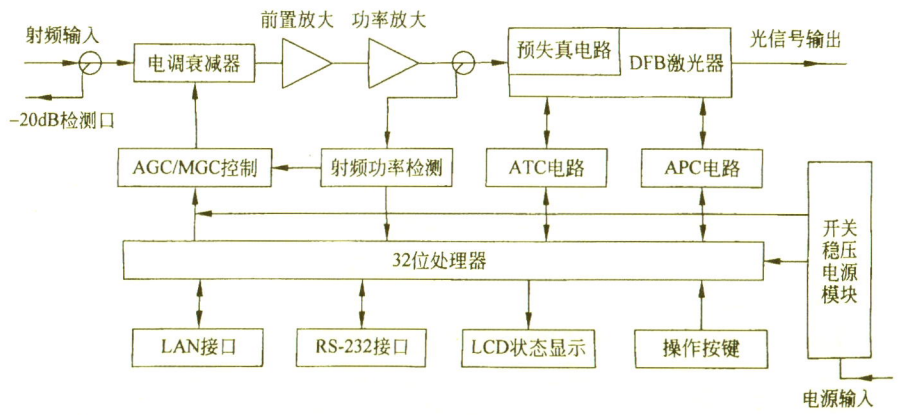

图 12-20　DFB 直接调制光发射机原理框图

在直接调制过程中,激光器注入电流的变化会引起有源区载流子密度和折射率的变化,述谐振腔光通路长度变化,能够形成光振荡的波长也随之变化。这种现象称为附加频率调制或啁啾效应。当已调光信号注入光纤进行传输时,在啁啾效应和光纤色散的共同作用下将引起非线性失真指标 CSO 的劣化,传输距离越远,CSO 指标劣化越严重,采用 1310 nm 的激光传输时,无中继放大的传输距离不超过 35 km。通常 1310 nm 光系统多采用直接调制光发射,以获取较高的性价比。图 12-21 为直接调制光发射机前后面板图。

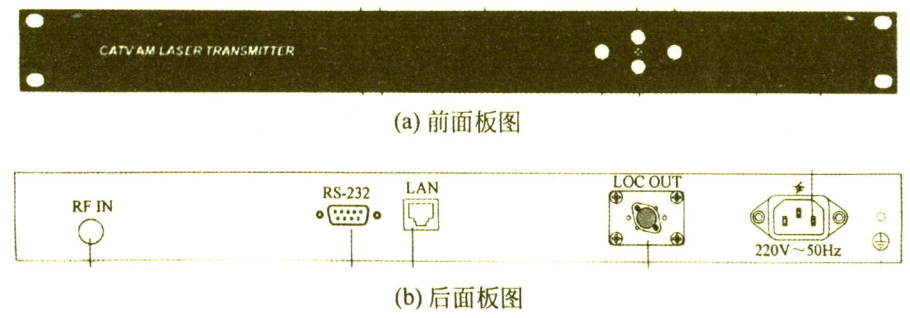

图 12-21　DFB 直接调制光发射机前后面板示意图

(四) 外调制光发射机

外调制光发射机的原理框图如图 12-22 所示。采用大功率激光器作为光源,光源输出光功率稳定的单频光馈给调制器,再用经过预失真补偿的射频(VSB-AM)信号加到调制器上对光进行强度调制。其输出光有单路和双路两种,双路输出的光信号强度相同,但相位相反。

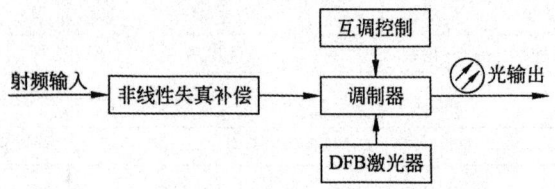

(a) 1310nm外调制光发射机原理框图

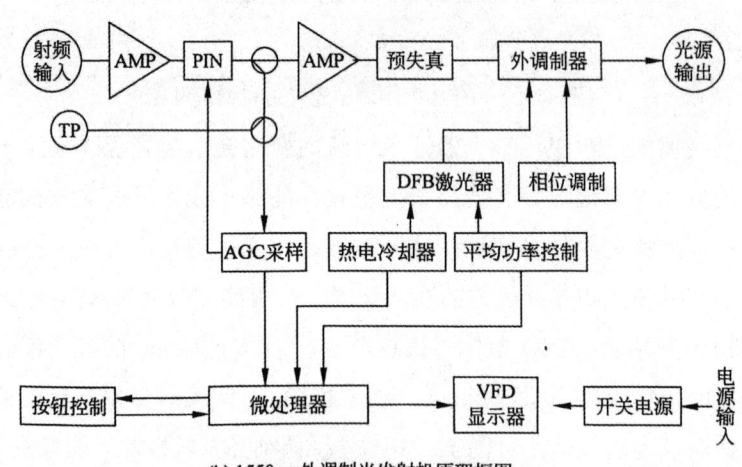

(b) 1550nm外调制光发射机原理框图

图 12-22 外调制光发射机原理框图

外调制无啁啾效应,非线性失真小,输出功率大,因此外调制光发射机既可用于零色散的 1310 nm 光系统,也可用于非零色散的 1550 nm 光系统。图 12-22(a) 所示的 1310 nm 外调制光发射机,采用大功率 DFB 激光器作为光源,可有两路输出,每路输出 20 mW(13 dBm)以上,CSO 指标均优于 -70 dB。图 12-22(b) 所示为 1550 nm 外调制光发射机,采用钇铝石榴石(YAG)作为光源,由于没有啁啾效应的影响,故非线性失真小,但其输出的光功率也小,两路输出时,每路大致 2~7 dBm,因而通常要加接光放大器,目前常用掺铒光纤放大器(EDFA)。可抵消失真、大功率输出的掺铒光纤放大器,其输出光功率可以达到 250 mW(即 24 dBm)以上。

由于单模光纤的 1550 nm 波长窗口加入光功率的大小与光纤 SBS 有关，1550 nm 外调制光发射机中设置了 SBS 抑制电路，以抑制 SBS 的影响。SBS 是指当入射到光纤内的光功率大于某一阈值时，光发射机受激布里渊散射，产生频率较低的背向散射光现象。这种背向散射光不仅使传输的光信号受到衰减，还会返回到激光器而使激光器的输出光功率波动，产生较大的噪声，使系统的 CSO 指标严重劣化。实验表明，SBS 的阈值与激光器输出的谱线宽度有关，谱线越宽，SBS 阈值越大。在直接调制的光发射机系统中，由于啁啾效应，其谱线宽度达 1 GHz 量级，SBS 阈值在 100 mW（20 dBm）以上，因而在 1310 nm 系统中，受激布里渊散射的影响很小。对于 1550 nm 系统，为了减少色散影响而采用外调制光发射机，使谱线宽度大为减小，SBS 阈值也随之降低，只有几毫瓦，因此发射机中必须设置 SBS 抑制电路，才使 SBS 阈值提高到 50 mW（17 dBm）。

五、光接收机

（一）光信号的解调

在光纤中传输的光信号到达接收端后，需要解调输出射频信号，这个任务是由光接收机中的光检测器来完成的。光检测器的作用是利用半导体材料的光电效应把光信号转换成电信号（O/E 转换）。所谓光电效应，就是当光照射到金属或半导体上产生光电流的现象，并且光电流的强度与入射光强在一定范围内成正比，则可达到把调制在光信号上的电信号解调出来的目的。每一种光敏材料都有一个确定的红限频率，当入射光的频率低于这个红限频率时，不会产生光电效应。因此制作光检测器的半导体材料的红限频率应低于入射光的频率。

常用的光检测器主要有 PIN 光电二极管和雪崩光电二极管 APD，但在广电 HFC 网络中一般都用 PIN 光电二极管。PIN 光电二极管本身无增益、灵敏度低，但其动态范围大、线性很好，在 40～860 MHz 的频率范围内的不平度保持在 ±0.5 dB 以内，C/CSO 达到 -70 dB，C/CTB 达到 -80 dB。

（二）基本组成

光接收机由光接收组件和电信号放大两个部分组成。其原理框图如图 12-23 所示。

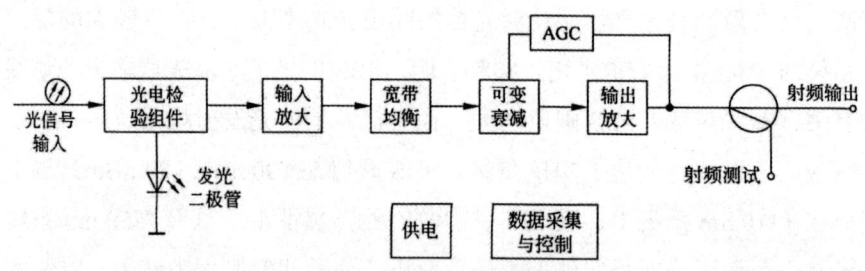

图 12-23　光接收机原理框图

光电检测组件是光接收机的关键部件，通常由 PIN 光电二极管和前置放大器集成。其后面是电放大器部分，包括输入、输出放大器，宽带均衡网络，电调可变衰减器及自动增益控制（AGC）电路等。有些光接收机中设置了数据采集与控制部分，可利用微处理器对光接收机的各项参数进行调整与控制。

（三）主要技术参数与性能指标

1. 外形结构

光接收机通常有室内型和室外型两种。室内型采用 19 英寸机械方式，便于上架安装室外型有压铸铝合金外壳，具有密封、散热性好、防水、防潮、防雷电、抗电磁干扰等特点，通过同轴电缆 60 V 或 220 V 交流供电。

在双向 HFC 有线电视网络的光节点上使用的室外型光接收机，不仅具有下行 O/E 转换功能，还具有上行 E/O 转换功能，已相当于一个光工作站。其组成包括下行光接收机、上行光发射机及进行网络管理状态的应答器等部分，它们都安装在一个压铸铝合金外壳内。典型的光工作站的原理如图 12-24 所示。

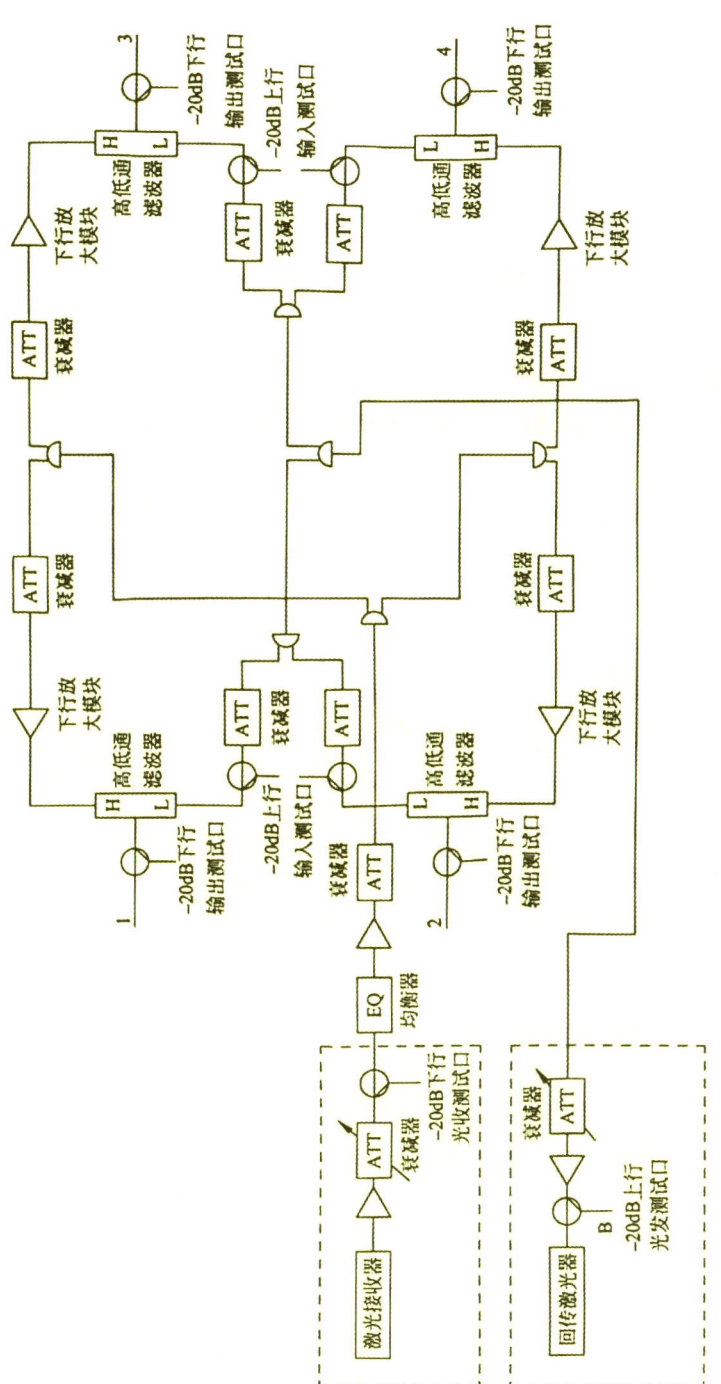

图 12-24 四端口光工作站方框图

2. 光学指标

输入光功率范围：-6～+2 dBm；

光波长：1290～1600 nm；

光反射损耗：≥45 dB；

光链路频响：±1.5 dB；

光接口：FC/APC 或 SC/APC。

3. 射频参数

频率范围：47～862 MHz；

端口射频输出：≥110 dBμV（生产商提供）；

带内平坦度：≤±0.75 dB（所有工作口）；

反射损耗：≥16 dB；

交流声调制比：≥60 dB；

射频接口：F 型。

4. 非线性失真指标

C/CTBZ≥76 dB，C/CSO≥71 dB（测试条件满足 GY/T 143—2000 标准规定的测试条件要求）。

5. 电源及环境要求

供电要求：输入电压 AC40～60V/AC220V（50 Hz）；

工作温度：-25～+55 ℃；

相对湿度：≤85%；

整机功耗：≤35 W（生产商提供）。

第三节 接入分配网络

一、同轴电缆

射频同轴电缆在有线电视 HFC 网络中可应用于主干网、支干网以及分配系统,但由于光缆的大量使用,目前同轴电缆主要用于用户分配网,其射频传输特性优于铜双绞线或五类线、超五类线,物理带宽可达 4 GHz。它采用在一根同轴电缆上频谱分割(即频分复用,上、下行共享物理媒介)的方式构成双向传输系统,以满足宽带接入的需要。宽带入户方便是同轴电缆的主要优势。

(一)结构

同轴电缆的结构对射频信号的传输有直接影响。它由里往外依次是内导体(铜导体、镀铜导体)、塑胶绝缘层、屏蔽层(编制屏蔽层、铝管或铜管)和塑料护套。铜芯与网状导体同轴,故名同轴电缆,如图 12-25 所示。

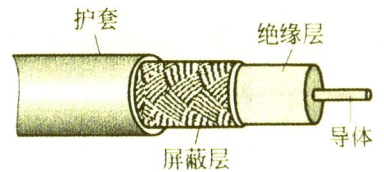

图 12-25 同轴电缆结构

同轴电缆的内导体(又称芯线)用来传送 RF 信号,有时也传输电源,通常是一股实心铜线或多股绞合铜线,对于大规格电缆也可以是"铜包铝"线(一种镀有薄铜层的铝线)。对于小直径电缆,为了提高强度,往往用"铜包钢"丝作为进户电缆(小直径电缆)的芯线,这是由于导体的趋肤效应:1 MHz 信号,趋肤深度为 66 μm(100 MHz/6.6μm;1 GHz/2.1 μm)。

介质绝缘层的基本任务是在保证内外导体之间有足够介电强度的同时,还要保持内外导体结构上的同心。绝缘层通常采用介质损耗很小的介电材料,例如聚乙烯等，目前渗氨聚乙烯应用最为普遍。一般来说，介质中空气含量越大，绝缘介质的相对介电常数越小，它对电磁波阻碍越小，从而电缆的衰减量和温度系数也越小。

外导体的作用是防止自身 RF 信号的泄漏和外部 RF 信号的侵入，同时它也是 RF 信号和电源的"地"，与内导体一起构成完整的传输回路。外导体最常见的构成方式有 3 种：一是铜管或铝管，管子可以是光滑的或皱纹的，后者多用于大直径电缆；二是铜丝编织的网状外导体或铝箔纵包加铜丝密编的复合外导体；三是铜箔纵包或铝带纵包，这类结构会对系统的屏蔽性能带来一定程度的改善。

外护套仅起防护作用，用以增强电缆的抗磨损、抗机械损伤、抗化学腐蚀的能力。室外电缆应使用抗紫外线辐射、寿命长、绝水的聚乙烯外护套，室内电缆则应使用天然阻燃、无挥发、对人体无害的聚氯乙烯外护套。

（二）同轴电缆分类

1. 按照同轴电缆在 CATV 系统中的使用位置也可分为 3 种类型

（1）干线电缆：其绝缘外径多为 9 mm 以上的粗电缆，要求损耗小，对柔软性的要求并不高；

（2）支线电缆：其绝缘外径一般为 7 mm 或以上的中粗电缆，要求损耗较小，同时也要求一定的柔软性；

（3）用户线电缆：其绝缘外径一般为 5 mm，损耗要求不重要，要求良好的柔软性。

2. 按照同轴电缆的绝缘结构可以分成三种类型

（1）实心绝缘型：防潮防水性能好但衰减大。

（2）半空气绝缘型：

半空气贯通式：衰减小，但防潮防水不好，如藕芯电缆；

半空气封闭式：衰减小，防潮防水好，如物理发泡电缆和封闭竹节介质电缆。

（3）空气绝缘型：衰减很小，但防潮防水差且不易制造，主要用于大功率信号发射。

目前有线电视网络常用的是物理发泡聚乙烯绝缘同轴电缆（其防水、防潮性能远好于化学发泡）。编织网做屏蔽层（外导体）的电缆可分为两（层）屏蔽电缆、三（层）屏蔽电缆、四（层）屏蔽电缆。两（层）屏蔽电缆常用作入户电缆，在分配系统中用量最大，其结构如图 12-26 所示。在电磁环境恶劣、入侵干扰严重的地区，可使用三层屏蔽电缆，以增强屏蔽性能，其结构如图 12-27 所示。四层屏蔽电缆的屏蔽性能比三层屏蔽电缆提高约 5 dB，而成本较高，其使用意义不大，其结构如图 12-28 所示。

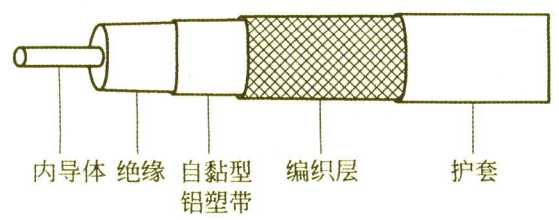

图 12-26　二层屏蔽网 CATV 物理发泡聚乙烯绝缘同轴电缆结构示意图

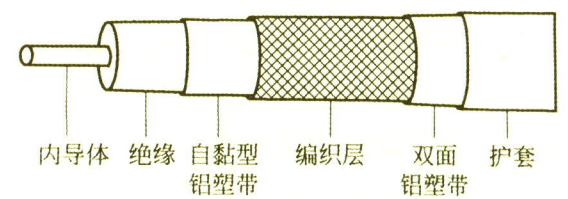

图 12-27　三层屏蔽网 CATV 物理发泡聚乙烯绝缘同轴电缆结构示意图

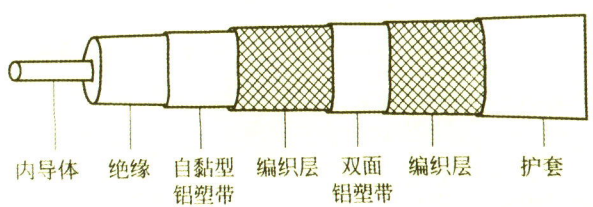

图 12-28　四层屏蔽网 CATV 物理发泡聚乙烯绝缘同轴电缆结构示意图

二、放大器

(一) 放大器的类型和用途

按在系统中使用的位置划分,放大器可分为前端放大器和线路放大器两大类。线路放大器包括在传输系统中使用的干线放大器和在分配系统 4-10 放大器中使用的分配放大器、延长放大器和楼栋放大器等。线路放大器按供电方式不同可以分为 220 V 分散供电放大器和 60 V 集中供电放大器两类;按放置场所可以分为室内型和野外型;按放大器是否具备双向传输功能可以分为单向放大器和双向放大器两类。

放大器的主要作用在于补偿传输电缆或电平分配产生的衰减,确保信号能够优质、稳定地进行远距离传输并且分配。

(二) 放大器的主要技术指标

在有线电视系统中,放大器的使用位置不同,对放大器的要求是完全不同的。一个放大器是否满足要求,需要用具体的指标衡量。

1. 放大器的工作频率和带宽

能使放大器正常工作的频率范围称为放大器的工作频率(或工作频带),工作频率内最高频率 f_2 与最低频率 f_1 之差称为放大器的带宽。工作频率与放大器带宽(BW)之间的关系可以用下式表示:

$$BW = f_2 - f_1 \text{(MHz)} \quad (12\text{-}3)$$

由放大器的幅频特性曲线可以知道,一个放大器的幅频特性可以用带内平坦度和带外衰减两个指标来描述。

2. 输出电平 S_0

放大器的输出电压用 dBμV 或 dBμV 来表示的数值称为放大器的输出电平 S。对宽带放大器,常用其工作频率内最高频道的输出电平代表放大器的输出电平。最大输出电平对宽带放大器来说,是指在系统中总共只有 1 台放大器、2 个频道时,当测出输出口交调比 CM 指标为 48 dB 时,放大器的最大输出电平值。

3. 增益 G

增益是放大器对信号的放大倍数，常用 dB 表示。在宽带放大器中，用最高频道的输出、输入之差代表放大器的增益。增益有最大增益和实用增益两种，一般应使放大器工作在小于最大增益的实用增益范围，宽频带放大器的增益为 20～40 dB。

4. 噪声系数 F

噪声系数可以用倍数表示，但更多的是用 dB 表示，噪声系数越低，放大器的性能越好放大器的噪声系数一般要求小于 10 dB，机房前端放大器要求在 7 dB 以下，最好是 3 dB 左右。

5. 反射损耗 Γ 和驻波比 S

反射损耗 Γ 定义为入射波幅度与反射波幅度之比的对数，驻波比 S 定义为驻波波腹与波节电压之比。一般放大器的反射损耗在 10 dB 以上，相应的驻波比为 1.92 以下。

6. 非线性失真指标

由于有源器件的非线性，放大器也存在着非线性失真。非线性失真指标与放大器的工作电平、频道数以及有源器件有关，对于一个确定的放大器，工作频率越高，频道数越多，非线性失真指标越差。在频道数小于十几个频道时，放大器的非线性失真指标主要由互调指标，特别是交调指标衡量；在频道数大于十几个频道时，放大器的非线性失真主要由载波三次差拍比衡量。在电缆传输有线电视系统中，系统的非线性失真指标主要由干线放大器决定。在特定的输出测试电平下，好的干线放大器的互调指标在 80 dB 以上，交调指标在 60 dB 以上，载波三次差拍比在 65 dB 以上。

为了改善非线性失真性能指标，放大器的末级放大模块通常采用推挽型（PP 型）、功率倍增型（PHD 型）和前馈型（FT 型），分别如图 12-29（a）（b）（c）。其中前馈放大器性能最好，但价格也高，一般只在前端使用，其关键是途中两个延迟线可以起到延迟倒相 180°的作用，从而实现对消失真的目的。近年来，由于一类全新的半导体器件—砷化镓、氮化钱的使用，放大器工作动态、线性范围大大提高，其最大输出电平可以达到 120 dBμV 以上。

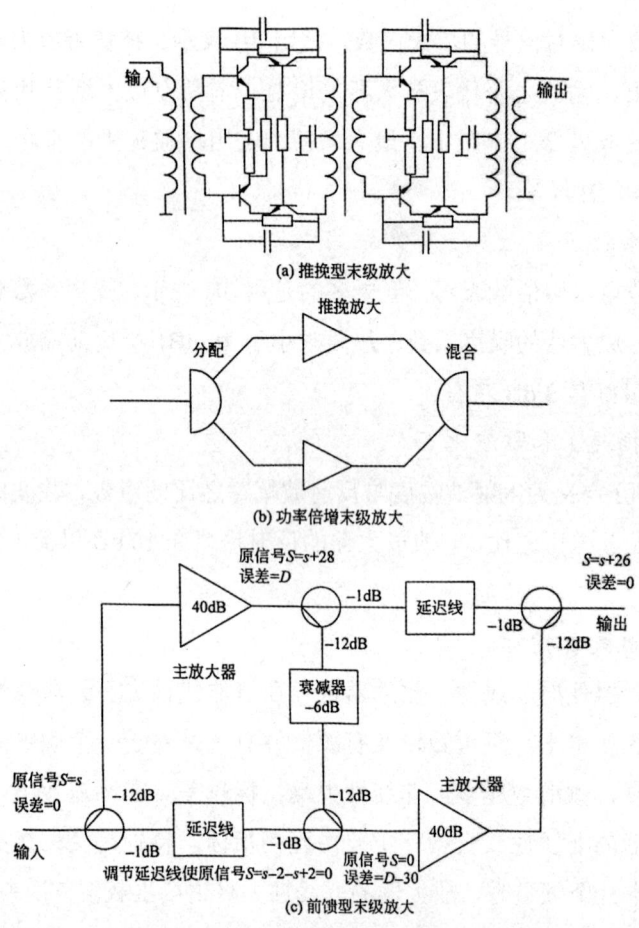

图 12-29 几种放大器末级输出形式

7. 增益控制与斜率控制

增益控制表示放大器对增益的控制能力,即输入电平在较大范围变化时,输出电平保持在变化较小的一定范围内。增益控制分自动增益控制和手动增益控制两种。手动增压控制又分步进式和连续可调式两种,由操作人员根据放大器的实际工作情况进行调整。自动增益控制则是利用被放大信号中的一部分来控制电调衰减器,达到控制增益的目的。斜率控制表示对高、低频道增益的控制能力。因为电缆对高频信号的衰减比对低频信号的衰减大,故放大器的高频增益应比低频增益大,这个差值就是放大器的斜率,我们可利用均衡器来控制这个斜率。同时当温度等外界原因发生变化时，斜率也要发生变化，斜率控制就是使这个变化尽可能小。斜率控制也分为自动斜率控制和手动斜率控制两种。

8. 阻抗

放大器的输入阻抗是放大器输入端信号电压与信号电流的比值；输出阻抗是当放大器反接时，从放大器输出端输入的信号电压与信号电流的比值。为了尽量做到阻抗匹配，减少传输过程中的反射损耗，规定放大器的输入、输出阻抗都应是 75 Ω的纯电阻。

（三）分配（分支）放大器

随着有线电视系统 HFC 网络的"光进铜退"，电缆干线、支干线已被光缆替代，干线放大器、支线放大器已经被省去，只有分配放大器还部分保留。若光节点采用高输出电平的光接收机直接分配，则分配放大器也可以省去。

分配放大器用于传输网的最末端，它本身不存在级联问题，主要目的在于供给分配所需的高电平，因而对它来说高增益是第一位的，其他指标可以放宽。图 12-30 所示为分配（分支）放大器的原理框图。

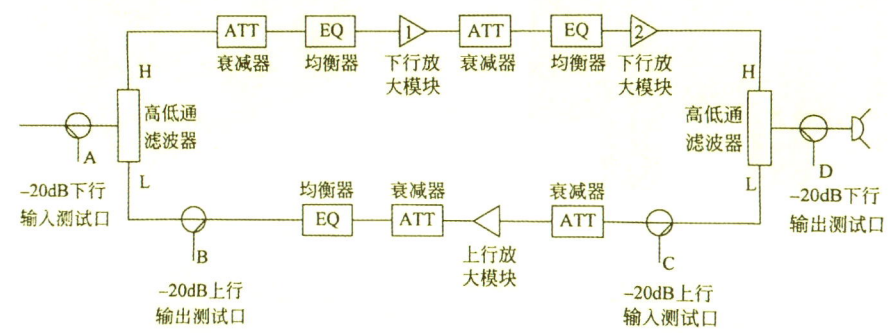

图 12-30　双向分配（分支）放大器原理框图

由图可见分配放大器是由一个宽带放大器和一个分配器构成。其中宽带放大器由可调均衡器、可调衰减器和两级放大电路组成，均衡器以与同轴电缆相反的斜率来均衡电缆的衰减特性，辅以可调衰减器控制带内频响<1 dB，再经两级放大后以足够的信号电平来驱动电缆分配系统；宽带放大器后接的分配器可以根据需要选二分配器、三分配器或四分配器等，也可以选择接分

支器，成为分支放大器。

三、分配器

分配器能将一路输入信号的功率均等地分成几路输出，它具有一个输入端和几个输出端。分配器一般按输出路数进行分类，即二分配器、三分配器、四分配器和六分配器等。

分配器的其他分类方法也很多，按使用场所不同可分为室内型和室外防水型（实物如图 12-31 所示），馈电型和普通型，明装型和暗装型，普通塑料外壳型和金属屏蔽型；按基本电路组成可分为集中参数型和分布参数型，其中集中参数型又可分为电阻型和磁芯耦合变压器型两种，分布参数型即微带线分配器。下面分别讨论应用最广的磁芯耦合变压器型分配器。

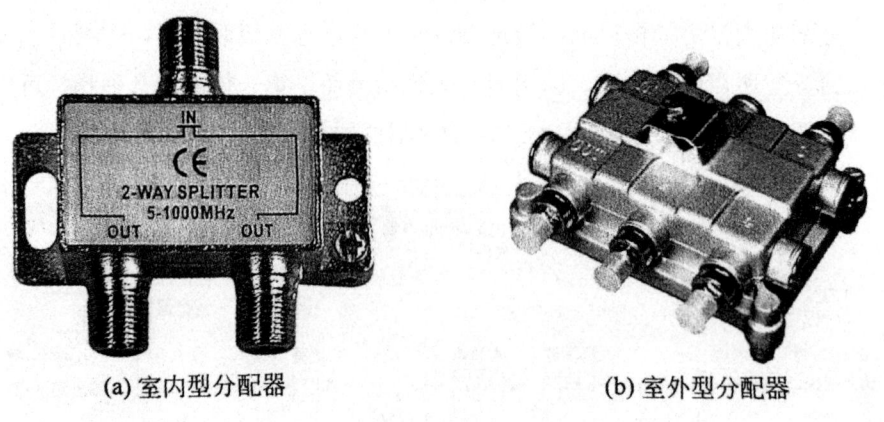

(a) 室内型分配器　　　(b) 室外型分配器

图 12-31　室内型分配器和室外型分配器

（一）分配器的原理结构

二分配器的电路如图 12-32 所示。由图可见，二分配器主要由两个抽头式的自耦变压器构成，为满足输入、输出阻抗均是 75 的要求，输入变压器的抽头在 1.414∶1 处，输出变压器则为中心抽头式，但两端需并接 150Ω 的匹配电阻。由此可知，当输出端接 75 Ω 负载时，理想情况下的功率分配损耗是 3 dB。

实际上由于变压器的铁氧体磁芯、分布电容的影响,分配损耗大于 3 dB(约 4 dB)。当然,若输出端有一路开路(75 Ω 负载脱开),则将使输入端严重失配、产生反射,有可能影响整个分配系统的正常工作。分配器一般不用作用户终端接入。三分配器、四分配器的原理分别如图 12-33(a)(b)所示。由图可见,三分配器是在二分配器的基础上增加两个分配变压器构成的;四分配器则是由三个二分配器串接而成的,其输入、输出阻抗均为 75 Ω,同样必须满足 75 Ω 负载接入的匹配要求,各输出端口都不能开路。若在二分配器的两个输出端分别接一个三分配器,就可构成一个六分配器。

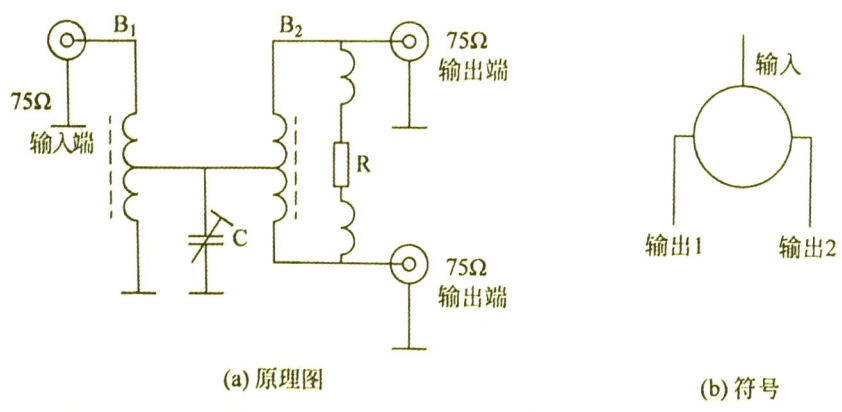

图 12-32 二分配器原理图和符号

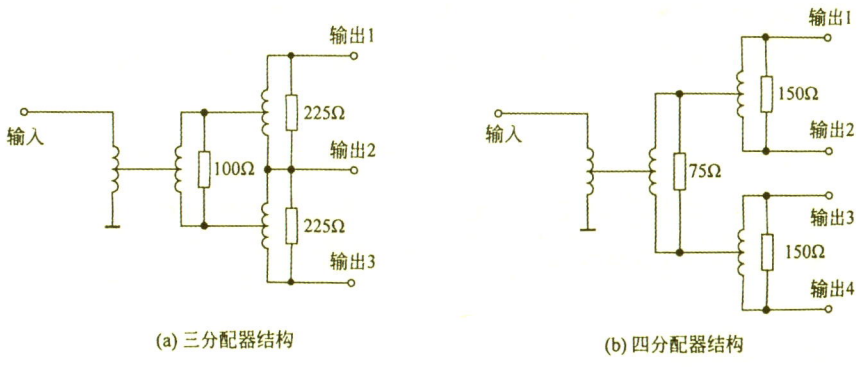

图 12-33 分配器的结构原理图

（二）分配器电气性能

分配器的主要电气性能有分配损耗、阻抗、相互隔离度（或相互隔离损耗）、驻波比与反射损耗和频率特性等、

（1）分配损耗：分配损耗是分配器特有的特性指标。所谓分配损耗，是指在各输出端良好匹配的情况下，传输信号在输入端与输出端的信号电平之差：L_s=10 lgn（dB）。

（2）阻抗：分配器的输入阻抗定义为输入端电压与电流的比值，输出阻抗定义为输出端电压与电流的比值。为了与电缆等匹配，分配器的输入阻抗和输出阻抗都是 75 Ω。

（3）相互隔离度：在指定频率范围内，从某输出端加入一个信号，其电平与其他输出端测得的输出电平之差称为该分配器的相互隔离度，一个分配器的相互隔离度越大，各输出口之间的相互干扰就越小。

（4）驻波比与反射损耗：驻波比与反射损耗表示分配器与前后电缆阻抗匹配的程度。在理想情况下，分配器的输入、输出阻抗都是 75 Ω，与 75 Ω的同轴电缆完全匹配，相应的驻波比为 1，反射损耗为无穷大。实际上不可能完全实现阻抗匹配，驻波比在 1.1～1.7 之间，对应的反射损耗为 13～26 dB。对于隔频系统，反射损耗大于 12 dB 即可，对于邻频系统，则应大于 16 dB。否则不仅会出现重影或数据误码，还将造成各频道电平不均匀。

（5）频率特性：频率特性是描述分配损耗等参数随频率变化的情况。在使用频率范围内，要求各参数的变化越小越好。

我国行业标准规定，分配器按使用频率分为两类：A 类为 5～2400 MHz，无室外型产品，室内型可以做到十分配器；B 类为 5～1000 MHz，室外型有二、三、四分配器，室内型可以做到十分配器。

四、分支器

分支器的作用是从传输线路中取出一部分信号并馈送到用户终端盒。它一般有一个主路输出端和多个分支输出端，其分类方式也是根据分支输出端

口的多少来划分。另外，它同样也有室内型和室外防水型，馈电型和普通型，明装型和暗装型，集总参数型和分布参数型之分。由于分支器在能量的分配上与分配器截然不同（分配器的输出无主次之分，各路输出均分能量；而分支器的输出有主次之分，主路所分得的能量较分支器输出端来说占绝对主导地位），因而二者在作用、使用场合、电路结构、技术要求上都完全不一样。

分支器中信号传输具有方向性，即只能由主路输入端向分支输出端传送信号，而不能反过来由主路输出端向分支输出端传送信号，因而常把分支器称为定向耦合器。

（一）分支器的原理结构

分支器电路如图 12-34 所示。分支器具有定向耦合性，因此，当主路不匹配而产生反射波时，不会影响分支端的信号，这是分支器的特点。由图 12-30 可见，一分支器是分支器中的基础；二分支器是由一分支器的分支端口串接二分配器构成的；四分支器则由一分支器的分支端口串接四分配器构成。显然这种串接单元的分支损耗应为一分支器的分支损耗与分配器的分配损耗之和。

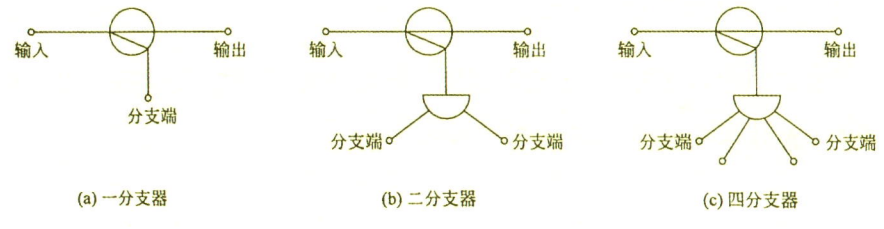

图 12-34　分支器结构示意图

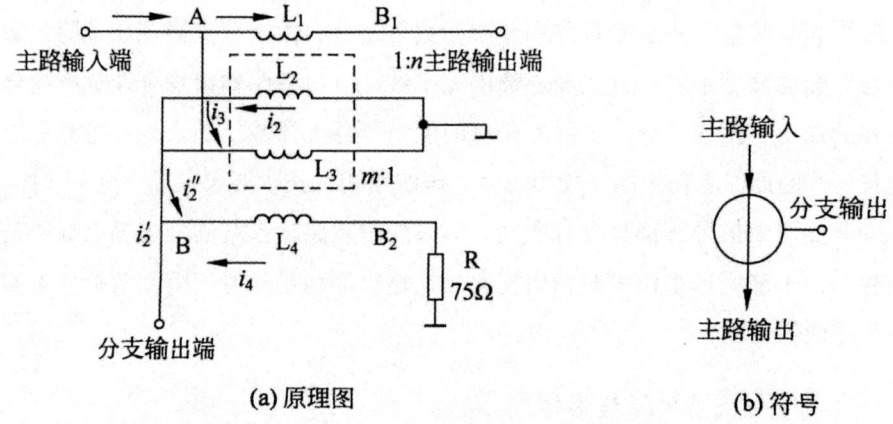

图 12-35 分支器原理图

分支器原理图如图 12-35 所示,该分支由两个变压器 Br.Bz 构成核心部件,通过推导和计算,BB,之间的匝数比应该满足

$$m=1+1/n \qquad (12\text{-}4)$$

同时分支损耗:

$$C=10\lg(n^2+1) \qquad (12\text{-}5)$$

(二)分支器的电气性能

分支器的主要电气性能有插入损耗、分支损耗、阻抗、分支隔离度、反向隔离度、驻波比与反射损耗和频率特性等。

(1)插入损耗 La:分支器的引入必然要使主路输出信号比主路输入信号要小。其原因主要是有一部分能量从分支输出口输出去了,而且还有一部分能量被吸收。为了描述主路输出端能量的损耗情况,我们定义主路输入端电平与主路输出端电平之差为分支器的插入损耗,用功率表示为

$$L_d=10\lg(P_1/P_2)$$

(2)分支损耗:分支损耗描述分支器的分支输出端电平比主路输入端电平减少的情况。定义为主路输入端电平与分支输出端电平之差,用功率表示为

$$C=10\lg(P_1/P_3)$$

（3）分支隔离度：分支器的分支隔离度是指该分支器各分支输出口之间相互影响的程度。在测量时也是从一个分支输出端加进去一个信号，测量其电平与其他分支输出端所得到的输出电平之差。分支隔离度同国标中规定的相互隔离度略有区别。相互隔离度指的是任意用户（不一定是同一个分支器的用户）之间的隔离，分支隔离度则是指同一分支器不同分支输出间的相互隔离。但不同分支器的分支输出之间的隔离一般总是大于同一分支器不同分支输出间的分支隔离。故只要同一分支器不同分支输出间的分支隔离满足国标的要求（非邻频时大于 22 dB，邻频时大于 30 dB），其他用户间的相互隔离也一定满足要求

（4）反向隔离度：反向隔离度定义为从主路输出端加入的信号电平与分支输出端测得的电平之差。反向隔离越大，分支损耗越小，说明分支器的定向耦合性能越好。我们希望反向隔离度越大越好，一般应大于 40 dB。反向隔离度较大，可使干线上由于阻抗不匹配而产生的反射波不会从主路输出端进入分支输出端，而影响分支输出的信号。

我国行业标准规定，分支器按使用频率可分为两类：A 类为 5～2400 MHz，无室外型产品，室内型可以做到八分支器；B 类为 5～1000 MHz，室外型有一、二、四分支器，室内型可做到十六分支器。室外型分支器可用于支干线，应具有防水、防潮特性，可过流也可不过流；室内型可用于分配系统用户接入，也需金属外壳，便于安装。两者的屏蔽衰减均要求不小于 100 dB，且输入、输出阻抗均为 75 Ω。

（三）分支器与分配器的区别

分配器与分支器都是把主路信号馈送给支路信号的无源部件，但它们的组成方式不同，性质也有较大的区别。

分配器的几个输出端大体平衡，分成不同路数的分配器具有不同的分配损耗：二分配器的分配损耗约 3～4 dB，三分配器的分配损耗约 5～6 dB，四分配器的分配损耗约 7～8 dB，而分支器则没有这样的对称性，一般说来，主路信号比分支输出信号要大得多。不同分支器的分支损耗在 8～24 dB 之间，主路信号的插入损耗约 1～3 dB。

分配器的任一输出端口开路，会破坏其对称性，在隔离电阻中有电流流过，使系统阻抗不匹配，容易形成反射波影响整个系统的性质，同时，因为分配器无反向隔离本领，支路信号容易对主路干扰，在使用中一定不能使任一支路开路。分支器中分支输出的能量较小，开路后对主路影响不大，故用户电视机可以不接在分支器上。但其主路输出端最末端的电阻也不能开路。

在用户分配网络中，分支器一般联成一串，而分配器则常采用树形连接。

五、用户分配网

用户分配系统是有线电视网络的最后一个环节，是整个网络体系中直接与用户连接的部分。一般来说，用户分配系统是指从信号分配点至系统输出口之间的传输分配网络，通常由分配放大器（有时也要用到延长放大配网器）、同轴电缆、分支器、分配器等有源器件和无源部件组成，其主要功能是将传输系统传送来的信号准确、优质、高效地分配到用户，同时将用户端的回传信号汇聚到信号分配点上。

（一）有源分配网

在用户分配网络中，其分支、分配线路部分多采用星形呈放射状分布，其特点是线路短、放大器少、覆盖效率高、经济合理。用户分配网一般沿同轴电缆干线两侧或在同轴电缆干线终端分配点或在光节点上拾取信号，再经分配网络将信号传送至用户，常见的分配系统结构形式主要有以下两种：

第一种形式如图 12-36 所示，即在来自干线桥接（分支）放大器的分配线上串接分支器，再通过分支器直接覆盖用户。该方式要求干线分支器具有高电平的分支输出，以便带动更多的分支器（即可以负载更多的用户）。这种方式可串接 2~3 个线路延长放大器，一般用于覆盖位于传输干线两侧的零散用户。

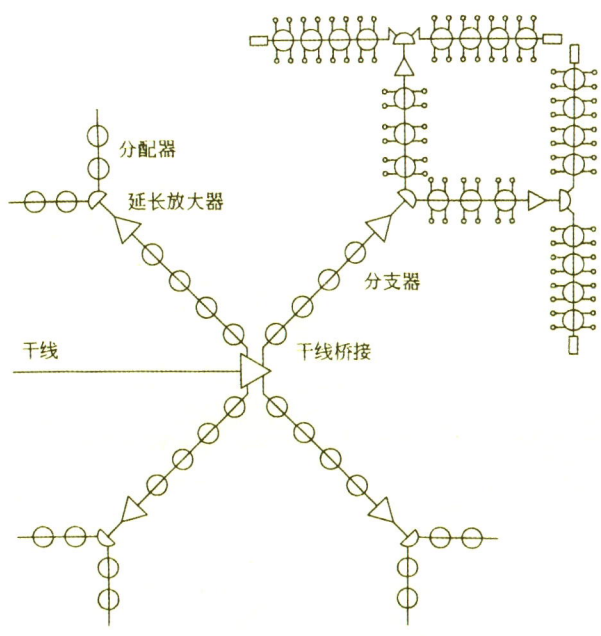

图 12-36　线路放大带用户分配网络结构

第二种形式如图 12-37 所示,它用于干线末端,主要适用于用户密集地区。这种方式不一定要求信号分配点具有很高的输出电平,只要能补偿分支线的损耗即可,但却要求分支放大器具有高电平输出。一般情况下该方式仅允许串接一级线路延长放大器(考虑到载噪比以及非线性失真指标的限制)。

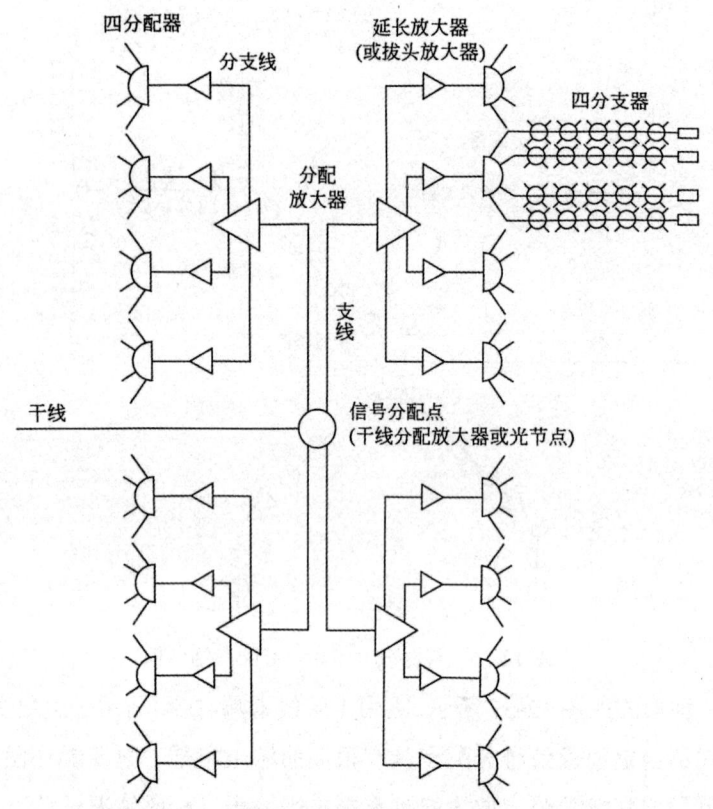

图 12-37 线路放大不带用户分配网络结构

用户分配网中的放大器除了要补偿电缆衰减、无源部件的插损以及分配损耗外，还要确保系统输出口具有一定的电平，因此，用户分配网必须工作在高电平状态。因而分配网的载噪比指标通常不是问题，但非线性失真比较突出，一般全系统的非线性失真指标要分配一半左右给分配网。

（二）无源分配网

1. 无源分配网的组成方式

根据分配器、分支器的性能特点，这两种无源部件可以组合成多种多样的信号分配方式。由于分配器的分配损耗较小，有利于高电平输出，且其各输出端口能实现均等输出，故多利用分配器来实现信号的分路，用分配器分路后能最有效地减少无源部件的串接数量；但分配器在阻抗不匹配时易产生反射，相互隔离能力差，故实际中很少采用分配器来直接入户。分支器则反向隔离性能好，因而大多数场合都采用它来直接入户。常用的无源分配网主要有以下四种组成方式：

（1）分配-分配网络

这是一种全部由分配器组成的网络，如图 12-38（a）所示。它适用于平面辐射系统，多用于干线分配。其分配损耗是各分配器的分配损耗和电缆损耗之和。这种方式的优点是分配损耗较小，在理论上可以带动更多的用户。但若其中某一路用户空载，就会破坏整个系统的阻抗匹配，严重影响图像质量。因而这种方式不能直接用于用户分配，而只用于线路分配。若某一路输出暂时不用时，一定要注意接上 75 Ω 的负载电阻，才能保证其他各路正常工作。

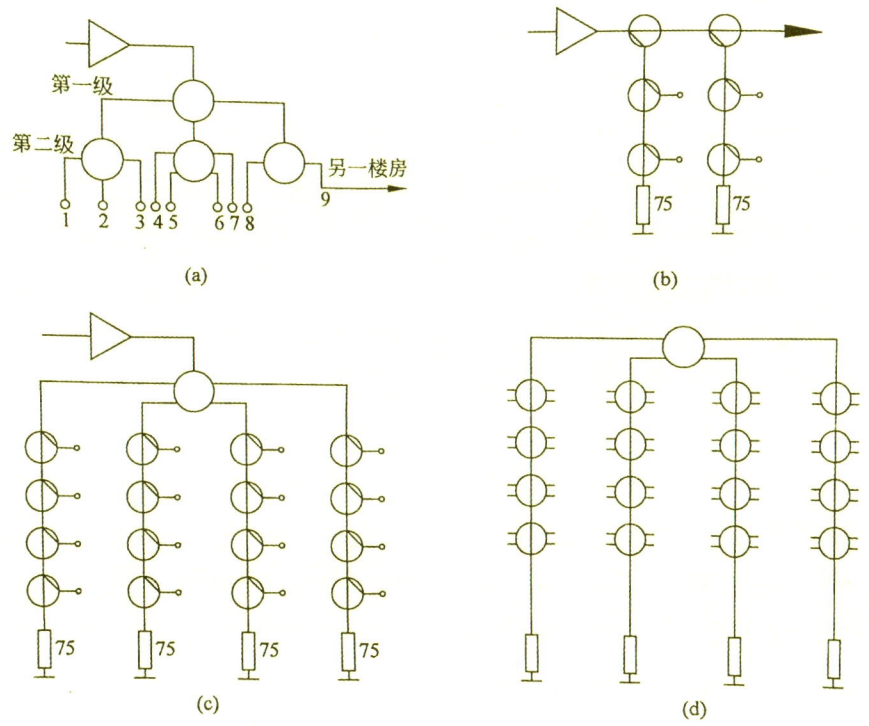

图 12-38　无源分配网的组成方式

（2）分支-分支网络

这是一种全部采用分支器组成的网络，如图 12-38（b）所示。这种网络中，把前面分支器的分支输出作为后面分支器的主路输入，连成一串的分支器应选用分支损耗不同的分支器，越靠近总输入端的分支器其分支损耗越大，插入损耗越小。这种方式所能带的用户比分配-分配网络要少，其优点是负载不用时对系统影响小，但在线路终端也一定要接 75Ω 负载。这种网络特别适用于用户数不多，而且比较分散的情况。

（3）分配-分支网络

这是一种由分配器和分支器混合组成的网络，如图 12-38（c）所示。先由分配器分成若干条支线，每条支线上再串接若干分支器组成这种分配网络。这种方式集中了分配器分配损耗小和分支器不怕空载的优点，既能带动较多的用户，负载不用时对系统影响也不大，在实际的分配网络中都采用这种方式。这种方式中每一条分支电缆串接的分支器不能太多。在邻频系统中一定不能超过 8 个，还要注意在终端接上 75Ω 负载。

（4）分配-分支-分配网络

这种网络是在上一种网络中每一个分支器后再加一个四分配器（构成四分支器），如图 12-38（d）所示。其优点是带的用户更多，也要注意各用户终端（四分支器的输出端）尽量不要空载，否则相互隔离不会大于 20 dB。

2. 无源分配网的计算

无源分配网的计算问题实际上只涉及电平的计算。电平的计算公式如下：

$$S_A = S_B - L_d - a \cdot l_{AB} \tag{12-6}$$

式中：A、B 是分配网中的任意两点，A 点位于 B 点之后，它可以是任一系统输出口，也可以是无源网中其他任何点，B 点可以是系统分配点或桥放、支放的输出端，也可以是位于 A 点之前的其他任何参考点；S_A、S_B 分别代表 A、B 两点的电平；L_d 表示 B→A 路径上所有分配器分配损耗、分支器的插入损耗或分支损耗之和；a 表示分配网所用电缆的衰减常数（单位长度的损耗）；l_{AB} 表示 A、B 两点之间的电缆总长度。

实际应用中，用户电平的计算方法有顺算法、倒推法、列表法和图示法等多种方法，它们各有特点，可根据实际需要灵活选择一种或两种结合运用，比较常见的是顺算法和倒推法。

顺算法：即从前往后计算，根据分配点或支放输出电平的大小，用递减法顺次求出用户端电平。当然，如果在计算过程中发现用户电平过高或过低，也要反过来修改调整分配放大器的输出电平。这种方法比较繁琐，而且不能一次成功，一般多用于比较复杂的分配网。

倒推法：即从后往前计算，首先确定用户端电平，然后逐点往前推算出各个部件的电平，最后算出分配点或支放所应具备的输出电平。此法适合于较为简单的系统。

计算时，应首先选择路距最远、用户最多、条件最差的分配线路进行计算；同时也应将最高传输频道和最低传输频道的电平分别计算。

六、广播信道综合技术指标

（1）用户端特性阻抗应为 $75\pm3\ \Omega$；

（2）用户端输出电平应控制在 $66\pm4\ \mathrm{dB}\mu\mathrm{V}$；

（3）用户端载噪比（C/N）应不小于 43 dB；

（4）用户端载波复合二次差拍比（CSO）应不小于 54 dB；

（5）用户端载波复合三次差拍比（CTB）应不小于 54 dB；

（6）用户端输出频道间电平差≤8 dB（任意 60 MHz 以内），≤3 dB（相邻频道间）；

（7）用户端交扰调制比≥46+10lg（N－1）dB，N 为频道数；

（8）用户端载波交流声比 HM≤3%；

（9）用户端回波值 E≤7%；

（10）用户端输出口相互隔离度：邻频传输系统≥30 dB，非邻频传输系统≥22 dB；

（11）有线数字广播电视广播信道用户端调制误差率 MER≥26 dB；

（12）有线数字广播电视广播信道用户端误码率 BER≤10^{-4}。

第十三章　调频发射机原理和维护

第一节　调频广播的基础知识

由于音频信号对载波信号进行调制的方法不同，到目前为止，广播发射机的主要调制方式有两种，即调幅 AM 和调频 FM。正是由于这两种不同的对音频的调制方法，才分有调频、中波和短波广播等，即调频台、高山调频机房和中波台等。同时，不同的调制方式，广播发射机的结构和工作原理各不相同。

调幅和调频方式的不同点，主要是用音频信号对载波信号进行调制的方法不同。调幅方式，就是把调制信号加到载波信号的振幅上，使载波信号的振幅大小随着调制信号的大小而变化。即经调幅调制后的载波信号的幅度随调制信号大小变化而变化，并且其调制深度是可以调节的，也就是平时我们所说的调制度。调制度反映了载波振幅被调制的程度，是随音频变化的。改变调制度的大小，实际上就是通过调节音频信号幅度的大小来实现。通常调制度为 20%～100%；大于 100%就是过调幅，过调幅会使调幅波的包络与调制信号不一样而产生失真。

调频方式，就是用音频信号改变载波信号的频率（或角频率），使载波的瞬时频率随着音频调制信号的变化而变化，即总相角随音频信号变化，而载波信号的幅度保持不变的调制过程。调频指数与调制信号的振幅成正比，与调制信号的角频率成反比。

由以上分析我们可以认识到调幅和调频两种调制方式的不同点，即调幅方式是用音频调制信号去改变载波信号的幅度，而保持载波信号频率不变的调制方法；调频方式是用音频调制信号改变载波信号的频率或角频率，而保持载波信号振幅不变的调制方法。另外，在对信号处理上，调频方式的调频指数随着频率的升高而减少，因此，调制音频的高端信噪比比较差。为解决调频发射机的这一缺点，采用了预加重和去加重技术来改善高端的信噪比。

总起来说，调频广播与中波调幅广播相比，具有以下几个特点：

（1）动态范围宽。由于调制信号频率范围的不同，中波广播为了提高信号的响度，一般都采取措施提高平均调制度，因此动态范围小；而调频广播调制频率范围宽（50～15 kHz），信噪比高，所以动态范围比较宽。

（2）信噪比好。由于调制方式不同，调幅信号容易受到外界寄生脉冲信号的干扰，叠加在广播信号的幅度上，难于消除；而调频信号是等幅的电波，可以采用限幅方式消除寄生信号的干扰，同时调频信号调制在超高频波段，调制度大，所以可实现高信噪比。

（3）不容易产生信号串扰现象。由于调幅电波和调频电波的传播方式不同，中波广播信号传输受到电离层、地面环境、天气变化等诸多因素的影响，信号变化较大，容易造成相近频率电台间的串扰；而调频广播采用视距传播，因此不会形成串扰。

第二节　全固态调频发射机原理

一、全固态调频发射机的基本结构

全固态调频发射机的基本结构如图 13-1 所示：

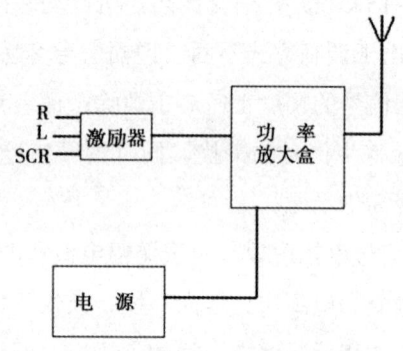

图 13-1　全固态调频发射机基本结构

从结构方框图上看，全固态调频发射机的结构比较简单，主要由激励器、功放盒和电源三个部分组成。

激励器是整机中最重要的组成部分，其性能好坏直接影响着整个发射机播出信号质量的好坏。激励器主要作用是对信号进行处理和放大，然后输出足够大的射频（RF）信号到发射机的高频功率放大盒，因此，输出稳定的频率和稳定的功率是激励器的基本要求。

功率放大盒是全固态调频发射机的核心部位，主要由功放模块、控制单元和检测单元组成。主要作用是将激励器送来的射频信号放大到发射机的额定功率值，同时监测和控制整机的工作。监测控制电路部分各个厂家设计不同，有些是采用中央处理器（CPU）进行自动监测控制，有些则采用集成逻辑控制门电路进行控制。虽然作用相同，但结构各异，各有优缺点。

电源为整机供电。目前，全固态发射机都基本上采用了多组开关电源供电，这使发射机的效率和功率输出的稳定性都大大提高了。只有少数早期的全固态发射机还采用传统的电源供电。

二、高频功率放大器

目前,我们国内的发射机生产厂家所设计的全固态调频发射机结构各不相同,特别是在高频功率放大部分和逻辑控制电路部分。但作为高频功率放大电路的核心器件——场效应管,都是采用大功率 MOSFET 晶体管。作为压控功率放大器件的 MOSFET 管,是近年发展起来的新型半导体器件,因为其具有高输入阻抗,低输出阻抗,功率增益高,输出功率大;漏源工作电压高,通频带宽,高频特性好,线性好;具有负温度参数,温度稳定性好等优点而被广泛应用。同时,MOSFET 管又具有对外界静电感应敏感,容易造成栅极的绝缘层被击穿而损坏的缺点。对场效应管的保存和更换必须严格按要求操作,否则容易造成管子的损坏。

(一) 大功率场效应管

MOSFET 晶体管的结构和工作原理如图 13-2 所示:

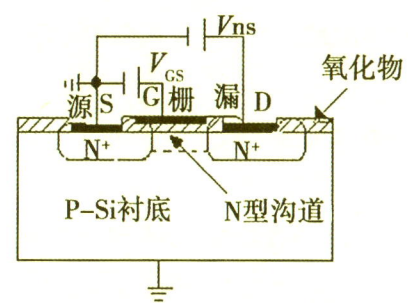

N沟道增强型MOSFET结构图

图 13-2 MOSFET 晶体管结构及工作原理

工作原理:当栅源电压 $V_{GS}=0$ 时,两个 N 型区之间还没有形成沟道,由 P 型衬底隔开。因此,虽然漏极—源极间加有正电压,但还是无法形成电流,即 $I_D=0$,所以管子处于截止状态。当栅源电压 $V_{GS}>0$ 时,相当于栅压加在以氧化物(SiO_2)为介质、以栅极和 P 型衬底为两极的电容器上,在介质中产生一个由栅极指向 P 型衬底的电场。该电场排斥衬底中的空穴而吸收电子，随着 V_{GS} 的增大，形成的电子数量也增加，形成了 N 型沟道，这就是漏极—源极间的导电沟道。当 V_{GS} 达到 MOSFET 管的开启电压时，就会形成漏极电流 I_D 且漏极电流 I_D 随着栅压 V_{GS} 的增加而变大，实现了电压 V_{GS} 控制电流的过程。

（二）高频功率放大电路

纵观全固态调频发射机高频功率放大电路的结构，可以说是大同小异，特别是核心部分的功率放大电路，基本上是采用预放大电路和末级放大电路，即 30 W 预放大电路和 300 W 末级放大电路,末级电路均采用双极型 MOSFET 对管，均工作在丙类状态，差别之处就是外围的监测保护电路。

1. 30 W 功率放大电路

作为整个高频功率放大器的前级推动，30 W 功率预放大电路主要是将激励器输出的射频信号放大到末级所需要的功率，然后再去推动末级的 4×300 W 功率放大电路。一般 300 W 末级功率放大电路需要有 2~3 W 的射频功率推动。30 W 功率预放大电路的射频输入端串接一个 50 Ω 的（R40）4 dB 的衰减器，主要是防止过大激励信号的输入和防止由于阻抗失配而反射的功率串入激励器。包括自动增益控制（AGC）电路、过流保护电路、载波关断电路、电流扩展电路。

2. 300 W 末级功率放大电路

从具体的电路原理可以看出，300 W 末级功率放大电路要比 30 W 预放大电路简单得多。其主要由输入匹配电路、300 W 场效应管、输出匹配电路和栅极偏置电路组成。

3. 输入、输出匹配电路

作为输入、输出的匹配网络，其主要起着滤除谐波分量和进行阻抗匹配两种作用。所以，要求匹配网络必须具备以下几个功能：所需要的信号应该无损耗地通过；对无用的杂散信号要有足够的抑制能力；在所需的整个工作频段内，保证信号源和负载相匹配。也就是说，匹配电路必须同时具备滤波即调谐电路和阻抗匹配电路两种功能。阻抗匹配电路，是指在变换负载阻抗使虚数部分与信号源阻抗的虚数部分相抵消,使电路呈现纯阻性,即按照电路要求呈实数阻值。只有信号源和负载阻抗匹配,即阻抗的实数部分相同,才能实现最大的功率传输。

4. F1A-1kW 调频广播发射机

1.2kW 功率放大器的结构和电路原理图如 13-3:

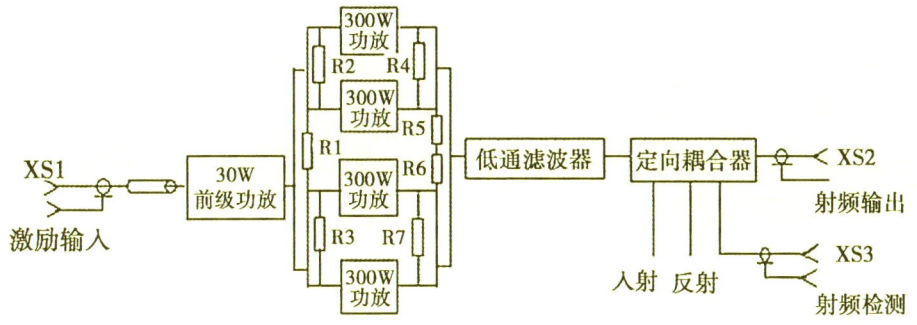

图 13-3　1.2 kW 功率放大器结构及电路原理图

工作原理:激励信号输出的射频信号经一段同轴电缆送入 30 W 前级预放大电路,放大后的射频信号功率经微带线分为 4 路功率分配器,4 路幅度相同、相位相同的信号送给 4 个 300 W 的末级功率放大电路。4 块 300 W 的末级功率放大电路工作于宽带和丙类状态下,在 FM 频段内改变频率时不需要进行调整就能满足输出的要求,在额定输出功率不小于 1 kW 时,每个末级功放模块至少输出 260 W 的功率。4 路 300 W 功率放大输出的 4 个幅度相等、相位相同的信号,经微带线 4 路功率合成,合成后的信号再经过一个低通滤波器和定向耦合器后输出至终端负载。定向耦合器另外输出 3 路信号,一路供射频检测,另外两路为入射、反射检测,然后送到控制单元。

5. 微带传输线

F1A-1kW 全固态调频发射机功率放大器中的功率分配和功率合成均采用微带传输线的结构来完成,微带线具有与同轴线一样的传输特性,其阻抗与频率无关,只取决于它结构中的宽高比和介质材料。

三、功率放大器的维护

（一）1.2 kW 功率放大器

从结构上看，其中的分配器、合成器均由微带线来完成，这些基本上是没有什么可调整的，因此，在使用过程中基本上不需要特别的维护。1.2 kW 功率放大器的重点维护是在 30 W 前级功率放大器和 300 W 末级功率放大模块上，而 30 W 前级功率放大器和 300 W 末级放大器的维护多数是采用两种方法：一是更换整块 30 W 或 300 W 功放电路板；二是更换功放板上的元器件，尤其以更换功放管为多见。

（二）更换功率放大管 BLF177 和 BLF278

由于功放管 BLF177 和 BLF278 容易被静电损坏，存放时应放在防静电的包装盒内或在各电极短路的情况下保存，在取用时严禁用手触摸，在更换安装时应在接地的工作面上操作。在平时维护中，要经常检查 1.2 kW 功率放大器上的散热风机的运转是否正常，出现异常时要及时更换。定期清洁散热器肋片上的灰尘，保证良好的通风和散热，避免功率放大器过热而损坏。

第三节 全固态发射机常规维护办法

全固态发射机以其高效、稳定、体积小的显著特点代替了电子管发射机。目前，我国的中波、调频发射机已基本上完成了固态化更新和改造。面对新的设备，新的理论知识，如何更好地规范维护全固态发射机，使发射机正常运转，保证节目的安全播出，是设备维护者和机房管理者所需要熟悉和掌握的。现对全固态调频发射机的日常维护及管理提出以下建议：

首先，必须熟悉全固态发射机的原理说明书。掌握发射机的工作原理，是保证正确使用发射机的基本要求。掌握日常的开关机步骤、信号转换操作，以及发射机预放大电路、放大电路和发射机的逻辑控制电路等等。使机房人员在理论上掌握全固态发射机的正确使用方法和电路的内部结构，熟练和掌握发射机原理在发射机日常维护和抢修过程中起着关键的指导作用。

其次，掌握发射机电路中关键点的正常电压值。在全固态调频发射机启用以来，发射机的故障多数出现在功率放大电路和逻辑控制电路中，而每次的检修都必须去测量电路中关键点电压，从而一步一步地分析和判断故障的部位。测量记录发射机三种状态（即准备、开机未加激励信号、开机加激励信号）下逻辑控制电路各逻辑门输入输出电压值，并整理作为发射机的技术资料保存，作为处理故障和每个季度发射机常规检测时的参考数据。

第三，全面细致做好发射机的周检维护工作。全固态发射机的维护量比电子管发射机维护量要少得多，每周的常规维护必不可少。主要是全固态发射机电路从电源到功率放大、逻辑控制等都基本上实现了晶体化、集成化，这些元器件能够使发射机具有高效、稳定的优点，同时，也表现出对供电电压不稳定，对周围环境的清洁度、温度和湿度的变化反应敏感的缺点。因此，对发射机的每周常规检查重点是要做好发射机外部的清洁卫生和检查触点接点、元器件变化等，保证发射机的散热系统清洁和外围线路的正常。如检查机房内空调机和抽风机的进风口和出风口是否清洁，各接线、焊点是否接触良好，所有轴流风机运行是否正常，功放盒以外的元器件是否有异常，稳压器是否能给发射机提供稳定的工作电压等。保持全固态发射机运行环境清洁，机房内的温度保持在 23 ℃左右为最佳。

第四，要备足容易损坏的元器件和备件，特别是一些专用器件，如功率放大用的场效应管、固态继电器、电源稳压器件等。备用元器件要由专人保管，特别是功放管要注意存放好，最好存放在防静电的包装盒内，或在各级短路的情况下保存。在更换功放管时，要严格按照操作规程进行操作，以防静电击穿损坏管子。保证元器件损坏时能够及时更换，避免由于元器件的缺乏造成长时间停播。

第十四章　地面数字电视技术

第一节　地面数字电视概述

地面数字电视是数字电视技术的一种,即通过接收电视塔发出的地面数字电视信号,收看电视节目。对于电视机,需要具备地面数字电视信号接收能力,如果是老式模拟电视,也可以通过专用的机顶盒接收,然后转换成模拟信号连接到电视机上。

在内地,大部分市民是通过城市有线电视网收看数字电视,地面数字电视主要面向没有网络覆盖的城郊、乡村等地区,以及移动终端如车载数字电视和手机。2008年1月1日,央视高清频道开始试播,这代表着中国无线地面数字电视信号发展的开始。

地面数字电视具有以下优点:

(1) 高信息容量:为 HDTV 节目提供大于 24 Mbls 的单信道码率。

(2) 高度灵活的操作模式:通过选择不同的调制方式和地址信息,系统能够支持固定、便携、步行或高速移动接收。

(3) 高度灵活的频率规划和覆盖区域:使用单频网和同频道覆盖扩展器/缝隙填充器的概念,通过选择不同保护间隔的工作模式可构建 16 km 和 l36 km 覆盖范围的单频网。

(4) 支持不同的应用:HDTV、SDTV、数据广播、互联网、消息传送等。

(5) 支持多个传送/网络协议,例如 MPEG-2 和 IP 协议集。易于与其他的广播和通信系统连接。

(6) 在 OFDM 调制系统(TDS-OFDM)中实现了先进的信道编码和时

域信道估计/同步方案，降低了系统 C/N 门限，以便降低发射功率，从而减少对现有模拟电视节目的干扰。

（7）支持便携终端低功耗模式。

（8）支持多种工作模式，传输速率可选 5.414～32.486 Mbps，调制方式可选 QPSK，16 QAM，64 QAM，保护间隔可选 55.6，125 ms，内码码率可选 0.4，0.6，0.8。

第二节　地面数字电视设备技术参数

一、地面数字电视系统前端设备技术参数

地面数字电视技术要求适用于符合国标（GB 20600——2006）的地面数字电视前端设备的技术规范，并用于出厂验收和现场验收。

设备配套的操作和应用软件应为正版，编码前端采用 MPEG-2 编码，采用 ASI、IP 双信号输出；编码复用器必须能够通过管理计算机进行管理；前端系统其他设备，也必须通过管理计算机进行管理。技术指标均应符合相应的国家标准或国际标准，设备应操作方便，性能稳定，工作可靠，维修简单，安全性好且不污染环境及危害人体健康。

（一）参照标准

GB 20600—2006 数字电视地面广播传输系统帧结构、信道编码和调制；
GY/T 229.1—2008 地面数字电视广播单频网适配器技术要求和测量方法；
GY/T 229.2—2008 地面数字电视广播激励器技术要求和测量方法；
GB/T 14433—93 彩色电视广播覆盖网技术规定；
GY/Z174—2001 数字电视广播业务信息规范；《地面数字电视发射机技术要求和测量方法》；《地面数字电视传输流复用和接口技术规范》。

（二）数字编码复用器

（1）符合 MPEG-2 和 DVB 国内相关标准的规定，符合国家广播电影电视总局入网检测标准，提供所供设备检测报告与入网证书；

（2）具有 8 路以上模拟复合视频输入接口，接口类型为 BNC，阻抗 75 Ω；

（3）具有 8 路以上音频输入接口，接口类型为平衡输入 600 Ω或高阻；

（4）支持复用输出功能；

（5）具备至少 2 路 ASI 输入，支持单节目流 SPTS 和多节目流 MPTS 的信号源输入；

（6）具备至少 2 路 ASI 输出；

（7）具备至少 2 路 IP 输出；

（8）符合 EN 50083-9，支持字节模式、包模式，支持 188、204 包长；

（9）编码格式：MPEG-2 4∶2∶2 MP@ML；

（10）分辨率：1920×1080p；

（11）编码输出码率：1～15 Mbps 任意可调，系统总输出码率可选，支持固定码率（CBR）；

（12）音频编码：MPEG I, Layer l/Layer Ⅱ，CD 质量，码率 32～384 Kbps；

（13）输出码率恒定，浮动范围不超过码率设定范围的±0.5%；

（14）编码延迟在 1 s 以下；

（15）高性能的 RS 纠错编码，PID 号可修改；

（16）必须支持 PCR 时钟调整功能，当输入码流正常的情况下输出的 PCR 抖动增加值≤±40 ns；

（17）支持 PAT/PMT/SDT/NIT 等表格的信息表生成、编辑、删除、替换；

（18）支持 PID 的重新映射，支持对 PID 码流的过滤；

（19）输出码速率连续可调，每路最高输出码率可达 108 Mbps；

（20）设备前面板必须带有 LCD 液晶显示和控制按键，可进行参数（如编码速率等）设置、信息查询等操作，前面板具备电源指示灯、运行指示灯、告警指示灯、报错功能；

（21）设备必须支持 SNMP 协议，网管接口类型为 RJ-45，可通过网管对设备实现设置、监控等所有功能和操作，有可见可闻的故障告警，支持远程升级和维护；

（22）双电源冗余备份功能，断电自动重启功能；

（23）输入电压：100～240 VAC（自适应）；

（24）工作温度：0～55 ℃；

（25）无故障连续正常工作时间大于 100 000 h。

二、地面数字发射机参数要求

（一）认证要求

1 kW 地面数字电视广播发射机、地面数字电视广播激励器应具备国家广播电影电视总局"广播电视设备器材入网认定证书"。1kW 地面数字电视广播发射机还应具备中华人民共和国工业和信息化部颁发的"无线电发射设备型号核准证"和中华人民共和国国家质量监督检疫总局颁发的"全国工业产品生产许可证"。

（二）技术要求

1kW 单频道发射机要求适用于符合中华人民共和国广播电影电视行业标准 GY/T 229.4—2008《地面数字电视发射机的技术规范》。

参照标准：GY/T 229.4—2008《地面数字电视广播发射机技术要求和测量方法》，应满足国标或行标对电磁兼容的相关标准。

1kW 发射机应该有双激励器配置，并实现双激励器在线冗余保护工作模式。在激励器设备损坏或无输出的情况下，可在 1s 内自动切换至备激励器工作。同时可支持手动切换主、备激励器，并要求激励器可实现双输入的冗余保护切换。设备断电后自动保存已设置的工作参数，来电后自动恢复工作，发射机具有自适应线性预校正功能。

第三节　1kW数字电视发射机原理简介

一、概述

常见的1kW数字电视发射机,一般采用全固态放大方式,主要由激励器、激励放大器、功放单元、开关电源、显示单元、控制单元及输出滤波器等部分组成。

激励器一般为双激励配置,激励器含线性及非线性预校正模块,要求符合国家广电总局地面数字电视技术的相关标准。

发射机功放单元由两级放大单元组成。前级放大单元为激励放大器,将激励器的输出功率放大到1W。激励放大器采用主备工作、自动切换方式,以保证发射机工作更加可靠。激励放大器内设有环路AGC控制电路,可确保整机输出功率稳定。末级放大单元将1W功率放大到1kW功率。发射机采用进口大功率器件和优质的阻容元件,使整机的技术指标和可靠性有极大地提高。

发射机输出端配置带通数字滤波器,以滤除频道外的杂波分量,保证发射机发射频谱纯净。发射机具有嵌入式微机监控系统,大屏幕液晶显示及直观的数码管显示。通过RS485通信接口,可实现远程遥测和遥控。

发射机设计有多种保护功能,具有可靠的过流、过压、过温、驻波比过大等保护系统和防尘、避雷措施。

数字电视发射机符合中华人民共和国广播电影电视行业标准《移动多媒体广播第1部分:广播信道帧结构、信道编码和调制(GY/T 220.1—2006)》《移动多媒体广播第2部分:复用(GY/T220.2—2006)》,并符合《彩色电视广播覆盖网技术规定(GB/T 14433—93)》标准以及其他相关电视发射机国家标准和广播电视行业标准的要求,完全满足移动多媒体广播系统对数字电视发射机的技术规格及参数的要求。

二、工作原理

1kW 数字广播发射机主要由激励器、激励放大器、功放单元、显示单元、控制单元、输出滤波器、电源系统以及风冷系统等组成。其原理如图 14-1 所示:

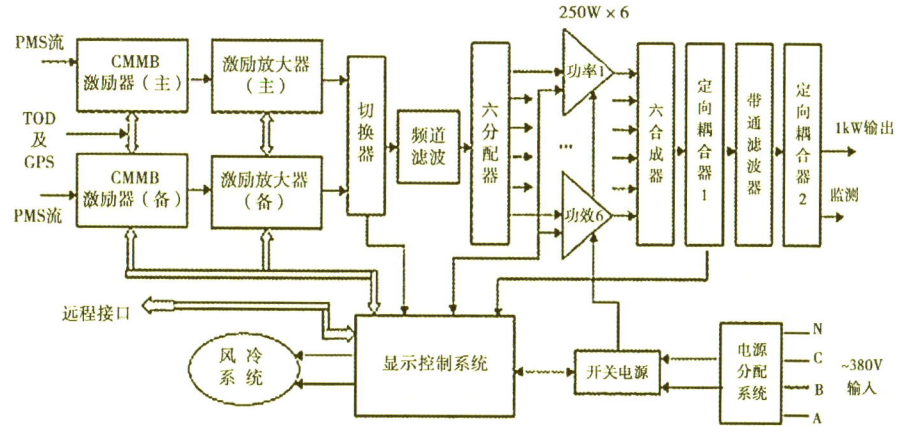

图 14-1　1kW 数字广播发射机工作原理

数字电视发射机的一项关键技术指标是射频输出信号的带肩比。带肩比是指发射机输出信道的左右带肩（±4.2 MHz）的信号电平与信道中心频率点上的信号电平之间的比值，它体现数字电视发射机的功率放大器线性水平，线性化程度越高带肩比越好，才能保证被传输信号具有尽可能低的调制误码率和高的信杂比。

1 kW 数字电视发射机的带肩比指标一般要求为 - 35 dB，但是数字电视发射机功率放大器的线性足够好，在预失真校正模块的控制下，1 kW 数字电视发射机的带肩比可以优于 - 40 dB。激励放大器采用主备工作方式，以保证发射机工作更加可靠。两路激励放大器送来的调制信号在进入功放系统前进行切换，工作中的激励器或激励放大器出现故障，系统将自动或手动切换到另一激励器和激励放大器工作通道上。激励放大器内设有环路 AGC 控制电路，可确保整机输出功率稳定。末级放大单元将 1 W 功率放大到 1 kW 功率。发射机采用进口大功率器件和优质的阻容元件，整机的技术指标、可靠性将大大提高。

参考文献

[1]李化,罗文佳,徐鸿雁.计算机技术与计算思维[M].北京：机械工业出版社,2023.

[2]张建忠,徐敬东.计算机网络技术与应用[M].北京：清华大学出版社,2023.

[3]卢亚平,丁建强,任晓.计算机控制技术——理论、方法与应用[M].北京：清华大学出版社,2023.

[4]徐立新,吕书波.计算机网络技术（第5版）[M].北京：人民邮电出版社,2024.

[5]马素刚,赵婧如,陈彦萍.计算机络技术导论（第二版）[M].西安：西安电子科技大学出版社,2022.

[6]黄和,蔡洪涛.医学计算机应用技术基础[M].北京：科学出版社,2019.

[7]金纬,赵健美,雷行秋.医学计算机与信息技术应用研究[M].北京：中国纺织出版社,2019.

[8]王世伟,周怡.医学计算机与信息技术应用基础（第二版）[M].北京：中国铁道出版社,2023.

[9]刘燕,姬朝阳.医学计算机应用基础[M].北京：中国铁道出版社,2022.

[10]杨长兴,奎晓燕.医学计算机应用基础实践教程（第三版）[M].北京：中国铁道出版社,2022.

[11]周小普.广播电视概论（第二版）[M].北京：中国人民大学出版社,2023.

[12]徐秋枫,霍学全,张艳鑫.广播电视艺术与新媒体技术发展研究[M].长春：吉林文史出版社,2023.

[13]曾珉.计算机技术在广播电视工程中的应用[J].中国设备工程,2023（2）：175-177.

[14]林虎光.网络技术在广播电视工程中的应用[J].卫星电视与宽带多媒体,2024（2）：32-34.

[15]王国勤.地面数字电视广播发射机原理与故障分析[J].卫星电视与宽带多媒体,2023（4）：47-49.

[16]邵斌.广播电视发射台站应用计算机和互联网技术的远程控制研究[J].卫星电视与宽带多媒体,2023（7）：16-18.

[17]谭晓光.计算机网络技术在广播电视播出系统中的应用[J].卫星电视与宽带多媒体,2022（24）：41-43.

[18]黄家秋.广播电视发展中计算机网络技术的应用策略探析[J].西部广播电视,2021（1）：232-234.

[19]郭鹏.信息化时代网络技术在广播电视工程技术中的应用[J].卫星电视与宽带多媒体,2022（20）：25-27.